荒漠草原沙漠化过程中植被和土壤退化机制

安　慧　唐庄生　安　钰　著

科学出版社

北　京

内 容 简 介

荒漠草原生态系统在维持生物多样性及全球碳循环等方面具有重要的作用。沙漠化是草地退化的主要形式之一，也是草地退化的极端表现形式。明确沙漠化对荒漠草原生态系统植被和土壤的影响具有重要的理论意义。本书针对退化荒漠草原生态系统恢复与重建过程中的生态学与环境科学前沿问题，较全面地介绍了荒漠草原沙漠化过程中植物群落结构、植被生产力、土壤养分循环、植物-微生物-土壤生态化学计量特征等研究的最新进展，研究结果可为深刻认识荒漠草原植物和土壤退化对沙漠化的响应提供理论依据，有助于全面认知退化荒漠草原生态系统结构和功能，为荒漠草原生态系统稳定性和可持续发展提供科学依据。

本书可供从事生态学、环境科学、土壤学的科研、教学人员，以及高等院校研究生和高年级本科生参考。

图书在版编目(CIP)数据

荒漠草原沙漠化过程中植被和土壤退化机制 / 安慧，唐庄生，安钰著. —北京：科学出版社，2022. 6

ISBN 978-7-03-072645-2

Ⅰ. ①荒… Ⅱ. ①安… ②唐… ③安… Ⅲ. ①草原-沙漠化-研究 ②草原-土壤退化-研究 Ⅳ. ①S812. 6 ② P941. 73 ③S158. 1

中国版本图书馆 CIP 数据核字（2022）第 110375 号

责任编辑：刘 超 / 责任校对：樊雅琼

责任印制：吴兆东 / 封面设计：无极书装

科 学 出 版 社 出版

北京东黄城根北街 16 号

邮政编码：100717

http://www.sciencep.com

北京建宏印刷有限公司 印刷

科学出版社发行 各地新华书店经销

*

2022 年 6 月第 一 版 开本：720×1000 1/16

2022 年 6 月第一次印刷 印张：12 1/4

字数：237 000

定价：158.00 元

（如有印装质量问题，我社负责调换）

前　言

由于全球气候变化和人为干扰的影响，全球陆地生态系统土地退化不断加剧，土地沙漠化现象突出，引起诸多生态学者的高度重视。土地沙漠化是土地退化最严重的表现形式之一，对当前世界的环境和社会经济造成严重干扰，威胁人类的生存、生活和发展。过度利用草地的生产功能，而忽视了草地的生态功能，会造成超载过牧、人-草-畜关系失衡和草地大面积退化等问题。草地沙漠化是草地退化的极端表现形式，也是土地沙漠化的主要形式之一，其发生面积、危害程度已远远超出其他类型的草地退化。沙漠化造成草地生态系统结构和功能受损，使草地失去自我修复的能力。土地沙漠化过程中草地植被和土壤退化相互作用，植被退化导致土壤退化，退化后的土壤对植被的发育影响巨大。因此，退化草地生态系统植被的恢复与土壤紧密相连。

荒漠草原是草原向荒漠过渡的旱生化草地生态系统，是干旱、半干旱地区陆地生态系统的主体部分。近年来，由于人类对草地资源的不合理利用（过度放牧、开垦）以及气候变化（干旱等极端气候），造成荒漠草原大面积退化和生态系统服务功能下降，制约着我国北方及其周边地区的生态安全和区域可持续发展。因此，荒漠草原生态系统的退化机理及退化草地恢复途径的研究是国家在干旱、半干旱地区退化生态系统恢复与重建中的重大科技需求。随着“封育禁牧”“退耕还林还草”等生态工程的实施，荒漠草原生态系统总体质量逐渐得到改善，但该生态系统具有一定脆弱性且自身稳定性较低，对气候变化和人类干扰反应敏感。长期过度放牧是导致荒漠草原退化的最主要因素。过度放牧使植被覆盖度和初级生产力降低、生物多样性减少、土壤养分和水分保持能力下降、对气候变化的敏感性增强，严重地影响了不同时空尺度上的生态系统功能，加速了荒漠草原的退化演替，导致荒漠草原生态系统服务功能下降。因此，明确荒漠草原沙漠化过程中植被和土壤的退化特征，有助于揭示荒漠草原退化和服务功能降低的直接和间接驱动因子，对恢复退化荒漠草原、提升荒漠草原生态服务功能和维持荒漠草原生态系统稳定性具有重要的理论和实践意义。

本书以退化荒漠草原为研究对象，通过野外监测和室内分析相结合的方法，探明沙漠化对荒漠草原植物群落结构、物种多样性和植被生产力等方面的影响，明确沙漠化对荒漠草原土壤碳氮储量、土壤有机碳物理化学稳定性、土壤无机碳、植物–微生物–土壤 C∶N∶P 生态化学计量特征等方面的影响。研究结果丰富了退化草地生态系统恢复的研究内容，对草地物种多样性、土壤碳循环过程及生态系统养分平衡等领域的研究具有重要意义；为深刻认识植被组成与格局、荒漠草原退化与恢复演替机理提供理论依据；为指导干旱、半干旱地区退化草地生态系统恢复重建及可持续性发展提供重要的理论支持。

本书的研究工作有幸获得了国家重点研发计划政府间国际科技创新合作重点专项（2019YFE0117000）、国家自然科学基金项目（31260125、31960244）和宁夏高等学校优秀青年教师培育基金项目（NGY2017006）的资助，在此深表感谢！

本书的研究得到中国科学院水利部水土保持研究所上官周平研究员、宁夏大学生态环境学院刘任涛研究员在实验设计和方案改进中的帮助，特此感谢！感谢研究生阎欣、吴秀芝和李巧玲在实验样品采集和分析中的帮助，刘姝萱和张馨文在校稿过程中给予的帮助！感谢宁夏大学西北土地退化与生态恢复国家重点实验室培育基地和科学出版社给予的大力支持与帮助。

在成书过程中，尽管我们已尽全力，但受自身水平所限，书中不足之处在所难免，敬请各位同行专家和读者批评指正。

作　者

2021 年 12 月 18 日

目　　录

前言
第 1 章　草地生态系统退化及沙漠化 …… 1
1.1　草地生态系统与荒漠草原 …… 1
1.2　土地沙漠化现状及驱动因素 …… 2
1.3　沙漠化对草地生态系统土壤和植被的影响 …… 5
1.4　宁夏草地及荒漠草原退化现状 …… 8
第 2 章　荒漠草原沙漠化过程中群落物种多样性变化特征 …… 10
2.1　荒漠草原沙漠化过程中 α 多样性和盖度的变化特征 …… 12
2.2　荒漠草原沙漠化过程中 β 多样性变化特征 …… 13
第 3 章　荒漠草原沙漠化过程中群落物种均质化机制 …… 24
3.1　荒漠草原沙漠化过程中群落物种组成的变化特征 …… 26
3.2　荒漠草原群落间 β 多样性观测值与预期值的方差分解 …… 26
第 4 章　荒漠草原植被生物量对沙漠化的响应 …… 31
4.1　荒漠草原沙漠化过程中植被群落生物量变化特征 …… 32
4.2　荒漠草原沙漠化过程中土壤理化属性变化特征 …… 33
4.3　荒漠草原沙漠化过程中土壤理化性质与植被生物量的关系 …… 39
4.4　荒漠草原沙漠化过程中土壤属性影响植被生物量结构方程模型 …… 40
第 5 章　荒漠草原沙漠化过程中土壤粒径及分形特征 …… 42
5.1　荒漠草原不同沙漠化阶段土壤粒径分布与分形维数特征 …… 43
5.2　荒漠草原沙漠化过程中土壤粒径体积百分含量与分形维数的关系 …… 46
5.3　荒漠草原不同沙漠化阶段土壤有机碳、氮含量特征 …… 47
5.4　荒漠草原不同沙漠化阶段土壤粒径分布与土壤有机碳的关系 …… 49
5.5　荒漠草原沙漠化过程中不同粒径土壤有机碳分布特征 …… 50
第 6 章　荒漠草原沙漠化过程中碳氮储量的变化特征 …… 54
6.1　荒漠草原沙漠化对荒漠草原植物及土壤碳氮含量的影响 …… 55
6.2　荒漠草原沙漠化过程中植物和土壤碳氮储量的变化特征 …… 57
6.3　荒漠草原生态系统碳氮储量的变化特征 …… 59

第 7 章　沙漠化对荒漠草原土壤有机碳活性组分及稳定性的影响 …………… 61
7.1　荒漠草原沙漠化过程中土壤活性有机碳变异特征 ………………………… 66
7.2　荒漠草原土壤有机碳稳定性机理 ……………………………………………… 78
第 8 章　荒漠草原沙漠化对土壤有机碳和无机碳的影响 ……………………… 86
8.1　荒漠草原沙漠化对土壤有机碳和无机碳的影响 ……………………………… 93
8.2　荒漠草原沙漠化过程中土壤碳同位素值的分布格局 ………………………… 99
8.3　荒漠草原沙漠化过程中不同粒径土壤无机碳和有机碳分布特征 … 104
第 9 章　荒漠草原沙漠化对植物–凋落物–土壤生态化学计量特征的影响 …… 110
9.1　荒漠草原沙漠化对植物、土壤养分及 C：N：P 生态化学计量的影响 ……………………………………………………………………… 114
9.2　荒漠草原沙漠化对植物氮、磷利用效率和回收效率的影响 ……… 120
9.3　植物生态化学计量内稳性特征 ……………………………………………… 124
第 10 章　荒漠草原沙漠化对土壤–微生物–胞外酶生态化学计量特征的影响 ……………………………………………………………………… 126
10.1　荒漠草原沙漠化对土壤养分及土壤 C：N：P 生态化学计量的影响 ……………………………………………………………………… 133
10.2　荒漠草地沙漠化对土壤微生物及胞外酶 C：N：P 生态化学计量的影响 ……………………………………………………………………… 138
10.3　沙漠化对土壤微生物熵及土壤–微生物生态化学计量不平衡性的影响 ……………………………………………………………………… 144
10.4　荒漠草原沙漠化对土壤–微生物–胞外酶 C：N：P 生态化学计量的影响 ……………………………………………………………………… 149
参考文献 ………………………………………………………………………… 156

第1章 草地生态系统退化及沙漠化

1.1 草地生态系统与荒漠草原

草地生态系统是陆地上分布最广泛的生态系统类型之一，在维持自然生态格局、保护生态安全屏障和维持人类活动及发展等服务功能之间形成了点、线和面紧密联系且相互作用的逻辑关系，体现草地生态系统固有的生态、生产及生活服务功能（刘兴元和牟月亭，2012；Malmstrom et al.，2009）。草地生态系统不仅为人类提供了生活所需的肉、奶、皮、毛等产品，而且在生态系统服务和功能中扮演着至关重要的角色。草地生态系统具有调节气候、净化空气、固定 CO_2、维系生物基因库、防风固沙、保持水土、涵养水源、改良土壤及传承草原文化等重要服务功能（白永飞等，2014）。因此，草地生态系统功能的正常发挥对维持区域性及全球生态系统平衡有极其重要的作用（Hu et al.，2016）。全球草地面积为 3.50×10^9 ~ 5.25×10^9 hm^2，占陆地面积26.0%~40.5%（沈海花等，2016）。草地主要分布在干旱和半干旱区，占干旱和半干旱区总面积的88%，养育了25%的世界人口。由于人类干扰和气候日趋干旱，草地环境遭受严重破坏，草地荒漠化和土地沙化现象逐步加剧，脆弱的草地生态系统严重失衡。

我国的草地资源居世界第三位（Conant and Faustian，2002），天然草地面积约 4.0×10^8 hm^2，占全国陆地面积的41.7%（中华人民共和国农业部畜牧兽医司，1996）。天然草地是我国面积最大、分布最广且类型最多的陆地生态系统。天然草地主要分布在干旱和半干旱地区，从东北平原经内蒙古高原、鄂尔多斯高原、黄土高原直达青藏高原的南缘，是欧亚中高纬度草地生态系统的重要组成部分（陈佐忠和汪诗平，2000）。其中，北方草地总面积约为 3×10^8 hm^2（李博，1997），主要分布在新疆、西藏、青海、甘肃、四川、宁夏、内蒙古、陕西、山西、河北、辽宁、吉林、黑龙江13省（自治区），是我国草地资源的重要组成部分，也是我国北方地区免受风沙侵袭的生态保护屏障和重要经济枢纽（旭日干等，2016；李博，1997）。我国天然草地有90%左右处于不同程度的退化之中，其中严重退化草地占60%以上。长期过度放牧、草地开垦为农田、气候变化、国家投入不足和牧区政策偏差是我国草地大面积退化的主要原因（白永飞等，

2016，2014；韩俊，2011）。

长期以来，我国在畜牧业生产中重视草地的生产功能，忽视其生态功能，导致生产功能过度利用，草地超载过牧、滥挖、滥垦等问题十分突出。20世纪60~80年代，大面积的优质草地被开垦为农田，这是我国草地退化、草地生态功能和草地生态系统服务功能降低的最主要原因。自然因素中，气候变暖、干旱和鼠虫害等也加速了草地的退化，制约了当地牧民的经济发展，影响了北方地区乃至整个国家的生态格局安全，不利于促进生态保护和经济社会的可持续发展，北方草地作为重要的天然保护屏障面临着日益严峻的挑战（白永飞等，2016）。近年来，我国先后实施了京津风沙源治理工程、退牧还草工程、草原生态保护奖励补助政策等生态环境保育政策，草地退化得到有效控制，部分地区已经实现沙退人进，植被得到了显著性的恢复（Chen et al.，2019；Piao et al.，2015）。然而，我国北方草地仍然处于“局部改善、总体恶化”“治理速度赶不上退化速度”的被动局面，草原人-草-畜关系的突出矛盾亟待解决，草牧业生产亟待创新发展的理念。

根据草原生态系统植物群落的生活型和生态型的差异，我国草原植被类型主要包括4个亚型：草甸草原、典型草原、荒漠草原和高寒草原（卫智军等，2013；杨阳等，2012）。其中，荒漠草原是由草原区向荒漠区过渡的地带性植被类型，是温性草原植被中旱生性最强的草原植被亚类。荒漠草原物种多样性和潜在生产力最低（沈海花等，2016；马文红和方精云，2006），被认为是草原的极限状态。荒漠草原是草原的重要组成部分，占我国草地总面积的8.1%（沈海花等，2016）。荒漠草原位于草原地带和荒漠地带之间，因此在地域和生态系统的组成、结构和功能上具有明显的过渡性和缓冲性。根据中国草地分类系统，我国荒漠草原主要分布于温性草原和高寒草原两个类型中，分别为温性荒漠草原和高寒荒漠草原（白永飞等，2014）。其中，温性荒漠草原在内蒙古中西部、宁夏中北部相对集中分布，在甘肃西部和新疆全境零星分布；高寒荒漠草原则主要分布在西藏北部、青海东部分布。荒漠草原特定的干旱和半干旱气候决定其植物群落多样性低，植被结构简单，环境资源承载能力有限，生态系统较为脆弱（余轩等，2021；宋一凡等，2017）。荒漠草原各类植物群落发育在生态环境条件较严酷的干旱气候地区，植被低矮、稀疏，结构较简单，植物高度为15~20cm，植被覆盖度为15%~25%。荒漠草原生态系统的生物量积累较低且波动性大，生产力仅为典型草原的40%~50%。荒漠草原因细沙和松土大面积裸露，是极易发生荒漠化的一个类型，也是沙源的主要部分（中华人民共和国农业部畜牧兽医司，1996）。

1.2 土地沙漠化现状及驱动因素

沙漠化（sandy desertification）是干旱、半干旱及部分半湿润地区因人地关系不协调破坏了原有的自然生态系统平衡，出现了以风沙活动为主要特征，并逐步形成风蚀、风积地貌结构景观的土地退化过程，其主要表现为固定沙丘（地）—半固定沙丘（地）—半流动沙丘（地）—流动沙丘（地）的动态演化序列（Wang，2009；王涛等，2004）。沙漠化是土地荒漠化的主要类型之一，其引起土地生产潜力降低，可利用土地资源丧失和人类生存环境恶化逐渐引起世界各国的重视。世界范围内旱区的 10%～20% 正在经历由土地沙漠化引起的土地退化（Bestelmeyer et al.，2015），全球大约有 $4.56\times10^7\mathrm{hm}^2$ 的土地发生不同程度的沙漠化，沙漠化引起的退化土地占陆地生态系统总面积的 35%，其发生在中纬度干旱、半干旱地区超过 100 个国家（地区）中，并且影响了约 1/4 的世界人口（Zhao et al.，2014；Verón and Paruelo，2010；Zhou et al.，2008；朱震达，1994）。土地沙漠化是中国最主要的生态环境问题之一，给我国草地资源保护、牧区经济可持续发展和牧区社会长期稳定带来了严峻考验。据 2015 年发布的《中国荒漠化和沙化状况公报》，截至 2014 年，我国沙化土地总面积为 $1.7212\times10^6\mathrm{km}^2$，占陆地国土总面积的 17.93%。其中，新疆和内蒙古的沙化土地面积较大，分别为 $7.471\times10^5\mathrm{km}^2$ 和 $4.079\times10^5\mathrm{km}^2$，分别占全国沙化土地总面积的 43.4% 和 23.7%（屠志方等，2016）。虽然沙化面积与 2009 年相比减少了 $9902\mathrm{km}^2$，但中度沙化和重度沙化面积仍在增加，分别增加了 $4.1\times10^3\mathrm{km}^2$ 和 $1.89\times10^4\mathrm{km}^2$。截至 2014 年，全国具有明显沙化趋势的土地面积为 $3.003\times10^5\mathrm{km}^2$，占陆地国土总面积的 3.13%；实际有效治理的沙化土地面积为 $2.037\times10^5\mathrm{km}^2$，占沙化土地面积的 11.8%。沙漠化土地主要分布在内蒙古、新疆、青海等 12 个省（自治区），其中内蒙古具有沙化趋势的土地面积最大（$1.74\times10^4\mathrm{km}^2$）。尽管这部分草地目前还不是沙化土地，但将来极有可能发展成沙化土地。因此，我国沙漠化土地的治理任务依然艰巨，沙漠化土地的扩大给我国经济发展和生态环境保护带来了严重的危害（Zhang and Huisingh，2018）。

我国西北干旱区是沙区最为集中的地区，可大致分为 4 个沙区：西部沙区、西北部沙区、中部沙区和东部沙区（董光荣等，1995）。西部沙区包括青藏高原北部地区及昆仑山、阿尔金山以北和天山以南的沙漠，主要处于温带、暖温带极端干旱荒漠生物带，除地下水位较高地区及河流或湖泊附近存在固定、半固定沙滩或绿洲外，大部分地区均是流动沙丘占较大比例。西北部沙区包括阿尔泰山以南、天山以北的沙区，由于北冰洋极地冷气团和西风气流和影响，这些区域降水比较均匀，且在冬春季节形成积雪覆盖，虽地处温带干旱荒漠，但仍以固定、半固定沙丘为主。中部沙区包括马鬃山以东，祁连山以北，贺兰山、狼山以西的沙区。该地区流动沙丘所占比例最大，且兼有一定比例的固定、半固定沙丘。受季风气候的影响，中部沙区有两个明显的特点：①沙丘较大，且部分有少量的植被覆盖；②湖沼较多。东部沙区包括中国、蒙古国边境线经阴山山脉西端及贺兰山、乌鞘岭、青海湖、都兰一线以东沙地。受季风气候影响，温带半湿润森林草原生态系统、半干旱草原及干旱荒漠草原生态系统的沙地以固定沙地为主，且流动沙丘面积相对较小。

目前，草地沙漠化是全球面临的重要环境问题，会对牧草生产与居民生活环境产生重要影响（宗宁等，2020）。草地沙漠化是草地退化的主要形式之一，也是草地退化的极端表现形式，其危害程度、发生面积已远超出其他类型的土地退化方式（Zuo et al.，2008b；吕子君等，2005）。沙漠化使草地产草量骤降，土质粗沙化、养分含量降低，生产力减退，草地生态系统遭到严重破坏，导致原非沙漠地区的草地逐渐退化为类似沙漠景观的草地的过程（国家质量监督检验检疫总局，2004）。我国北方沙漠化草地面积达$4.39\times10^7\text{hm}^2$，占可利用草地总面积的41.15%（Tang et al.，2015；赵哈林等，2007b）。位于宁夏中北部的荒漠草原沙漠化最为严重，大约有96.92%的草地出现不同程度的沙漠化。其中，25.1%的草地出现轻度沙漠化，24.9%的草地出现中度退沙漠化，50%的草地出现重度沙漠化，沙漠化草地占可利用草地总面积的33%（Liu et al.，2014；赵哈林等，2007b）。随着“封育禁牧”“退耕还林还草”等生态工程的实施，该区荒漠草原生态系统总体质量逐渐得到改善，但该生态系统具有一定脆弱性且自身稳定性较低，对气候变化和人类干扰反应敏感。

草地沙漠化的主要驱动因素有三个方面：①人为因素；②自然因素；③生态系统自身的脆弱性。近年来，由于人类对资源的过度利用，草地生态系统出现不同程度的沙漠化（Tang et al.，2016；赵哈林等，2012）。联合国曾调查了45个沙漠化样点来探讨沙漠化的形成因素，结果表明，沙漠化的发生13%是由气候变干引起的，87%是由人为因素导致的。中国科学院西北生态环境资源研究院对沙漠化成因的调查研究表明，人为因素是导致我国北方干旱、半干旱区沙漠化的最主要的原因。其中，29.4%的草地荒漠化是由过度放牧导致的；23.3%的草地荒漠化是由过度农垦导致的（王礼先，2000）。而过度放牧是造成干旱、半干旱区草地生态系统退化和沙漠化的主要驱动因素（Deng et al.，2014b；Throop et al.，2004）。以低生产力为特点的荒漠草原生态系统在过度放牧情况下难以与其所承载的最大载畜量相吻合，进而导致草地生产力的下降，同时，伴随着放牧家畜的践踏，植被群落结构遭到破坏，使得土地裸露进而增加草地退化与沙漠化的风险（Deng et al.，2014b；Pei et al.，2008；Su et al.，2006）。土壤理化性质同样受到放牧的影响，放牧过程中家畜排泄物进入土壤，影响土壤与植被间营养元素的循环，导致土壤地球化学循环发生改变（吴旭东，2016）。放牧家畜的践踏使得土壤容重增大，土壤颗粒分布发生改变，导致土壤渗透能力降低，且家畜的践踏破坏了土壤表层的物理结皮，导致土壤更加容易遭到侵蚀（Deng et al., 2014b）。

许多学者在气候变化对沙漠化的影响方面做了大量的研究工作。例如，科尔沁草地沙漠化的成因研究表明，气候变干、变暖以及局地性暴雨的增强可以导致沙漠化进程的加快（白美兰等，2002）。气象资料和卫星图像的对比分析表明，在没有人为影响的条件下，古尔班通古特沙漠边缘的沙漠化对气候变化有着明显的响应，而且沙漠化对气候变化的响应过程同样反映出它的敏感性和干旱气候积累的滞后性（魏文寿，2000）。在沙漠化发展的气候因素中，降水的增加或减少固然很重要，但蒸发量的增加或减少也不容忽视。在评估气候变化对沙漠化的影响时，要考虑气温和降水的综合影响，以及由此产生的大气和土壤的干湿状况（韩邦帅等，2008）。植被群落在演替过程中存在生态阈值，当大气温度和降水量对植被的影响超过其生态阈值时就会导致草地退化。由于荒漠草原生态系统降水量较低，气温的不断升高导致荒漠草原生态系统出现暖干化气候现象，进而使土壤水分实际蒸散量增加，最终导致草地的退化（Tang et al., 2016；吴旭东，2016）。风蚀是引起草地沙漠化的另一个重要的自然因素，在沙漠化过程中，风蚀通过有选择性地吹蚀土壤中富含营养元素的细颗粒，导致土壤粗化及土壤中营养元素流失，间接引起植被的退化，最终导致草地沙漠化逐渐加剧（赵哈林等，2012；张春来等，2003）。

草地生态系统是一个综合且复杂的系统，其退化与沙漠化的发生不可能只受到单一驱动因素的影响，而是不同驱动因素综合影响的结果。由于干旱、半干旱地区生态系统自身的脆弱性，其在外力因素驱动下较易发生退化与沙漠化。对 20 世纪 50 年代至 2000 年以来毛乌素沙地沙漠化过程的研究发现，该区丰富的沙源与当地特有的气候条件为沙漠化提供了有利条件（吴薇，2001）。广泛分布的砂岩，在干旱的气候条件下，经过风蚀，风化成砂砾物质，这成为风沙形成的决定性因素，自然因素、人为因素则成为风沙形成的驱动因素，增加了草地生态系统的退化与沙漠化。

1.3　沙漠化对草地生态系统土壤和植被的影响

沙漠化作为陆地生态系统中最严重的生态环境问题之一，可直接改变土壤物理结构和化学性质，诸如土壤粒度、土壤水分和养分含量等（李海东等，2012；刘树林等，2008），由此对植物群落物种组成及其分布产生深远影响。沙漠化草地的土壤和植被退化相互作用，并具有负反馈效应。在土壤沙漠化过程中，植物群落通常表现出物种多样性降低、生物量下降、群落结构失调（李昌龙等，

2014；Li et al.，2006）、饲用价值降低（于友民等，2005a）等特征。随着沙漠化的发展，草地的植被盖度、高度、地上生物量、地下生物量和凋落物量急剧下降，物种丰富度、多样性指数、均匀度指数和植物密度呈波动式下降趋势。多年生优良牧草在群落中的作用下降，一年生杂类草在群落中的作用增强，草地由多年生禾本科植物占优势的群落向一年生禾本科、藜科杂类草占优势的群落演替（赵哈林等，2011b）。有机质和养分含量降低，生境异质性增大，导致群落结构趋于简单化（徐永明和吕世海，2011）。

1.3.1 沙漠化对草地生态系统土壤结构及养分的影响

沙漠化引起的土壤生态环境破坏对全球干旱、半干旱地区社会与环境构成了严重威胁。研究表明，沙漠化会破坏土壤结构、降低土壤肥力，破坏土壤微生物生存环境（Tang et al.，2015；Allington and Valone，2010）。草地沙漠化过程中，土壤孔隙度下降、容重增加，导致其通气保水性能减弱。土壤黏粒减少而砂粒增加，团聚体的减少使土壤的保肥能力下降，各种养分总量和有效态也都随之减少（符佩斌，2015；Enriquez et al.，2014），从而导致土壤中的微生物量和酶活性降低，土壤的生物化学循环失去动力，土壤质量进一步恶化（何芳兰等，2016）。土壤的保水保肥能力下降，抗侵蚀能力减弱，水土流失加剧，地表风蚀和风积作用加剧；区域气候受到影响，降水减少，进而加剧了沙漠化进程，形成恶性循环（舒向阳等，2016）。例如，科尔沁沙地和浑善达克沙地沙漠化过程中土壤中细颗粒与黏粉粒含量明显下降，但粗砂粒含量明显增加，土壤质地发生粗化（Zhao et al.，2009；刘树林等，2008）。随着沙漠化程度的加剧，浑善达克沙地和科尔沁沙地土壤碳氮含量及储量下降（杨梅焕等，2010；李玉强等，2006）。与未沙漠化草地相比，盐池县轻、中、重度沙漠化草地表层土壤有机碳含量分别减少约50%、60%、80%，全氮含量也分别减少近30%、75%、80%（王冠琪，2014）。沙漠化影响草地土壤养分，破坏土壤养分与植被生长之间的自然平衡，使生态系统失去了自我修复的能力，向更恶劣的生态环境演化。

土地沙漠化与全球气候变化之间存在密切关系。近年来，由于碳氮生物地球化学循环在全球气候变化研究中的核心地位，土壤碳氮动态与土地沙漠化关系的研究成为相关研究领域的热点问题。大量研究表明，土地沙漠化导致土壤碳库衰减，全球土壤有机碳损失量为$1.9\times10^{10}\sim2.9\times10^{10}$t（Lal，2001）。荒漠草原沙漠化过程中土壤有机碳损失了91%（苏永中等，2004），而且沙漠化降低荒漠草原土壤细沙粒与土壤黏粉粒中土壤有机碳的含量（阎欣和安慧，2017）。土壤质量和植被生产力会受到气候变化的影响。气候变化可能通过提高植物水分利用效率、叶片光合速率及土壤养分利用效率导致土壤有机碳输入量增加，也可能通过提高植物及土壤微生物呼吸速率，加速土壤有机碳的分解，导致土壤有机碳库输入量降低。土壤温度对土壤有机碳影响显著，土壤温度随着沙漠化的增加而升高，当由低温逐渐升至高温时，土壤有机碳矿化速率会增加，但当温度升高到一定阈值时，土壤有机碳的矿化速率会随着温度的继续升高而降低（Feng et al.，2002），不同质地的土壤有机碳随温度变化的矿化速率依次为壤黏土>粉黏土>砂壤土（Lugato and Berti.，2008；任秀娥等，2007）。土壤水分同样对土壤有机碳有着显著影响，沙漠化使荒漠草原土壤水分降低，导致植被生物量降低及土壤中有机碳的输入量减小（Tang et al.，2016，2015）。不合理的土地利用方式与土壤风蚀的叠加使土壤表层粒度分布的差异效应扩大化。土地利用方式变化通过直接影响生态系统类型，如改变土地管理方式及土壤中植物残体的数量等，影响土壤微生物活动，改变土壤有机质的转化速率，最终影响土壤有机碳库（Sharma et al.，2004）。不同放牧制度对短花针茅荒漠草原生态系统碳储量动态的研究表明，放牧是荒漠草原生态系统碳储量下降的原因之一（胡向敏等，2014）。风蚀导致我国西北部干旱、半干旱区土壤表层有机碳含量从 2.5kg/cm^2 下降到 0.9kg/cm^2（Yan et al.，2005）。上述研究从不同角度阐述沙漠化对土壤结构和养分的影响，为正确评价和估计沙漠化草地质量、实施科学的生态管理提供了理论基础。

1.3.2 沙漠化对草地生态系统植物群落结构及生产力的影响

沙漠化会造成草地生态系统结构和功能受损（如植物多样性和生产力）、植被退化。植被退化包括覆盖率和生产力的损失，以及物种组成的变化（外来物种代替原生物种）。沙漠化导致土壤中可利用养分含量降低，从而影响植被生产力与群落物种的多样性（Xu et al.，2015）。草地沙漠化严重破坏草地资源，植被群落的多度、高度、盖度等均有不同程度的降低（Cao et al.，2016；Zuo et al.，2016）。随草地沙漠化程度加剧，青藏高原草地和若尔盖草原植被高度、盖度、多度比未沙漠化草地低（刘学敏等，2019；卢虎等，2015），而短花针茅荒漠草原沙漠化过程中其植被群落密度增加（王合云等，2015）。荒漠草原物种丰富度、均匀度及多样性随沙漠化的发展呈先增加后降低的单峰趋势（郭轶瑞等，2007），而退化沙质草地和科尔沁沙地沙漠化过程中物种多样性的研究也同样证明，沙漠化降低了植物物种多样性（文海燕等，2008；赵哈林等，2004）。随着草地沙漠化的发展，若尔盖草原植物数量减少 33.16%~78.01%，沙生莎草科和禾本科植物增加，不可食性杂草取代优质牧草成为草地优势物种（刘学敏等，2019）。随着草地的逐步沙漠化，中东、地中海草地植被群落由多年生为主转变为一年生为主，牧草的质量也在下降（Ebrahimi et al.，2016；Chang et al.，2015）。荒漠草原沙漠化过程中，植被中的优质牧草和多年生植物所占比例在显著下降，毒杂草、一年生植物和灌木逐渐占据优势地位（吴旭东，2016；王冠琪，2014）。与草本植物相比，灌木植物在土壤质地粗糙和土壤养分较低的环境中具有更大的耐受性。沙漠化导致表层土壤持水能力和有效养分下降，不利于草本物种的生存，但是许多灌木，如柠条锦鸡儿和沙蒿更加适应这样的土质环境，其生物量逐渐增加（Huang et al.，2016）。因此，沙漠化过程通过增加水、养分和其他土壤特性的时空异质性，导致植被格局和结构发生变化，表现为草地变为灌木丛，生态结构逐渐单一，生态系统功能发生弱化（Zuo et al.，2009），自身调节和抵抗外界干扰的能力逐渐减弱甚至消失。上述研究为我们理解沙漠化过程中植物群落结构的变化提供了扎实的理论基础，但目前针对沙漠化过程中植物群落结构的变化仍存在争议。

草地植物生产力对维持生态系统功能的稳定性起到重要作用，现已被用作沙漠化程度分级的指标（Huang et al.，2016）。植物生产力是土壤有机质累积的主要来源（Baer et al.，2002），在荒漠草原生态系统沙漠化过程中，植被生物量的降低减少了土壤有机质的含量，而土壤有机质降低又会改变其植物生产性能，即植被生物量-土壤属性之间存在反馈作用（Kardol et al.，2006），在荒漠草原沙漠化过程中，这种土壤资源有效性与植物的正交互作效应对植物生产力的变化起着关键作用。沙漠化降低了科尔沁沙地的植被生产力（左小安等，2007；郭轶瑞等，2007）。随沙漠化程度加重，荒漠草原植物生产力（包括地上、地下生物量及凋落物量）下降，与未沙漠化阶段相比，重度沙漠化阶段地上和地下生物量分别减少了61.9%和95.9%（Tang et al.，2016），植物生产力的减少会导致生态系统功能退化。由于缺水及养分供应不足，植物的生长受到影响，易出现发育不良，植株个体数下降，长不高，植物叶面积减小，进而产生植被覆盖度逐渐降低的现象（Tang et al.，2016）。草原的沙漠化过程包括草本植物覆盖度下降和灌木生物量增加，但是这些灌木的绝对生物量始终很低，进一步降低草原的承载力，加速沙漠化进程。目前的研究为有效评估荒漠草原沙漠化过程中草地生物量变化规律提供了理论基础，对指导沙漠化草地的恢复具有重要的现实意义，但尚存在一些问题，目前的研究仅针对沙漠化过程中生物量退化的规律及现象进行了描述，并未解释植被生物量对沙漠化的响应机制。因此，如何解释植被生物量对沙漠化内在的响应机制将为草地沙漠化的进一步防治提供理论依据。

1.4 宁夏草地及荒漠草原退化现状

宁夏属于传统牧区，天然草原面积占全区土地总面积的47%（王黎黎，

2016)。宁夏境内天然草地主要分布在南部黄土丘陵区和中部风沙干旱区，是宁夏生态系统的重要组成部分和黄河中游上段的重要生态保护屏障。天然草地具有明显的水平分布规律，从南到北依次分布着森林草原、草甸草原、干草原、荒漠草原等草地类型，干草原和荒漠草原是宁夏草地植被的主体。1980年全国第一次草地资源普查结果显示，宁夏天然草地面积为$3.01\times10^6hm^2$，其中可利用面积为$2.63\times10^6hm^2$；2001年新的国土资源普查结果显示，宁夏现存草地面积为$2.44\times10^6hm^2$，20年间草地面积减少了约$0.57\times10^6hm^2$。宁夏草地资源对发展畜牧业、保持水土和维护生态平衡有着重大的作用和价值。全区天然草原可利用鲜草产量为2.67×10^9kg，理论载畜量为1.8×10^6个羊单位。2002年全区羊只饲养量已达8.0×10^6个羊单位，除去人工草地和农作物秸秆提供的饲养量，天然草原实际超载1.5×10^6个羊单位。由于长期以来对草地资源采取粗放经营的方式，超载过牧、乱开滥垦，草原破坏严重。其中，轻、中度退化草原面积占宁夏草地总面积的69.95%，重度退化草原面积占29.58%，在各类退化草原面积中，沙漠化面积大约为25%（张宇，2012），致使宁夏的生态环境急剧恶化，畜牧业的发展受到制约。

荒漠草原主要分布于毛乌素沙地西南缘，是区域重要的生态屏障。但长期以来，人们对草地生态环境问题的忽视，超载过牧、滥采乱垦，导致该地区自然灾害频发，土地沙漠化严重，曾被环境保护部（现生态环境部）和中国科学院确定为中国沙尘暴源区之一。同时，从地理位置来看，该地区三面被沙漠包围，为草地沙漠化提供了丰富的沙源，这也成为该区草地沙漠化的客观因素之一（王黎黎，2016）。宁夏盐池县天然草地以荒漠草原为主，天然草地面积为835.4万亩①，其中轻度退化草原、中度退化草原和重度退化草原分别占天然草地的18%、53.9%和28.1%（陈浩和罗丹，2009）。退耕还林（草）、退牧还草等生态治理工程实施之前，盐池县草地退化（沙漠化）发展强烈，退化（沙漠化）土地面积占北部总土地面积的80%以上，退化（沙漠化）土地平均年增长率为4.03%（张克斌，2002）。自2003年全面实施封育政策以来，草地过度放牧的局面得到全面遏制，草地生态环境得到极大改善，近年来植被整体呈现沙漠化逆转过程（王兴，2018）。盐池县2000~2012年的植被变化及驱动力研究表明，荒漠草原区退化草地植被恢复应该以保护为主，以生态重建作为必要的辅助，以适度的开发利用带动整体恢复和保护（宋乃平等，2015）。

---

① 1亩≈$666.7m^2$。

第2章 荒漠草原沙漠化过程中群落物种多样性变化特征

物种多样性是物种丰富度和分布均匀性的综合反映，体现了生物群落结构类型、组织水平、发展阶段、稳定程度和生境差异，反映了生物群落在组成、结构、功能和动态等方面的异质性（彭羽等，2015）。物种多样性依据空间研究尺度的不同，通常分为α多样性（群落内物种多样性）、β多样性（群落间物种多样性）和γ多样性（局域多样性）（Whittaker，1960）。α多样性通常表示局地尺度，表征群落之中现有物种的数量以及群落分布的均匀程度；β多样性通常表示不同群落间物种组成或物种属性在空间上的差异，其被称为物种周转速率、物种替代速率及物种嵌套速率，可以更好地反映群落之中的物种组分随环境变化的相异性。γ多样性通常表示整个研究区域的多样性，是矢量多样性，既存在大小又存在方向，包括了局域范围之中不同群落之中的多样性以及不同群落之间的多样性。β多样性是指物种组成在不同时空尺度上的差异，作为连接α多样性和γ多样性的纽带，是生态学研究的核心内容之一。

沙漠化是干旱和半干旱地区最严重的土地退化方式之一（Verón and Paruelo，2010）。沙漠化最严重的后果之一就是荒漠草原生态系统生物多样性下降，对生态系统功能和服务产生重要的影响（Chen et al.，2016；Gossner et al.，2016；Xu et al.，2015；Ulrich et al.，2014）。沙漠化降低物种丰富度指数、Shannon-Wiener指数和Simpson指数（李昌龙等，2014；王新源等，2020）。随着沙漠化程度的加剧，物种多样性迅速下降，群落的空间异质性逐步增强。沙漠化能够降低群落物种多样性，致使不同样点间的β多样性降低，而β多样性的降低反映了群落物种的均质化（Tang et al.，2017；Gossner et al.，2016；Ulrich et al.，2014；Maestre et al.，2012）。这种物种的均质化是由群落间的差异减小（如稀有的或特殊的物种丢失），群落间相似度增加（如广幅种增加），或者是两者的结合导致的（Gossner et al.，2016；Gámez-Virués et al.，2015；Smart et al.，2006）。在干旱、半干旱地区的荒漠草原生态系统中，氮沉降是重要的人为因素（Lan and Bai，2012；Elser et al.，2007），氮的增加也同样降低了物种丰富度和β多样性，因为氮素的增加有利于少数能够利用额外氮素的物种增加其在种间竞争中对养分的获取能力（Xu et al.，2015；Lan and Bai，2012）。生态学家认为，β多样性降低是由于稀有或特殊物种的丧失（Gossner et al.，2016；Myers et al.，2013）。然而，由氮素增加和沙漠化导致的β多样性降低的潜在机理仍亟待解决。之前有关于氮沉降和沙漠化引起β多样性降低的研究主要集中于研究不同样点之间物种组成与群落间β多样性的变化特征。但是，将β多样性分解为物种的周转模式与物种间的嵌套模式，能够为解释群落物种组成及变化提供更加深刻的理解。

β多样性反映了两种不同的生态现象：物种的周转模式与物种间的嵌套模式（Baselga，2007；Harrison et al.，1992）。Baselga（2010）提出一个可加性的分析方法，把β多样性分解为物种的周转与物种间的嵌套模式。物种的周转模式与物种间的嵌套模式是两个对立的过程。当拥有较少物种的群落是拥有较多物种群落的子集时，认为物种组成是以嵌套模式存在的（Ulrich and Gotelli，2007），物种嵌套可用于量化由物种嵌套格局引起的群落间物种组成的差异，反映由一些可导致群落物种组成有序崩溃的因素促进下的物种的非随机性丢失（Gastón and Blackburn，2000）。物种周转则反映了在环境因素的异质性或者是空间或历史条件等因素的约束下，在不同群落之间发生的物种的替换（Qian et al.，2005）。因此，β多样性的变化是由组成群落的物种的消失与侵入两个截然不同的过程造成的。

沙漠化和氮沉降可能会对物种的周转与物种间的嵌套模式产生不同的影响。例如，一方面，沙漠化使物种多样性和物种丰富度降低，导致群落物种组成变化，改变了物种的嵌套模式（Ibanez et al.，2015；Lechmere-Oertel et al.，2005）；另一方面，沙漠化增加了环境异质性、减少了资源的可利用性，导致物种的周转降低（Ulrich et al.，2014；Bestelmeyer，2005）。而氮添加改变了土壤资源的可用性，土壤养分的变化使一些能够利用额外氮素的物种在种间竞争中具有优势，从而改变了群落的物种组成，进而影响到物种的周转与物种间的嵌套模式。然而，当氮沉降水平较低时，物种的周转与物种间的嵌套模式不会受到影响（Gossner et al.，2016）。但是到目前为止，物种的周转与物种间的嵌套模式尚未进行很好的研究，因此研究沙漠化与氮添加对物种的周转与物种间的嵌套模式的影响对于确定物种变化的潜在过程是至关重要的。

本章通过对处于不同沙漠化程度的草地及不同沙漠化程度草地进行氮添加实验，研究物种多样性变异规律（α多样性和β多样性）。采用Baselga（2010）提出的方法，将β多样性分解为物种的周转与物种间的嵌套模式来研究沙漠化与氮添加对荒漠草原生态系统群落物种组成的影响。假设氮添加有利于一些能够利用氮的物种，使物种周转降低；与此同时，沙漠化会导致不同沙漠化阶段样地中稀有物种的消失，从而导致物种间的嵌套降低。本章研究探讨了沙漠化与氮添加决定群落物种组成的潜在生态过程，为荒漠草原生态系统生物多样性保护提供了理论依据。

2.1 荒漠草原沙漠化过程中α多样性和盖度的变化特征

沙漠化对荒漠草原植被群落均匀度、丰富度和群落物种多样性具有显著影响（$P<0.05$）。除轻度沙漠化阶段，随着沙漠化程度的加剧，由 Shannon-Wiener 指数和丰富度指数反映的物种多样性和群落均匀度呈先增加后降低的趋势（表 2-1）。Shannon-Wiener 指数由潜在沙漠化阶段的1.55 降低到极度沙漠化阶段的0.18，均匀度指数由 0.50 降低到0.26；丰富度指数从潜在沙漠化阶段的 23.0 降至极度沙漠化阶段的2.0，表明随着沙漠化程度的增加组成群落的物种数下降。

表 2-1　不同沙漠化阶段草地植被群落特征

不同沙漠化阶段	潜在沙漠化	轻度沙漠化	中度沙漠化	重度沙漠化	极度沙漠化
Shannon-Wiener 指数	1.55±0.67a	1.08±0.07a	1.50±0.45a	1.29±0.33a	0.18±0.18b
丰富度指数	23.0±0.71a	12.0±3.54b	13.0±0.71b	9.0±1.41c	2.0±0.01d
均匀度指数	0.50±0.22ab	0.45±0.03ab	0.59±0.16a	0.59±0.19a	0.26±0.06b
盖度/%	74.02±4.50a	71.75±2.90a	57.26±7.54b	43.74±4.99c	6.63±1.64d
优势种	牛枝子、猪毛蒿、中亚白草	中亚白草、苦豆子	猪毛菜、虫实	沙蓬、赖草、狗尾草	沙蓬

注：同行不同字母表示不同沙漠化阶段间在 0.05 水平存在显著性差异

植被盖度及其变化是衡量区域生态系统环境变化的重要指示特征。随着沙漠化程度的加剧，植被盖度由潜在沙漠化阶段的 74.02% 下降到极度沙漠化阶段的6.63%，且植被盖度变异性随沙漠化程度的增加而增大。潜在沙漠化阶段草地组成群落的优势种为牛枝子、猪毛蒿和中亚白草；轻度沙漠化阶段草地组成群落的优势种为中亚白草和多年生草本豆科植物苦豆子；中度沙漠化、重度沙漠化和极度沙漠化阶段则以一些耐旱的草本植物为主要优势种。

在沙漠化过程中，以草地植被群落结构的退化最为直观。植物群落结构特征随退化梯度的变化是衡量沙漠化程度的重要指征，可以作为衡量草地生态系统功能退化的主要度量指标（李学斌等，2011）。本书研究发现，随着荒漠草原的沙漠化程度加剧，物种丰富度逐渐降低，植被盖度相应地减小，群落中优势种的数量也随着沙漠化程度的增加而减少，这表明植被群落结构组成随着荒漠草原沙漠化程度的增加由复杂逐渐趋向于简单，且优良牧草的种类随着沙漠化程度的增加而逐渐降低。其主要原因是，在荒漠草原生态系统中，严酷的环境条件导致该生态系统具有脆弱性和不稳定性等特征，植被群落作为干旱、半干旱地区荒漠草原生态系统中最重要及最活跃的生态单元之一，在受到不同程度和不同频度的干扰下形成了异质性较大的生境，而不同生境条件对应着能够适应于本生境的物种，导致组成群落的物种多样性和物种的分布格局会受到不同程度的影响，进而影响到植被群落结构和功能（李小双等，2007；左小安等，2006）。其中，过度放牧、风蚀、水蚀等的直接或者间接影响以及交替作用的影响是固定沙丘活化、流沙扩展、土壤粗砂粒含量升高等能够影响物种多样性及群落结构和功能改变的主要驱动力（赵哈林等，2012；丁国栋，2004）。

2.2 荒漠草原沙漠化过程中 β 多样性变化特征

1）β 多样性的分解：使用 Jaccard 距离度量每块样地中样方之间的 β 多样性，之后计算出每块样地中样方间的平均距离来检验 β 多样性是否受到沙漠化或者氮添加的影响。然后，根据 Baselga 等（2013）、Baselga（2010）提出的方法使用 R 语言中的“betapart”包将 β 多样性分解为物种间的嵌套模式及物种的周转（图 2-1）。

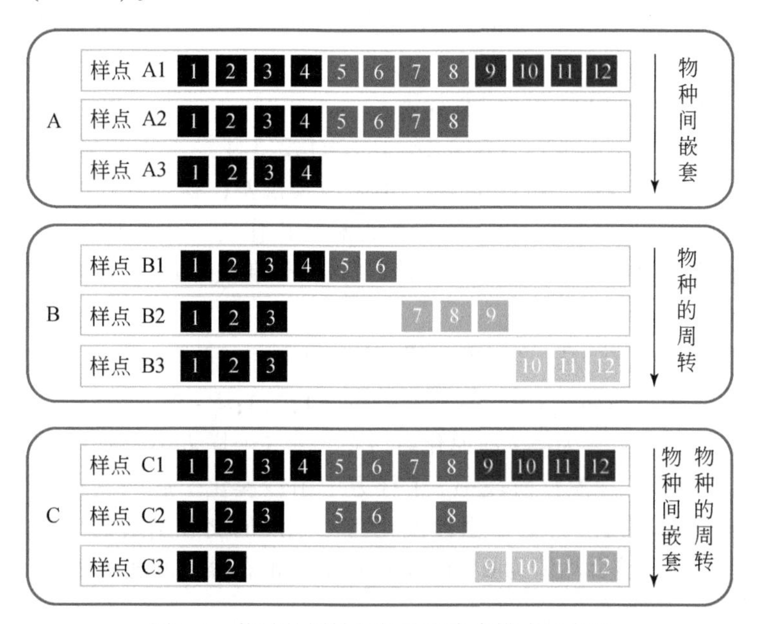

图 2-1　物种的周转与物种间嵌套模式示意图

假设 A ~ C 表示三个物种群落，则 A1 ~ A3 表示物种间嵌套模式；B1 ~ B3 拥有相同的物种多样性（每个样点 6 个物种），其中 3 个物种是相同的，另外 3 个物种是每个样点独有的物种，表现出物种的周转；C1 ~ C3 表示群落间既有物种的周转又有物种间嵌套

2）零模型（Null Model）：用 Swap 算法创建零模型来比较观察值与预期值的差异（Ulrich and Gotelli，2007；Gotelli，2000），Swap 算法可以保持样点间物种

的丰富度不变，且在物种库中进行随机取样时可以使得物种的发生频率保持不变（Li S P et al., 2016；Kraft et al., 2011；Crist et al., 2003）。用 R 语言“vegan”包来实现 Swap 算法，对于每一个样方，通过 999 次迭代获得一个 β 多样性及物种间嵌套与物种的周转的 Null 分布。之后，通过式（2-1）计算标准化影响因子（Li S P et al., 2016；Myers et al., 2013；Kraft et al., 2011）：

$$\mathrm{SD}_f=\frac{O_v-E_v}{E_{\mathrm{sd}}} \tag{2-1}$$

式中，SD_f 为 β 多样性、物种嵌套或物种周转的标准化影响因子（偏差）；O_v 为 β 多样性、物种嵌套或物种周转的观察值；E_v 为由 Swap 算法得到的 β 多样性、物种嵌套或物种周转的 Null 分布期望（预期值）；E_{sd}为预期值的标准偏差。当偏差等于 0 时，认为 β 多样性、物种嵌套或物种周转观察值与预期值无差异；当偏差大于或小于 0 时，认为 β 多样性、物种嵌套或物种周转观察值大于或者小于预期值。

之后，将所有的观测值、预期值及偏差（β 多样性的观察值、预期值及偏差；物种嵌套的观测值、预期值及标准偏差；物种周转的观测值、预期值及标准偏差）通过贝叶斯框架建立多重回归模型进行贝叶斯方差分析来检验沙漠化与氮添加对各指标的影响。

贝叶斯方差分析模型建立过程如下：

$$y\sim N(\mu_i,\sigma_y^2)\quad i=1,2,3,4 \tag{2-2}$$

模型中将 y（β 多样性的观测值、预期值及偏差；物种嵌套的观测值、预期值及偏差；物种周转的观察值、预期值及偏差）作为一个响应变量，对于处于第 i 沙漠化阶段草地，y 是一个符合均值为 μ_i，标准差为 σ_y 的正态分布的随机变量。其中，

$$\begin{aligned}\mu_i=&\beta_0+\beta_{1j(i)}\times[N]_i+\beta_{2j(i)}\times[\mathrm{Desertification}]_i+\beta_{3j(i)}\times[N]_i\\&\times[\mathrm{Desertification}]_i+\varepsilon_i\quad i=1,2,3,4;j=1,2,3;\varepsilon_i\sim N(0,\sigma^2)\end{aligned} \tag{2-3}$$

式中，β_0 为截距；$\beta_{1j(i)}$ 为第 i 沙漠化阶段草地第 j 个样方中由氮添加引起的变量的变化；$\beta_{2j(i)}$ 为第 i 沙漠化阶段第 j 个样方中由沙漠化引起的变量的变化；$\beta_{3j(i)}$ 为第 i 沙漠化阶段第 j 个样方中由沙漠化与氮添加的交互引起的变量的变化；ε_i 为误差项，是一个符合均值为 0、标准差为 σ 的正态分布的随机变量。

式（2-3）的矩阵形式为

$$\mu_i\sim N(\boldsymbol{X}_iB_{j[i]},\sigma_y^2)\quad i=1,2,3,4 \tag{2-4}$$

$$B_j\sim N(\mathbf{MB},\ \textstyle\sum\boldsymbol{B})\quad j=i=1,2,3 \tag{2-5}$$

式中，$\boldsymbol{X}$ 为应变量矩阵；$\boldsymbol{X}_iB_{j[i]}$ 为 $\beta_0+\beta_{1j(i)}\times[N]_i+\beta_{2j(i)}\times[\mathrm{Desertification}]_i+\beta_{3j(i)}\times[N]_i\times[\mathrm{Desertification}]_i$的简写；$\boldsymbol{B}=(\beta_0,\beta)$ 为个体水平上的回归系数矩阵；$\sum\boldsymbol{B}$ 为协方差矩阵；$\mathbf{MB}=(\mu\beta_0,\mu\beta)$ 为一个长度为 2 的向量，分别表示截距的均值与

回归系数的均值。用 Inverse-Wishart 模型对矩阵进行约束以保证矩阵的正定性（Gelman and Hill，2007）。

用 R 语言“R2jags”包调用 JAGS 软件对数据进行多重回归。用蒙特卡洛模拟算法迭代 100 000 步得到 4 个独立的马尔可夫链，之后将前 10 000 次的迭代数据舍弃。通过对迭代轨迹图的肉眼观察以及保证 Brooks-Gelman-Rubin 值小于 1.1 来判断马尔可夫链是否收敛。最后，通过模拟数值进行参数估计，计算出各个参数的 95% 置信区间。

2.2.1 沙漠化与氮添加下荒漠草原群落间 β 多样性、物种嵌套及物种周转

沙漠化对群落间 β 多样性及其组分（物种间的嵌套模式及物种的周转）均产生了显著的影响。沙漠化显著降低了群落间的 β 多样性［图 2-2（a），图 2-3］，且沙漠化可解释群落间 β 多样性观测值 36.6% 的方差变异［图 2-2（b）］。群落间 β 多样性的预期值与观测值的变化趋势一致，但沙漠化可解释 34.6% 群落间 β 多样性预期值的方差［图 2-2（a）］。沙漠化使群落间 β 多样性降低，表明沙漠化会引起荒漠草原生态系统物种的均质化，随着沙漠化程度的增加群落物种组成趋向于一致，这与 Gossner 等（2016）的研究结果一致。

物种的周转是引起荒漠草原生态系统群落间 β 多样性降低的主要因素，物种周转随着沙漠化程度的增加而显著降低［图 2-2（c）］。相反，物种嵌套随着沙漠化程度的加剧而增加［图 2-2（e）］。物种嵌套及物种周转对荒漠草原生态系统不同沙漠化阶段草地群落物种组成具有重要的作用，尽管物种嵌套随着沙漠化程度的加剧而增加，但在沙漠化引起的不同沙漠化阶段草地群落构建过程中，物种周转对于群落物种组成发挥主要作用。这两个影响群落物种组成的对立的过程反映了沙漠化程度加剧的情况下植物物种的有序丢失，这表明，随着沙漠化程度加剧，不同沙漠化阶段草地的物种群落结构的差异主要是由组成群落的物种种类的不同导致的，而不是由群落中物种丰富的差异决定的（Viana et al.，2016）。沙漠化导致荒漠草原生态系统物种均质化主要有以下三个方面的原因：①沙漠化过程中一些稀有或者特殊物种的减少或者消失；②沙漠化过程中适宜于不同沙漠化阶段草地生境条件的广幅种增加；③前两个因素的结合（Gossner et al.，2016；Gámez-Virués et al.，2015；Karp et al.，2012；Smart et al.，2006）。因为本书研究中的四个处于不同沙漠化程度的草地拥有不同的生境条件，因此不同样点具有不同的物种组成，导致样地间的群落结构有很大差异。而沙漠化是造成生境异质性的主要驱动力，这导致生态位的不同成为群落物种组成差异的重要原因。

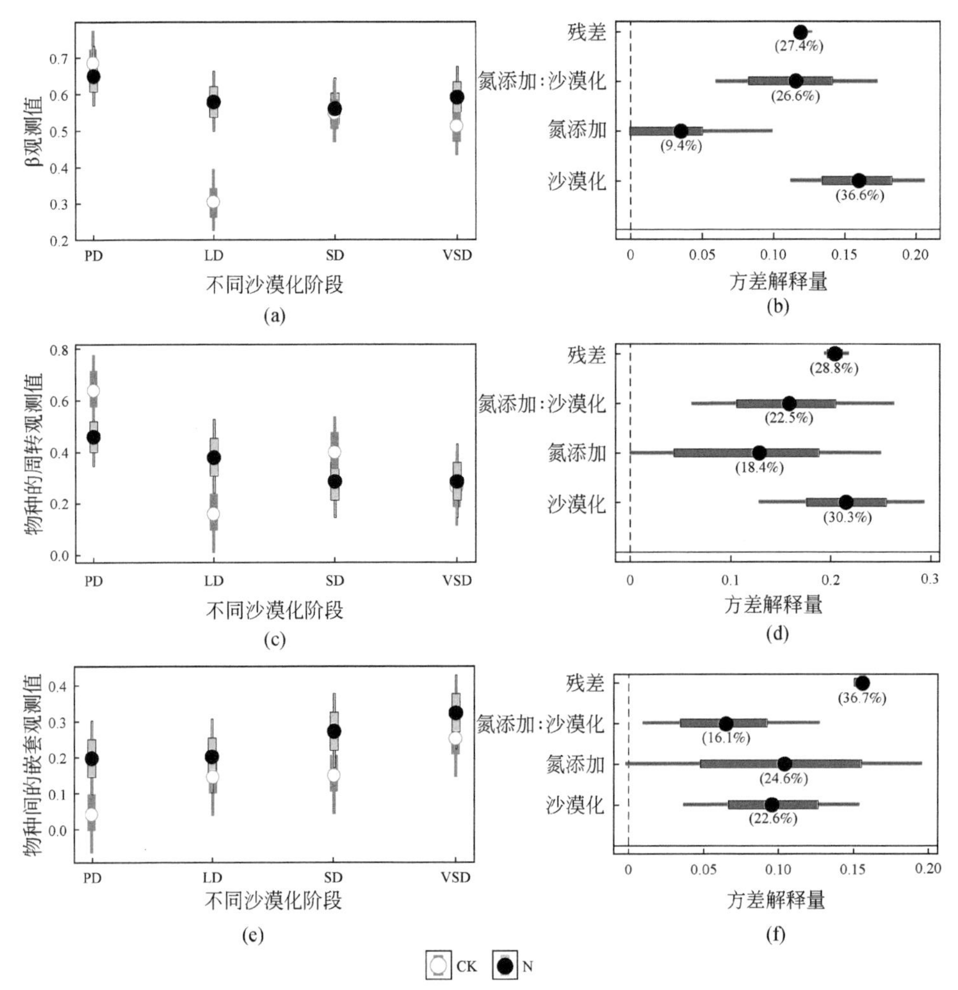

图 2-2　β 多样性、物种的周转与物种间的嵌套的观测值随沙漠化的变化特征

（a）β 多样性的观测值；（b）β 多样性的方差解释量；（c）物种取代的观测值；（d）物种取代的方差解释量；（e）物种间的嵌套的观测值；（f）物种间的嵌套的方差解释量；圆圈表示层次模型估计值的中位数；粗线表示 68 % 置信区间；细线表示 95 % 置信区间；PD 为潜在沙漠化；LD 为轻度沙漠化；SD 为重度沙漠化；VSD 为极度沙漠化；CK 为对照；N 为氮添加

分析结果表明，沙漠化对物种周转的影响比对物种嵌套模式的影响更大，这可能是由于分散限制或确定性过程，如环境或栖息地的过滤（Qian et al., 2005）。因为，在荒漠草原生态系统中，植物种类较少且物种丰富度和密度相对较低，随着沙漠化程度的增加，只有能够适应恶劣环境条件的物种才能够生存下来，并成为优势种。另外，零模型结果显示随机过程可能在物种周转过程中具有一定的作用。然而，沙漠化仅在初期阶段对物种周转有显著的影响，随着沙漠化

程度的增加，物种周转并没有增加，这表明沙漠化防治是提高群落间 β 多样性的有效策略，这与 Gossner 等（2016）的研究结果一致，他们的研究表明物种周转仅在低土地利用强度情况下受到较大影响，随着土地利用强度的增加，群落间 β 多样性并没有明显地增加。相反，本书研究发现随着沙漠化程度的增加，物种间的嵌套增加，这反映出沙漠化导致的物种数量变化是影响物种间的嵌套差异的主要因素。物种多样性的减少降低了群落间共享同一物种的可能性，导致了不同样点之间的物种数量的差异，增加了物种群落之间由嵌套模式而导致的差异（Baselga，2010）。另外，随机过程也是影响物种间的嵌套模式的一个因素（Ulrich and Gotelli，2007），这与零模型的结果一致，由于荒漠草原生态系统物种多样性相对较低，物种的随机分布增加了植物群落间由嵌套而引起的差异。

尽管氮添加降低了群落间 β 多样性，但分析结果显示氮添加对群落间 β 多样性没有显著影响（图 2-3）。氮添加对物种嵌套格局的观测值影响显著（图 2-4），

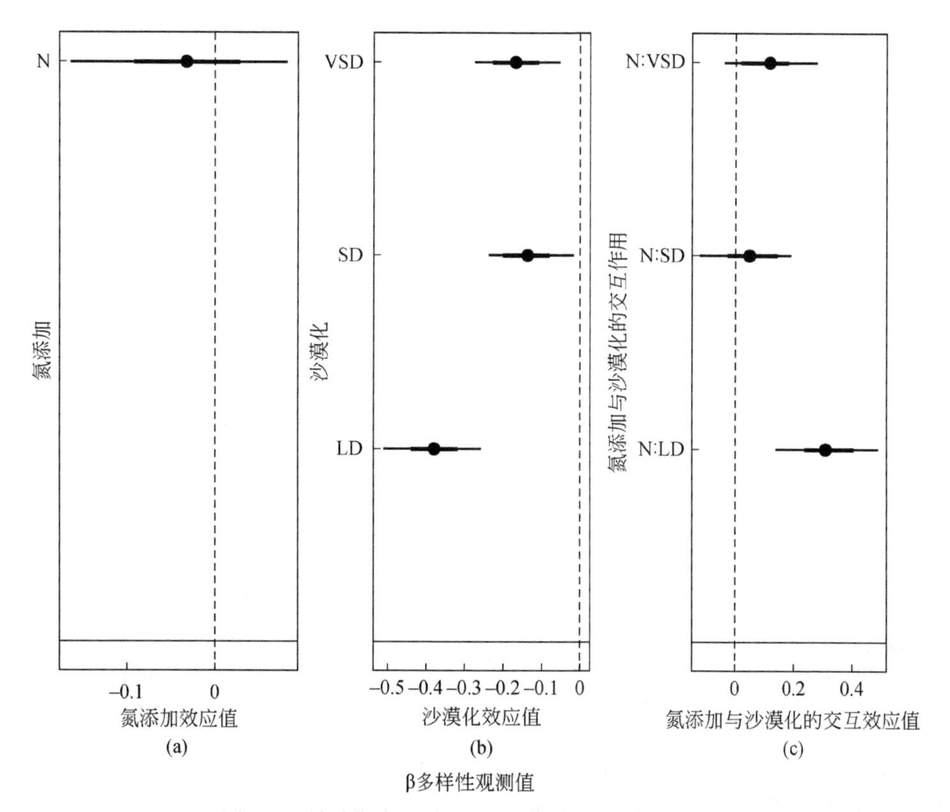

图 2-3 贝叶斯方差分析对 β 多样性的主效应分析

（a）氮添加对 β 多样性的影响；（b）沙漠化对 β 多样性的影响；（c）氮添加与沙漠化的交互作用；圆圈表示层次模型估计值的中位数；粗线表示 68% 置信区间；细线表示 95% 置信区间；LD 为轻度沙漠化；SD 为重度沙漠化；VSD 为极度沙漠化

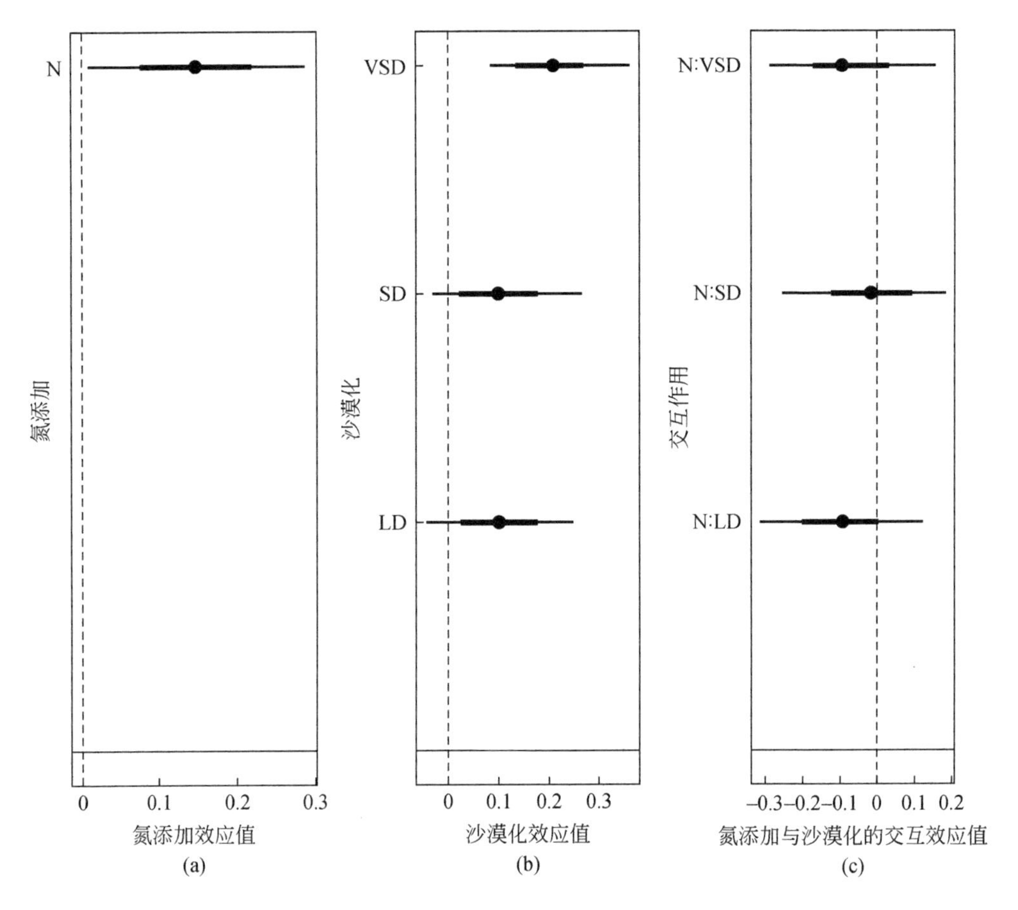

图 2-4　贝叶斯方差分析对物种嵌套的主效应分析

（a）氮添加对物种嵌套的影响；（b）沙漠化对物种嵌套的影响；（c）氮添加与沙漠化的交互作用；圆圈表示层次模型估计值的中位数；粗线表示 68% 置信区间；细线表示 95% 置信区间；LD 为轻度沙漠化；SD 为重度沙漠化；VSD 为极度沙漠化

但是对物种周转的影响不显著（图 2-5）。氮添加对物种周转与 β 多样性没有显著影响，但是氮添加显著影响物种嵌套模式，氮添加对物种嵌套模式具有积极作用。本书研究发现沙漠化与氮添加的交互作用对群落间 β 多样性，物种嵌套以及物种周转均没有显著的影响，可能一方面是因为荒漠草原生态系统中氮素是主要的限制性因素（Xu et al.，2015；Zhang et al.，2011；Harpole et al.，2007）；另一方面是因为本书研究施氮肥水平较低。

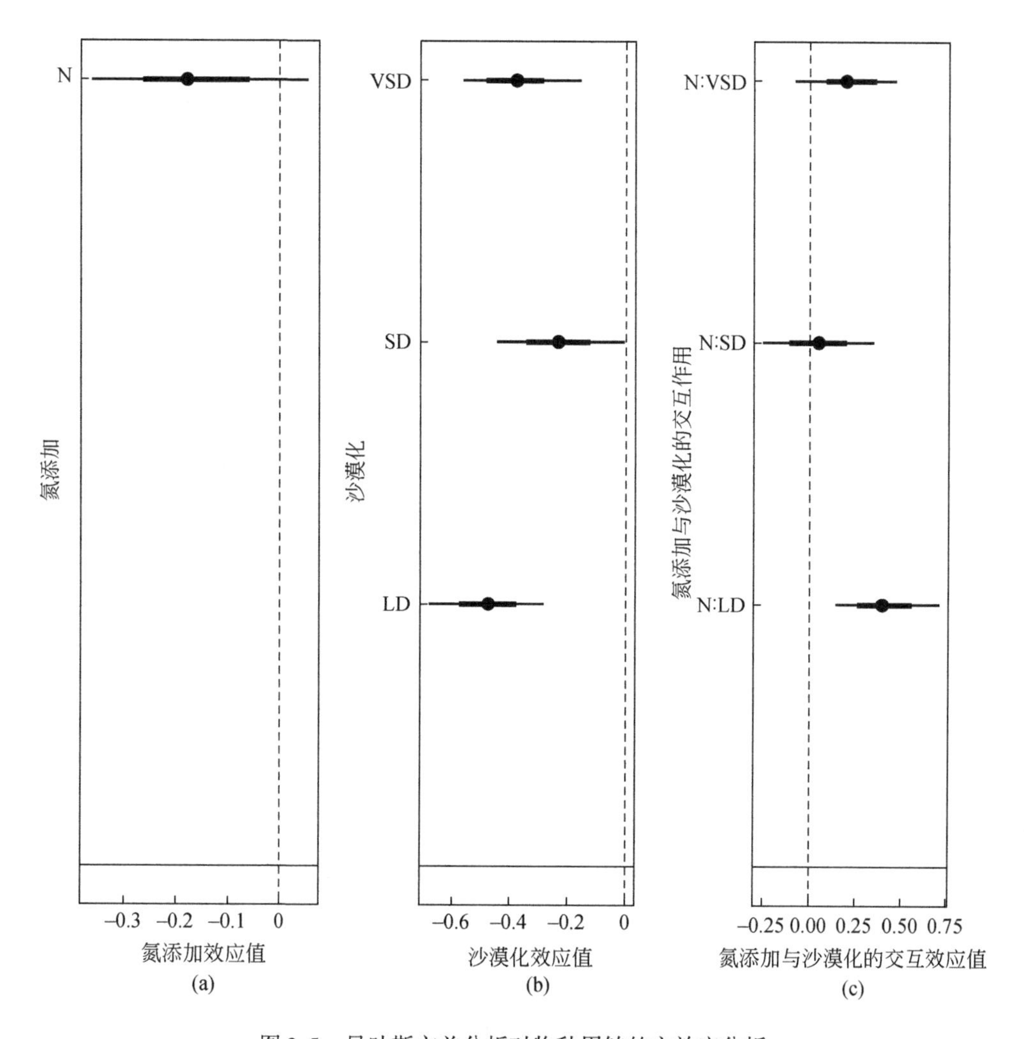

图 2-5　贝叶斯方差分析对物种周转的主效应分析

2.2.2　荒漠草原沙漠化过程中 β 多样性偏差的变化特征

在无氮添加的样方中，不同沙漠化阶段草地群落间 β 多样性的偏差均为负值，表明不同沙漠化阶段草地具有相似的物种组成结构。然而，在氮添加的样方中，除轻度沙漠化阶段草地 β 多样性的偏差小于 0 外，其余各沙漠化阶段 β 多样性的偏差均与 0 的差异不显著［图 2-7（a）］。物种嵌套的偏差与物种周转的偏差在潜在沙漠化阶段草地中均不等于 0［图 2-7（c），图 2-6（e）］。氮添加对物

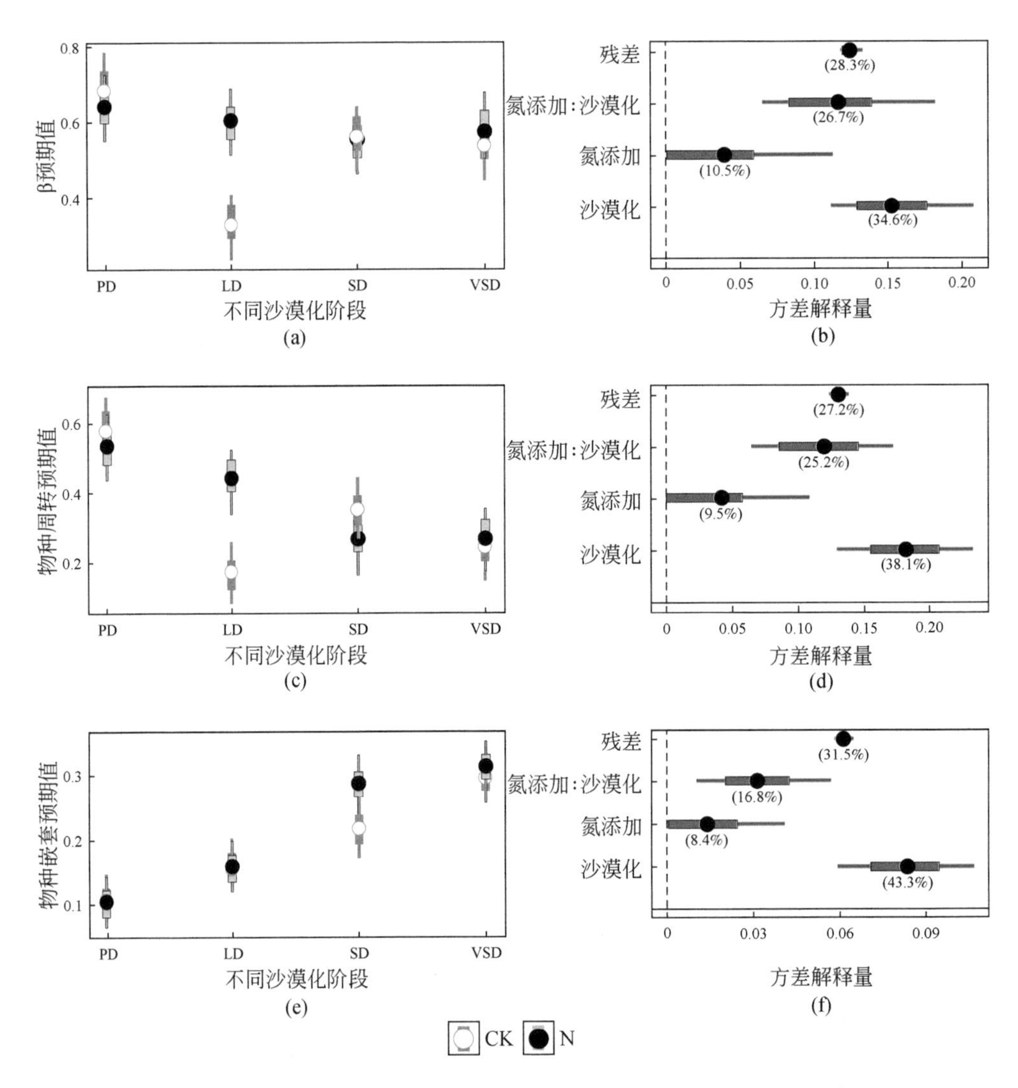

图 2-6　β 多样性、物种周转与物种嵌套的预期值随沙漠化的变化特征

(a) β 多样性的预期值；(b) β 多样性的方差解释量；(c) 物种取代的预期值；(d) 物种取代的方差解释量；(e) 物种嵌套的预期值；(f) 物种嵌套的方差解释量；圆圈表示层次模型估计值的中位数；粗线表示 68% 置信区间；细线表示 95% 置信区间；PD 为潜在沙漠化；LD 为轻度沙漠化；SD 为重度沙漠化；VSD 为极度沙漠化

种周转的偏差与物种嵌套的偏差均有影响。本研究发现，物种周转的偏差与物种嵌套的偏差在氮添加与无氮添加条件下呈相反的趋势。这种氮添加和沙漠化对物种周转和物种嵌套的不同影响表明氮添加会抑制由沙漠化引起的物种多样性的降低。

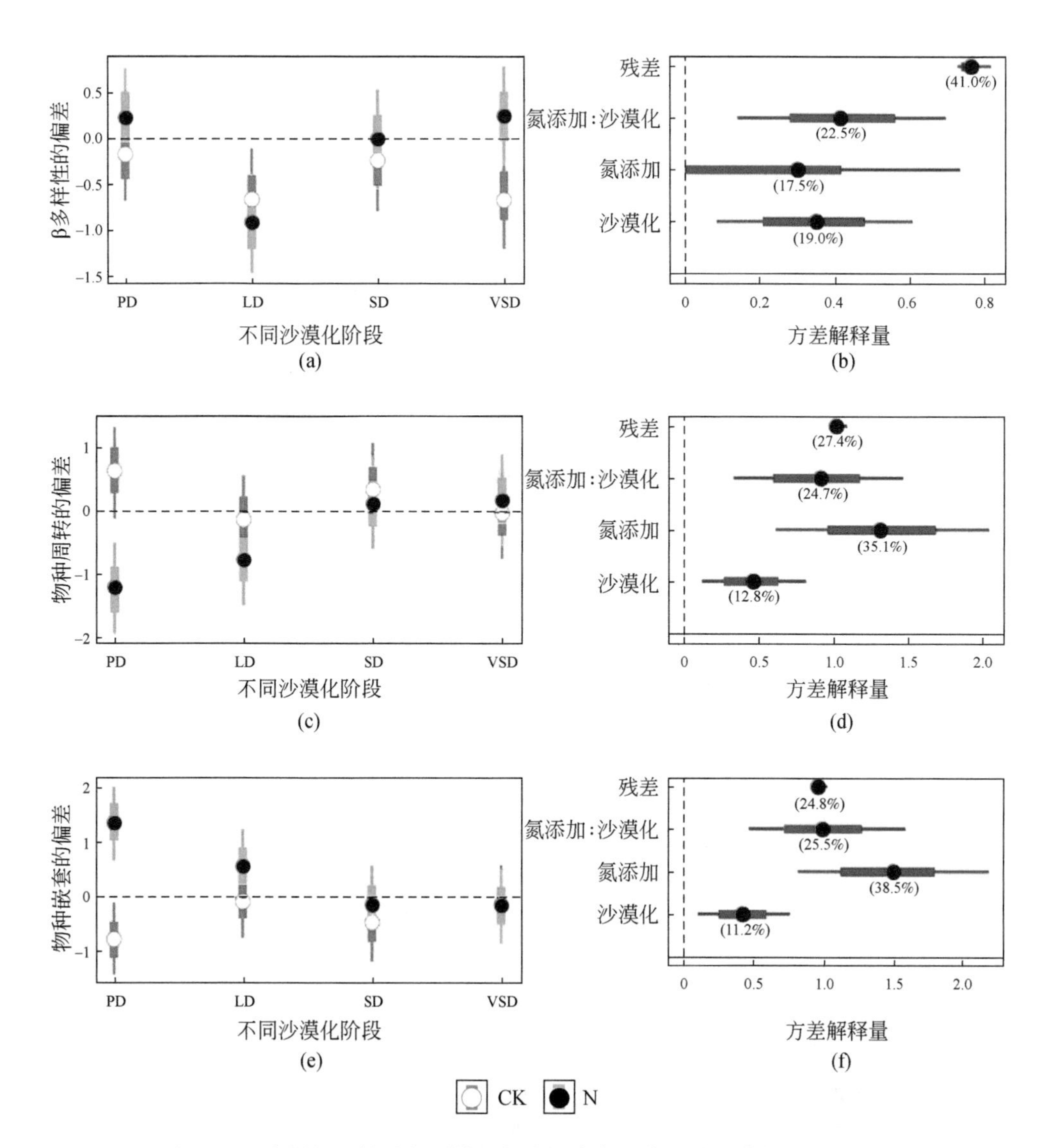

图 2-7 β 多样性、物种的周转与物种间嵌套的偏差随沙漠化的变化特征

(a) β 多样性的偏差；(b) β 多样性的方差解释量；(c) 物种取代的偏差；(d) 物种取代的方差解释量；(e) 物种间嵌套的偏差；(f) 物种间嵌套的方差解释量；圆圈表示层次模型估计值的中位数；粗线表示68% 置信区间；细线表示95% 置信区间；PD 为潜在沙漠化；LD 为轻度沙漠化；SD 为重度沙漠化；VSD 为极度沙漠化

分析结果显示，氮添加与沙漠化的交互作用对物种周转的偏差与物种嵌套的偏差均有显著的影响（图2-8、图2-9）。此外，氮添加可分别解释物种周转的偏差与物种嵌套的偏差35.1%和38.5%的方差，氮添加与沙漠化的交互作用可分别解释物种周转的偏差与物种嵌套的偏差24.7%和25.5%的方差［图2-7（d），图2-7（f）］。

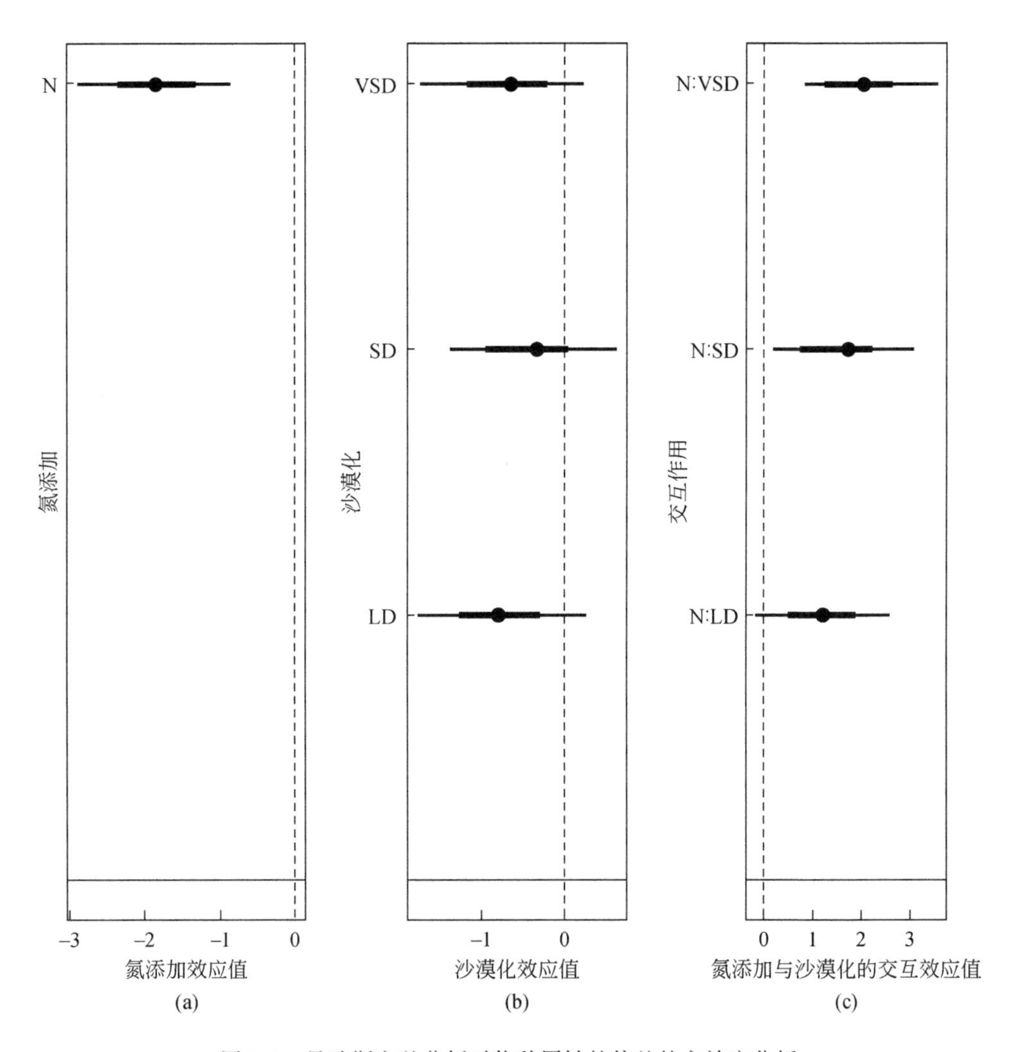

图2-8　贝叶斯方差分析对物种周转的偏差的主效应分析

（a）氮添加对物种周转偏差的影响；（b）沙漠化对物种周转偏差的影响；（c）氮添加与沙漠化的交互作用；圆圈表示层次模型估计值的中位数；粗线表示68%置信区间；细线表示95%置信区间；LD为轻度沙漠化；SD为重度沙漠化；VSD为极度沙漠化

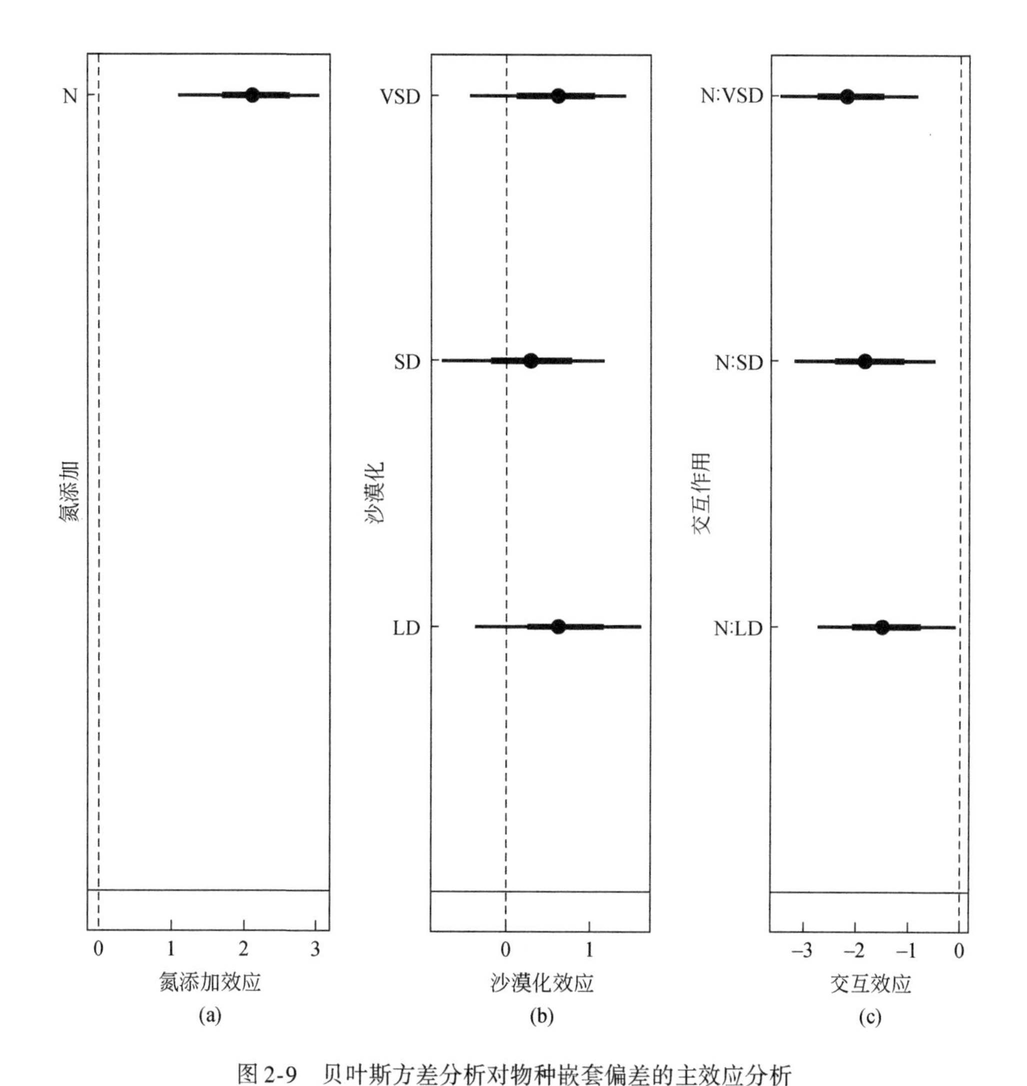

图 2-9　贝叶斯方差分析对物种嵌套偏差的主效应分析

（a）氮添加对物种间的嵌套偏差的影响；（b）沙漠化对物种间的嵌套偏差的影响；（c）氮添加与沙漠化的交互作用；圆圈表示层次模型估计值的中位数；粗线表示 68% 置信区间；细线表示 95% 置信区间；LD 为轻度沙漠化；SD 为重度沙漠化；VSD 为极度沙漠化

第3章 荒漠草原沙漠化过程中群落物种均质化机制

生物多样性是群落生态学研究的一个核心问题，但如何对生物多样性变化机制做出合理解释，目前为止仍然是生态学家面临的一个重大的挑战（Meiners et al.，2015；Segre et al.，2014）。当前，对生物多样性变化机制的解释主要集中于讨论确定性过程与随机过程在决定物种群落构建时的相对重要性（Li et al.，2016a；Dini-Andreote et al.，2015；Segre et al.，2014）。传统的观点认为由生物或非生物因素，或者两个因素相结合引起的确定性过程是决定物种多样性变化的主要原因，如物种间的互利关系（Connell and Slatyer，1977）、种间竞争（Huston and Smith，1987）、资源的可利用性（Drury and Nisbet，1973）。然而，生态学家越来越意识到随机过程在决定群落物种多样性中的重要性，这种随机过程包括：①因当地物种库大小的变化而产生的抽样效应（Li et al.，2016a；Myers et al.，2013；De Cáceres et al.，2012；Kraft et al.，2011）；②随机性的生态漂移过程（Cottenie，2005；Legendre et al.，2009）；③不可测的空间、环境变量等因素（Borcard et al.，2004）。确定性过程观点认为，群落演替是有方向性的，由于一个特定的物种群落具有其适宜生存的栖息地环境，因此群落物种组成将收敛于一个特定的生境（Anderson，2007；Lepš，1987）。与此相反，随机过程观点认为，群落物种组成不会收敛产生一个明显单一的稳定状态（Li et al.，2016a；Myers et al.，2013；Kraft et al.，2011）。Whittaker 在 1960 年首次引入了 β 多样性，并将其定义为“样点间组成群落的物种的变化程度”。β 多样性可以为维持物种多样性的过程提供基本的理论基础（Li et al.，2016；Segre et al.，2014；Myers et al.，2013；Anderson et al.，2011；Kraft et al.，2011；Chase，2010；Dornelas et al.，2006；Tuomisto et al.，2003）。β 多样性可以在局部和局域尺度下衡量 α 多样性和 γ 多样性（Baselga，2010），还可以作为物种群落对气候变化（Leprieur et al.，2011；Baselga，2010；Condit et al.，2002）、人为干扰（De Cáceres et al.，2012；Passy and Blanchet，2007；Vellend et al.，2007）及环境梯度变化（Myers et al.，2013；Anderson et al.，2011；Kraft et al.，2011；Cottenie，2005）响应的评价指标。

β 多样性反映了物种的周转与物种间的嵌套模式两种不同的生态现象

(Baselga, 2010, 2007; Harrison et al., 1992)。尽管这两种生态过程都可以导致组成群落的物种间的差异，但它们的相对重要性将随着组成群落的物种结构的不同而改变（Hill et al., 2017; Gianuca et al., 2016; Brendonck et al., 2015)。因此，将 β 多样性分解为物种的周转与物种间的嵌套模式，然后与影响两个生态过程的驱动因素相结合，可以为我们理解群落间物种多样性变化机制提供有效的理论基础（Ewers et al., 2013; Hortal et al., 2011; Leprieur et al., 2011)。Myers 等（2013）和 Li 等（2016）通过分析确定性过程与随机过程对物种的周转、物种间的嵌套及 β 多样性的影响，来阐述确定性过程与随机过程在促进物种均质化中的相对重要性。

沙漠化是干旱、半干旱地区最严重的土地退化方式之一（Verón and Paruelo, 2010)。风蚀和过度放牧是造成干旱、半干旱地区沙漠化的主要驱动因素（Tang et al., 2016; Deng et al., 2014a; Li et al., 2004)。风蚀减少了土壤中富含营养的黏粒及粉粒的含量，导致土壤更加贫瘠，同时加速了沙漠化的进程（Tang et al., 2016)。过度放牧严重地降低了草原的生产力，从而增加了水土流失和沙漠化的风险（Deng et al., 2017)。这些因素均可导致荒漠草原生态系统中生物多样性的迅速降低（Xu et al., 2015; Ulrich et al., 2014)。而生物多样性的丧失将导致物种均质化（Gámez-Virués et al., 2015)。这种物种均质化主要发生在两个方面：①一些物种的分布范围扩大；②另一些物种的分布范围收缩（Olden et al., 2004)。物种均质化在群落生态学中并不是一个新概念。最近，有研究人员加快了对这一过程和机制的研究。例如，土地利用程度加强是造成物种均质化的主要驱动力（Gossner et al., 2016)；农业集约化和放牧同样也促进了物种的均质化（Gossner et al., 2016; Gámez-Virués et al., 2015)。由沙漠化导致的生物多样性的丧失对生态系统功能和服务产生了严重的影响（Gossner et al., 2016; Chen et al., 2016)。然而，研究沙漠化导致物种均质化的机制对生态学家是一个新的挑战。物种均质化意味着群落间 β 多样性的降低（Gossner et al., 2016)，因此研究沙漠化程度加强对 β 多样性的不同组分的影响对于理解物种均质化的潜在机制至关重要。

零模型可以将观察到的物种分布模式与群落中物种的随机抽样矩阵所形成的物种分布模式进行比较，在随机抽样时，零模型可以保持样点间物种的丰富度不变，且在物种库中进行随机取样时可以使得物种的发生频率保持不变（Gotelli, 2000)。本书研究中，使用零模型从物种库中进行随机抽样生成随机的物种组合。假设确定性过程在促进物种均质化过程中起着主导作用，但随机过程亦不能被忽视，因为它是沙漠化过程中物种群落构建的决定因素之一。

3.1 荒漠草原沙漠化过程中群落物种组成的变化特征

不同沙漠化阶段的草地群落物种组成不同，组成群落的物种数量在潜在沙漠化阶段最高，随着沙漠化程度的增加，组成群落的物种数量逐渐减少，到极度沙漠化阶段，物种数量降为最低（图 3-1）。并且，当沙漠化从一个阶段发展到下一阶段时，部分物种随着沙漠化的增加而消失，同时又有新的物种进入群落。例如，潜在沙漠化阶段组成群落的物种主要有猪毛蒿、中亚白草、砂珍棘豆、草木樨状黄芪、苦豆子、牛枝子、砂蓝刺头、丝叶山苦荬等；当从潜在沙漠化阶段发展到轻度沙漠化阶段时，猪毛蒿、砂珍棘豆、草木樨状黄芪、牛枝子、砂蓝刺头等物种消失，同时乳浆大戟、猪毛菜等物种进入群落。

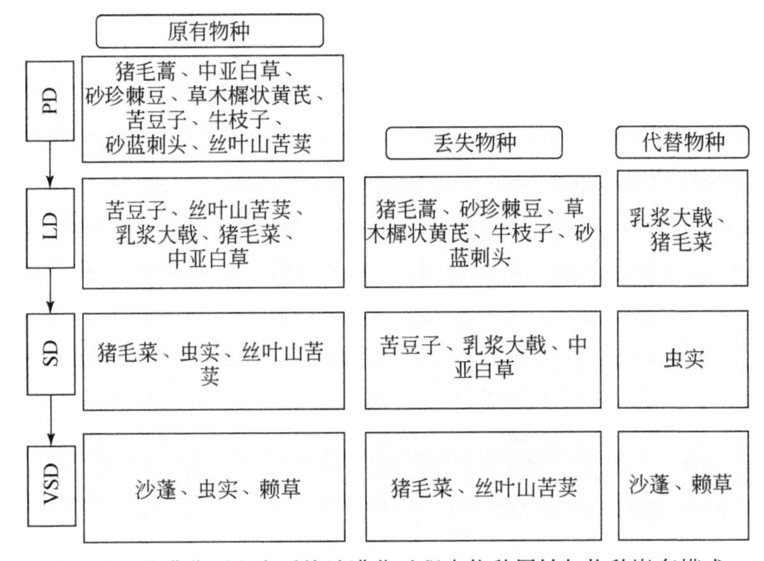

图 3-1 荒漠草原生态系统沙漠化过程中物种周转与物种嵌套模式

原有物种表示不同沙漠化阶段草地中的物种；丢失物种表示随着沙漠化程度加剧而消失的物种；代替物种表示随着沙漠化程度加剧，不同沙漠化阶段的取代物种。PD 为潜在沙漠化；LD 为轻度沙漠化；SD 为重度沙漠化；VSD 为极度沙漠化

3.2 荒漠草原群落间 β 多样性观测值与预期值的方差分解

以 β 多样性的观测值、预期值，物种嵌套的观测值、预期值，以为物种周转

的观测值、预期值为应变量，以土壤有机碳含量、土壤全磷含量、土壤全氮含量、土壤容重、土壤含水量、土壤砂粒含量、土壤粉粒含量及土壤黏粒含量为自变量进行冗余分析。然而，为了避免变量之间的共线性，本书研究对土壤变量做相关性分析（图 3-2），当两个变量相关系数绝对值超过 0.8，只选取这两个变量中的其中一个变量进行冗余分析，最终本书研究选择土壤有机碳含量、土壤全磷含量、土壤容重和土壤含水量四个变量作为自变量进行冗余分析。

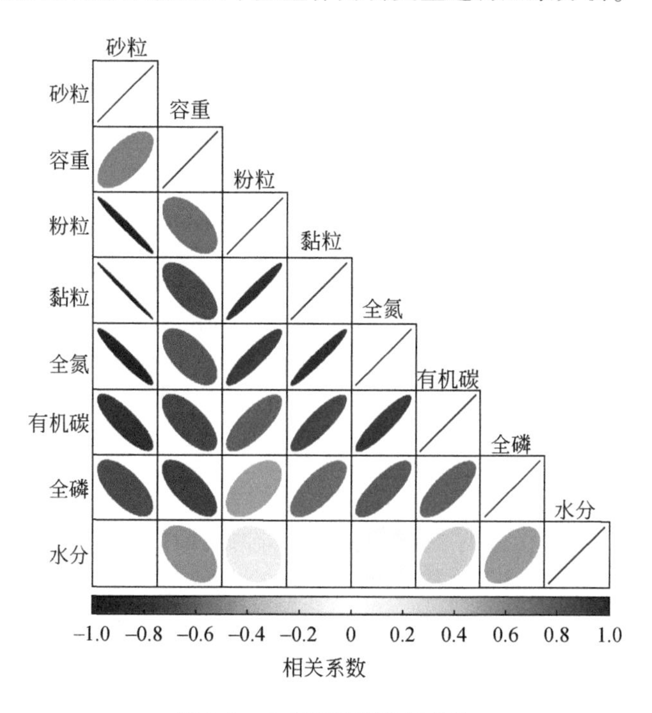

图 3-2　土壤因子间的相关性

为了确定确定性过程与随机过程在物种均质化过程中的相对重要性，本书研究对物种的周转观测值、物种间的嵌套观测值、β 多样性观测值与由零模型抽样所得到的预期值进行方差分解。对 β 多样性的方差分解结果显示，土壤理化性质对 β 多样性观测值的方差解释量大于对 β 多样性预期值的方差解释量（图 3-3）。但是，本书研究发现环境因子对物种周转、物种嵌套的观测值的方差解释量小于对其预期值的方差解释量，表明确定性过程和随机过程在物种均质化中均起着重要的作用。土壤理化性质能够解释物种周转、物种嵌套及 β 多样性变化的大部分方差，是影响群落物种组成的主要驱动力。然而，研究结果也同样表明，随机过程在物种群落构建过程中不应被忽略，随机过程可单独或结合环境因子对物种周转、物种嵌套及 β 多样性产生影响。

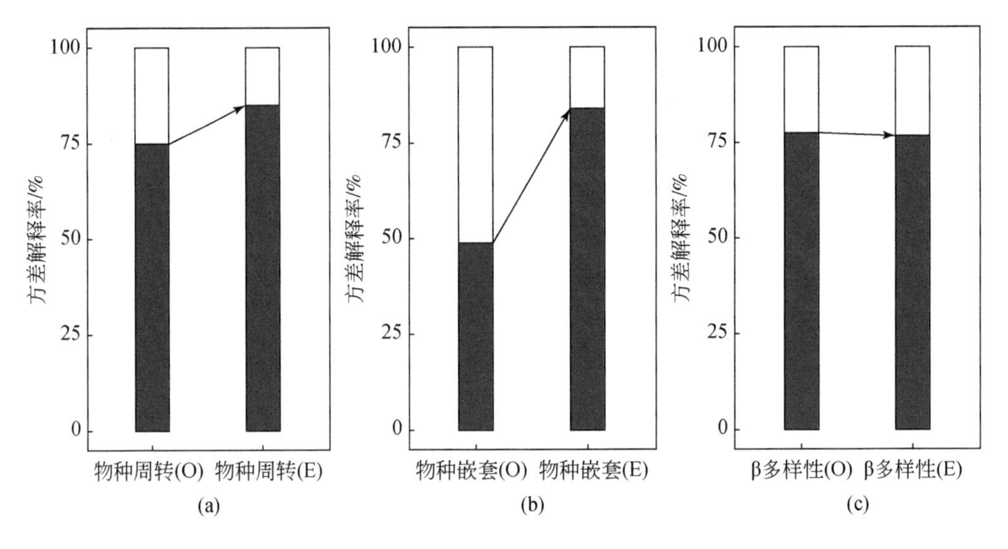

图 3-3　荒漠草原生态系统土壤理化性质对物种多样性的方差解释量

（a）土壤理化性质对物种周转的方差解释量；（b）土壤理化性质对物种嵌套的方差解释量；（c）土壤理化性质对物种 β 多样性的方差解释量；箭头表示方差解释量的增加或者减小；O 表示观察值；E 表示零模型所产生的预期值

沙漠化是造成荒漠草原生态系统环境因子异质性、导致土壤养分减少的主要驱动力。此外，沙漠化导致了环境因素在物种群落构建过程中的主导地位，致使物种的周转增加，这表明沙漠化所导致的物种生态位的差异是引起不同阶段沙漠化草地群落物种差异的重要原因（Gianuca et al.，2016；Viana et al.，2016；Segre et al.，2014）。群落物种组成在适宜生境条件下才能维持稳定的状态。一方面，生境的多样性是造成物种分布差异的主要原因，环境条件的异质性导致了物种的周转增加；另一方面，沙漠化导致资源的可利用性降低，使得物种多样性在沙漠化增强的过程中逐渐降低，而只有能够适应恶劣生境条件的物种才能生存下来成为组成群落的优势种。荒漠草原生态系统物种的均质化正是沙漠化增加使得一些物种丢失，另一些物种成为优势种而建立群落所导致的（Gossner et al.，2016；Gámez-Virués et al.，2015；Karp et al.，2012；Smart et al.，2006）。之前的研究也同样表明，由环境梯度变化造成的营养梯度变化增加了物种的周转在群落构建中的作用（Gianuca et al.，2016；Gossner et al.，2016）。在异质性较大环境条件下，物种可以选择最适宜生存的环境条件来增加物种分散，使得物种的周转增加。物种分散增加已经被证明会消除物种间的嵌套格局，然而，在同质性环境条件下，那些具有更高丰富度的物种将会形成嵌套格局组成物种群落（Gianuca et al.，2016）。这些模式均表明，沙漠化促进了处于不同沙漠化阶段的草地组成群落的物种分化。

尽管本研究的结果表明，不同沙漠化阶段物种群落结构的不同是生境的过滤导致的（Gianuca et al., 2016；Spasojevic et al., 2014；Bello et al., 2013；Shurin, 2001），且环境变量是物种多样性变化的主要驱动力，但确定性过程与随机过程相结合同样能够很好地解释沙漠化过程中组成群落物种变化所导致的均质化作用。零模型分析结果表明，物种的随机周转与随机嵌套对沙漠化过程中物种群落的构建同样有重要的作用。最初，方差分解结果显示，环境变量对物种的周转与物种的嵌套可解释的方差量分别为 74.7% 和 49%，然而，在用零模型所得的物种随机抽样矩阵进行方差分解分析时，可被环境变量解释的方差量升高。这一结果与之前的许多研究结果一致，这些研究使用零模型证明了随机过程在影响物种多样性方面发挥着重要作用（Li S P et al., 2016；Myers et al., 2013；Kraft et al., 2011）。但这些研究并没有直接比较确定性过程与随机过程在影响组成群落物种多样性变化方面的相对重要性。然而，对于一些变量（如土壤全磷含量、土壤全氮含量、土壤砂粒含量、土壤粉粒含量和土壤黏粒含量）在影响物种多样性变化方面，本书研究与之前许多研究的观测结果一致。例如，Myers 等（2013）的研究发现，土壤因子对热带木本植物物种多样性的变化具有重要作用；Gilbert 和 Lechowicz（2004）的研究表明，环境因子的变化对温带森林生态系统林下植被物种多样性具有显著的影响。

对物种周转、物种嵌套和 β 多样性来说，不能被解释的方差量主要源自以下几个方面：①当地物种库大小的变化而产生的抽样效应（Segre et al., 2014；Myers et al., 2013；Kraft et al., 2011）；②随机性过程，如生态漂移与物种的灭绝（Segre et al., 2014；Legendre et al., 2009）；③不可测的空间、环境等因素变量等（Myers et al., 2013；Borcard et al., 2004）。尽管环境变量解释了大部分的方差，但在对零模型的抽样效果进行分析之后发现，环境变量对 β 多样性的方差解释量降低，表明在对不同沙漠化程度草地群落间 β 多样性的观测值的比较中可能高估了确定性过程相对于随机过程的重要性。

尽管确定性过程和随机过程相对重要性的研究结果与本研究的假设一致，但本研究仍存在局限性：①本书研究用空间尺度来代替沙漠化过程中的时间尺度，虽然这种方法被广泛地运用到有关过程研究的生态学问题中，且在一定程度上可以使我们解释一些生态现象与过程更加直接有效，但这种方法使我们的研究存在一定误差，因此在未来的研究中应该更加关注沙漠化在时间序列上是如何影响物种多样性的，这对我们准确理解沙漠化过程中群落物种组成的变化机制具有重要意义；②本书研究只涉及荒漠草原生态系统物种的均质化，而这并不能对其他生态系统进行有效的推断，未来的研究应该扩大研究尺度，对不同生态系统物种的均质化过程与机制进行进一步研究；③尽管许多生态过程均能够对群落物种组成产生影响，但本书研究仅仅涉及沙漠化对组成群落的物种多样性及物种均质化机制的研究，且本书研究仅检测了有限几个环境变量对物种多样性及均质化的影响，未来的研究应该关注其他生态过程及能够结合长期观测的多种影响因子（如生物因素、非生物因素）对物种多样性及均值化的影响，这将为我们研究物种多样性变化机制提供更加有力的证据。

本书研究为沙漠化影响物种多样性导致物种均质化提供了有力的证据，表明生态过程决定了物种群落构建的特定趋势。沙漠化减少了富含营养的土壤粉粒与黏粒的含量，导致土壤贫瘠，加速了沙漠化的扩张，增加了生境的异质性，使群落间物种的 β 多样性降低，导致物种均质化。沙漠化导致土壤养分减少，使得确定性过程在促进物种均质化过程中发挥了主要的作用，然而在这个过程中随机过程对促进物种均质化方面的作用不能被忽视。因此，对 β 多样性进行分解，将其与环境因子的变化相结合，可为我们理解沙漠化导致物种均质化的潜在机制提供有效的理论基础，为防治干旱、半干旱地区荒漠草原生态系统沙漠化提供重要的科学依据。通过加强对荒漠草原生态系统的保护和管理措施（如围封禁牧、轮牧和季节性放牧、适度的施肥措施等），可以有效地防止草地沙漠化，增加物种多样性。

第4章 荒漠草原植被生物量对沙漠化的响应

生物量是草地生态系统健康的核心指标，也是植被群落功能最主要的体现载体，已经被用作衡量沙漠化程度的重要指标之一（Huang et al., 2016）。有关荒漠草原生态系统沙漠化过程中植被生物量变化特征的研究已有很多报道（Huang et al., 2016；Liu et al., 2015；Pei et al., 2008），这些研究均表明沙漠化降低了荒漠草原生态系统地上生物量（吴旭东，2016；Tang et al., 2015；赵哈林等，2007b）。然而，在干旱、半干旱地区的荒漠草原生态系统中，风蚀和过度放牧等干扰因素是沙漠化的主要驱动因素（Deng et al., 2014a；Throop et al., 2004），而中度干扰理论认为，中等程度的干扰能够使群落维持较高的物种多样性，进而使群落生物量增加，如果干扰频率过高，则只有那些生长速度快、侵占能力强的物种才能生存下来，使群落物种多样性降低、群落生物量减小，且生物量无论是在时间尺度上还是在空间尺度上均存在异质性（Huenneke et al., 2002）。因此，群落生物量与沙漠化强度有重要的关系，生物量是否会随着沙漠化的增加而减少仍然是研究中的一个核心问题。

植被与土壤及其相互关系是生态学研究的主要内容之一。有关荒漠草原生态系统沙漠化过程中土壤理化性质与植被生物量的研究已有许多报道（邱开阳等，2011；杨梅焕等，2010；Pei et al., 2008；Zhou et al., 2008；陈玉福和董鸣，2001）。土壤水分与生物量呈正相关关系（邱开阳等，2011），而土壤粗砂粒含量、土壤有机碳含量、土壤全氮含量与植被生物量呈负相关关系（Pei et al., 2008；Zhou et al., 2008）。这些研究增强了我们对土壤和植被在土地退化过程中变化规律及相互关系的认识，但是具有一定局限性，其仅仅使用简单的相关分析或回归分析来描述土壤变量与植被生物量之间的线性关系，而并未阐明荒漠草原生态系统植被生物量对沙漠化的响应机制。

因此，为了维持荒漠草原生态系统的可持续性，有必要了解沙漠化过程中植被生物量变化规律与土壤属性的关系，以及植被生物量对沙漠化的响应机制。本书研究通过建立结构方程模型来阐述荒漠草原生态系统植被生物量对沙漠化的响应机制，为荒漠草原生态系统植被恢复重建提供有力的科学依据。

用R语言对数据进行数据分析，用单因素方差分析确定因子之间的差异性。

由于变量间的共线关系，用“plsdepot”包（Sanchez，2012）进行主成分分析，之后用蒙特卡洛置换检验对主成分分析结果进行显著性检验，发现沙漠化对土壤全磷含量与土壤速效磷含量的变化影响不显著，因此在用最小二乘法建立结构方程模型时剔除这两个变量。根据主成分分析的结果，在建立结构方程理论模型时将植被生物量、土壤物理属性、土壤化学属性作为三个隐变量。其中，隐变量植被生物量包括地上生物量、地下生物量、枯落物生物量三个指标；隐变量土壤化学属性包括土壤有效氮含量、全氮含量、有效钾含量、有机碳含量四个指标；隐变量土壤物理属性包括土壤含水量、土壤容重、土壤砂粒含量、土壤粉粒含量、土壤黏粒含量 5 个指标。结构方程模型用“plspm”来进行参数估计，置信水平取 $P=0.05$。

4.1 荒漠草原沙漠化过程中植被群落生物量变化特征

除轻度沙漠化阶段外，植被群落生物量随着沙漠化程度的增加显著降低（$P<0.05$），随着沙漠化程度的增加，中度沙漠化阶段草地植被群落地上生物量、地下生物量及枯落物生物量分别降低了 20.92%、62.55% 和 38.74%；重度沙漠化阶段草地植被群落地上生物量、地下生物量及枯落物生物量分别降低了 51.29%、64.25% 和 39.98%；极度沙漠化阶段草地植被群落地上生物量、地下生物量及枯落物生物量分别降低了 94.43%、98.39% 和 96.74%；与潜在沙漠化相比，随着沙漠化程度的加剧，中度、重度和极度沙漠化阶段草地植被群落总生物量分别降低了 46.83%、56.16% 和 97.01%。但分析结果显示，轻度沙漠化阶段草地植被群落地上生物量、地下生物量和枯落物生物量均高于潜在沙漠化阶段（表 4-1），且轻度沙漠化阶段草地植被群落总生物量比潜在沙漠化阶段草地升高了 29.15%。

表 4-1 不同沙漠化阶段草地植被群落生物量变化特征

群落生物量	潜在沙漠化	轻度沙漠化	中度沙漠化	重度沙漠化	极度沙漠化
地上生物量	58.33±8.26b	79.41±8.78a	46.13±11.05c	28.41±1.37c	3.25±0.77d
地下生物量	117.37±13.99b	155.58±69.11a	43.96±16.75c	41.96±22.27c	1.89±0.96d
枯落物生物量	41.12±2.35b	45.04±3.95a	25.19±2.25c	24.68±0.86c	1.34±1.41d
总生物量	216.82±19.90b	280.03±73.94a	115.28±30.04c	95.05±22.78c	6.48±0.19d

植被生物量是外界生态环境与自身生物学特性共同作用的产物，也是生态系统结构和功能的综合体现（王玉辉和周广胜，2004），草地生态系统群落生物量

主要受环境条件尤其是土壤水分含量的影响（方精云等，2010；Yang et al.，2008；Fang et al.，2005，2001；Knapp et al.，2002；Sala et al.，1996；Briggs and Knapp，1995），土壤水分含量是影响植物生存和生长发育最重要的环境因素之一，且对生态系统植被恢复或重建具有决定性作用（王玉辉和周广胜，2004）。研究结果显示，在荒漠草原生态系统中，土壤水分含量与群落生物量呈显著正相关，潜在沙漠化阶段土壤含水量较高，土壤水分条件相对较好，为植被的生长发育提供了良好的生长环境，因此潜在沙漠化阶段植被生物量较高，但随着沙漠化程度的发展，土壤中能够提供给植物生长所需的水分含量降低，导致植被生产力相应地减小，这与朴起亨等（2008）和 Zhou 等（2008）的研究结果基本一致。然而，本书研究发现群落植被生物量在潜在沙漠化阶段比轻度沙漠化阶段低 23%，其可能的原因是轻度荒漠化阶段草地中苦豆子为优势种植物，其因自身的生物学特性而具有相对较大的单株体积和生物量，导致轻度荒漠化阶段的总生物量较高。

4.2 荒漠草原沙漠化过程中土壤理化属性变化特征

4.2.1 荒漠草原沙漠化过程中土壤物理特性变化特征

随着沙漠化程度加剧，荒漠草原 0 ~ 40cm 土壤含水量呈逐渐降低趋势（图 4-1），且沙漠化草地与潜在沙漠化草地 0 ~ 40cm 土壤含水量均有显著差异（$P<0.05$），与潜在沙漠化阶段相比，轻度沙漠化草地至极度沙漠化草地 0 ~ 40cm 土壤平均含水量分别下降了 7.03%、25.27%、28.20% 和 28.21%。在同一沙漠化阶段，土壤含水量随着土层深度的增加显著增加（$P<0.05$）。除 0 ~ 10cm 土层土壤含水量不呈降低趋势外，不同沙漠化阶段草地土壤含水量随着沙漠化程度的加剧均呈现逐渐降低的趋势（10 ~ 20cm、20 ~ 30cm 和 30 ~ 40cm）。本书研究分析结果显示，0 ~ 10cm 土壤含水量在极度沙漠化阶段要高于重度沙漠化阶段，但是其差异不显著（$P>0.05$）。

随着沙漠化程度的加剧，土壤颗粒组成和容重均发生显著变化（$P<0.05$，图 4-2，表 4-2）。土壤容重随着沙漠化程度的增加分别增加了 54.6%、149.9%、177.1% 和 194.9%。潜在、轻度和中度沙漠化阶段的 0 ~ 40cm 土壤容重均与重度和极度沙漠化阶段的差异显著（$P<0.05$），然而，重度和极度沙漠化阶段的 0 ~ 40cm 土壤容重差异不显著（$P>0.05$）。不同沙漠化阶段草地土壤容重随着土层深度的变化规律不同［图 4-2（a）］。潜在沙漠化和轻度沙漠化阶段土壤容重的最小值出现在 10～20cm 土层中，且随着土层深度的增加土壤容重表现出先减小后增大的趋势。而在重度和极度沙漠化阶段，随着土层深度的增加，土壤容重呈现减小趋势。

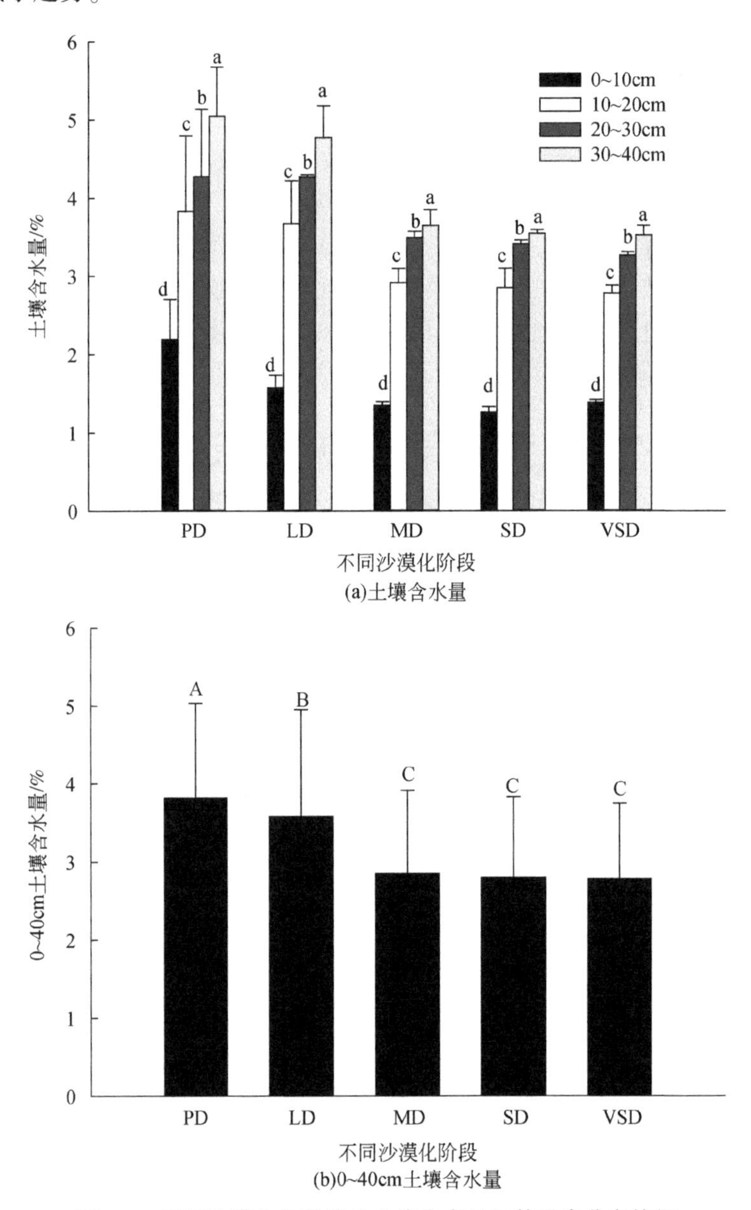

图 4-1　不同沙漠化阶段草地土壤含水量及其垂直分布特征

不同大写字母表示不同沙漠化阶段间在 0.05 水平差异显著；不同小写字母表示不同土壤层次间在 0.05 水平差异显著；PD 为潜在沙漠化；LD 为轻度沙漠化；MD 为中度沙漠化；SD 为重度沙漠化；VSD 为极度沙漠化

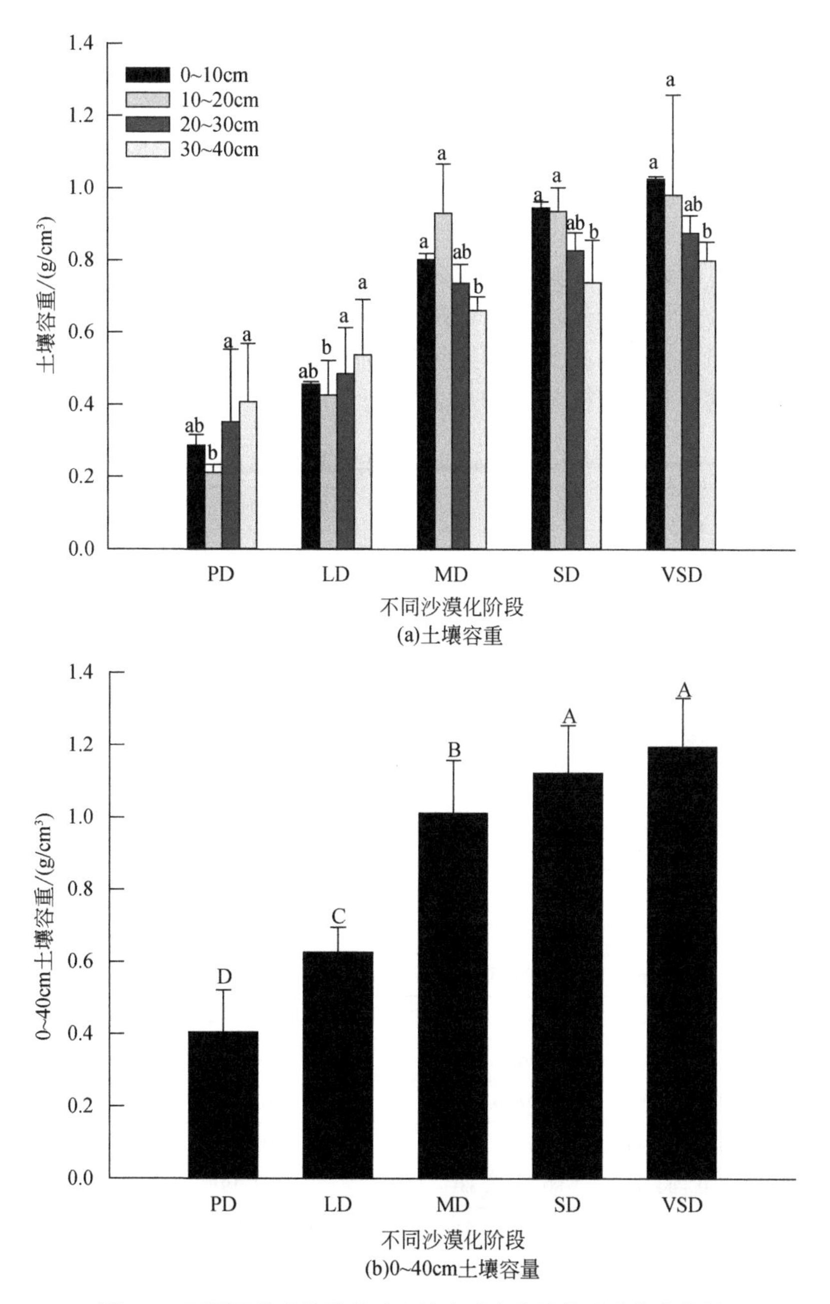

图 4-2　不同沙漠化阶段草地土壤容重变化及其垂直分布特征

不同大写字母表示不同沙漠化阶段间在 0.05 水平差异显著；不同小写字母表示不同土壤层次间在 0.05 水平差异显著；PD 为潜在沙漠化；LD 为轻度沙漠化；MD 为中度沙漠化；SD 为重度沙漠化；VSD 为极度沙漠化；误差棒表示标准误差

土壤粗砂粒含量随着草地沙漠化程度的加剧而逐渐增加，而土壤细砂粒和黏粉粒的含量随着沙漠化程度的增加而降低。其中，随着沙漠化程度的增加，土壤粗砂粒含量较潜在沙漠化阶段分别增加了4.07%、30.85%、35.40%和40.36%；土壤细砂粒含量较潜在沙漠化阶段分别降低了5.43%、47.10%、54.45%、62.64%；土壤黏粉粒含量较潜在沙漠化阶段分别降低了20.76%、80.28%、89.27%、94.81%（表4-2）。不同沙漠化阶段草地土壤颗粒组成随着土层深度的变化规律不同。潜在和轻度沙漠化阶段随着土层深度的增加土壤粗砂粒含量逐渐增加，而土壤细砂粒和黏粉粒含量的变化趋势与土壤粗砂粒含量相反，呈逐渐降低的变化趋势；土壤粗砂粒含量在中度、重度和极度沙漠化阶段表现出先增加后降低的变化趋势，而土壤细砂粒含量和黏粉粒含量表现出先降低后增加的变化趋势。

表4-2 不同沙漠化阶段草地土壤颗粒组成的变化

不同沙漠化阶段	土层深度	土壤颗粒组成/%		
		粗砂粒（0.1～2mm）	细砂粒（0.05～0.1mm）	黏粉粒（<0.05mm）
潜在沙漠化	0～10cm	54.47±1.96Ec	41.14±2.19Aa	4.39±0.25Aa
	10～20cm	60.35±6.58Eb	36.83±5.81Ab	2.82±0.78Ab
	20～30cm	64.69±2.61Ea	33.05±2.83Ac	2.26±0.22Ac
	30～40cm	67.38±4.26Ea	30.52±4.07Ad	2.10±0.19Ac
	0～40cm	61.72±5.64E	35.39±4.63A	2.89±1.04A
轻度沙漠化	0～10cm	57.19±1.56Dc	39.73±1.10Aa	3.08±0.47Ba
	10～20cm	60.83±1.22Db	36.54±0.93Ab	2.62±0.31Bb
	20～30cm	67.39±1.72Da	30.68±1.56Ac	1.93±0.16Bc
	30～40cm	71.52±0.81Da	26.94±0.92Ad	1.54±0.11Bc
	0～40cm	64.23±6.44D	33.47±5.75A	2.29±0.69B
中度沙漠化	0～10cm	78.87±1.75Cc	20.40±1.44Ba	0.73±0.33Ca
	10～20cm	81.26±1.19Cb	18.28±1.34Bb	0.47±0.15Cb
	20～30cm	81.97±0.65Ca	17.64±0.81Bc	0.39±0.16Cc
	30～40cm	80.94±1.13Ca	18.54±0.87Bd	0.52±0.26Cc
	0～40cm	80.76±1.33C	18.72±1.19B	0.57±0.14C
重度沙漠化	0～10cm	80.40±2.37Bc	19.16±2.16Ca	0.45±0.21Da
	10～20cm	83.44±2.54Bb	16.25±2.52Cb	0.31±0.03Db
	20～30cm	85.46±1.51Ba	14.30±1.54Cc	0.23±0.04Dc
	30～40cm	84.99±3.32Ba	14.75±3.33Cd	0.26±0.00Dc
	0～40cm	83.57±2.28B	16.12±2.19C	0.31±0.10D

续表

不同沙漠化阶段	土层深度	土壤颗粒组成/%		
		粗砂粒（0.1 ~2mm）	细砂粒（0.05 ~0.1mm）	黏粉粒（<0.05mm）
极度沙漠化	0 ~ 10cm	86.29±0.05Ac	13.52±0.15Da	0.19±0.04Ea
	10 ~ 20cm	87.28±0.47Ab	12.59±0.47Db	0.13±0.01Eb
	20 ~ 30cm	86.27±0.49Aa	13.59±0.47Dc	0.14±0.01Ec
	30 ~ 40cm	86.68±0.21Aa	13.18±0.21Dd	0.15±0.01Ec
	0 ~ 40cm	86.63±0.47A	13.22±0.46D	0.15±0.03E

注：小写字母表示不同土层间在 0.05 水平上的差异性；大写字母表示不同沙漠化阶段间在 0.05 水平上的差异性

本书研究发现，沙漠化显著降低了荒漠草原植被生物量，使表层土壤裸露，增加了荒漠草原沙漠化的风险（Lin et al.，2010；Throop et al.，2004）。土壤结构属性主要受母质层的影响，并且对外界变化具有抵抗作用（Li and Shao，2006），本书研究发现，随着沙漠化程度的增加土壤细砂粒含量与土壤黏粒含量显著降低，此研究结果与 Zhou 等（2008）的研究结果一致，但与 Zuo 等（2008b）的研究结果不同。土壤水分含量对植被发育有重要影响（Li and Shao，2006），本书研究结果表明，土壤水分含量并不是限制荒漠草原植被生物量的主要因素，这与 Austin（2011）的研究结果一致，且有许多研究也表明，荒漠草原植被的退化可能会提高地下水位，增加土壤含水量（Zuo et al.，2008a；Li and Shao，2006），因为有植被覆盖的区域的蒸发量高于没有植被覆盖的裸露区域，所以裸露的区域通常具有较高的土壤含水量。此外，本书研究发现，随着沙漠化的加剧，土壤容重和土壤含水量的变化不一致，土壤容重的变化比土壤含水量的变化更敏感。而主成分分析结果显示，土壤含水量与土壤容重、土壤黏粒含量显著相关。这些结果均表明土壤质地对土壤含水量具有较强的影响。

4.2.2 荒漠草原沙漠化过程中土壤化学属性变化特征

随着沙漠化程度的加剧，除土壤全磷与速效磷含量外，其他土壤养分因子均受到沙漠化的显著影响（$P<0.05$）。土壤有机碳含量与土壤速效氮含量随着沙漠化的加剧呈逐渐降低的趋势，到中度沙漠化之后达到稳定状态。潜在沙漠化阶段土壤有机碳、全氮及速效氮含量最高，而土壤速效钾含量在轻度沙漠化阶段时达到最大值。与潜在沙漠化阶段相比，极度沙漠化阶段土壤有机碳、速效钾、速效氮和全氮含量分别降低了 54.0%、30.4%、68.8% 和 82.4%（图 4-3）。

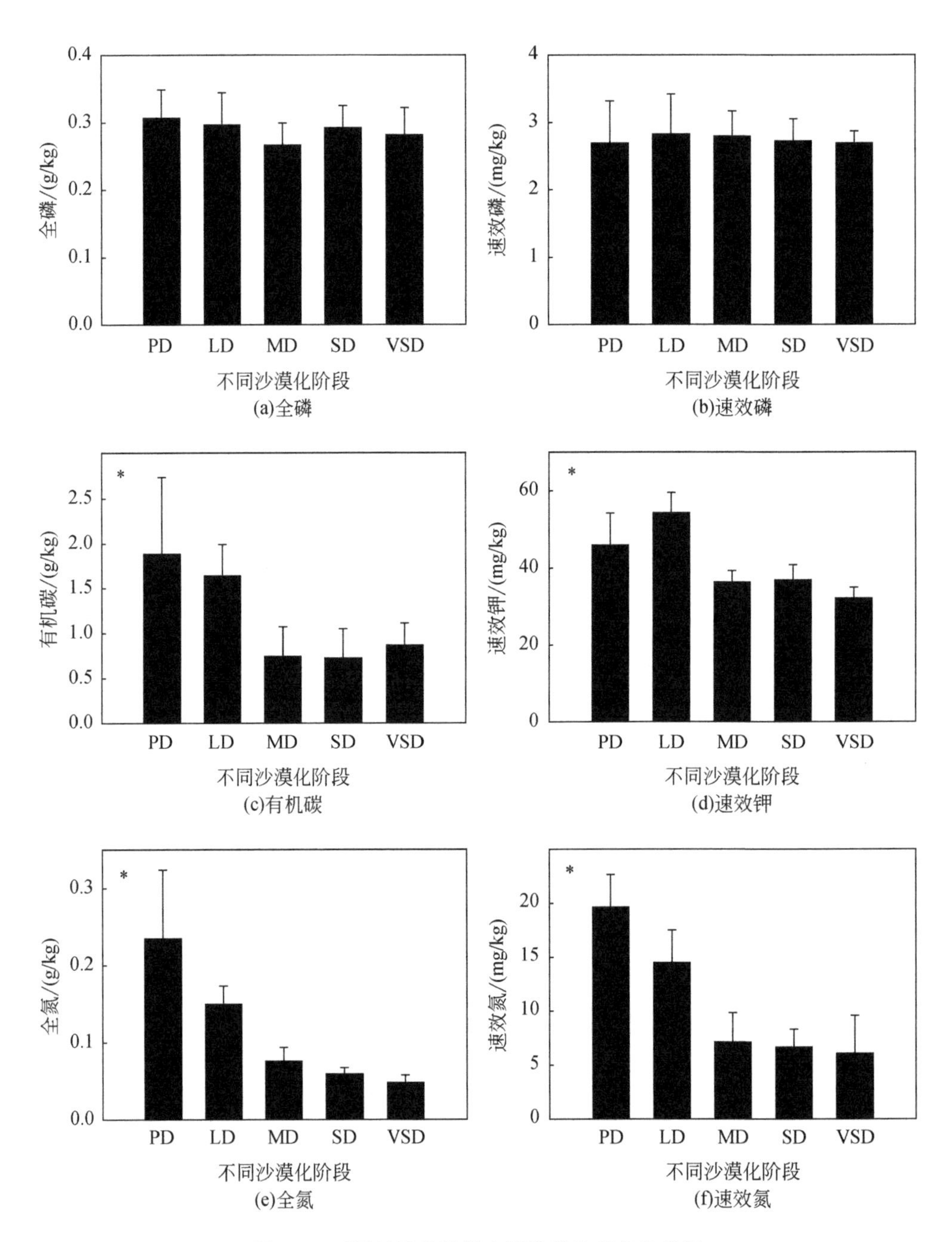

图 4-3　不同沙漠化阶段土壤化学性质变化特征

PD 为潜在沙漠化；LD 为轻度沙漠化；MD 为中度沙漠化；SD 为重度沙漠化；VSD 为极度沙漠化；

* 表示在 0.05 水平上有显著差异

本书研究发现，土壤养分含量随着沙漠化程度的增加而减少，这表明沙漠化会导致土壤养分的分布更加不均，土壤变得贫瘠。这与 Zuo 等（2010）的研究结果一致，他们的研究表明，在荒漠草原生态系统中，由于环境因子的相互作用土壤养分在空间上存在较显著的异质性。然而，本书研究发现随着沙漠化程度的变化，土壤全磷含量和土壤速效磷含量的变化并不显著，这是因为干旱条件可能会降低营养物质的扩散速率从而限制养分运输，而与其他营养物质（如氮素）相比，土壤中磷的扩散对土壤的湿度更敏感（He and Dijkstra，2014；Lambers et al.，2008），所以在含水量较低的荒漠草原生态系统中，由沙漠化导致的土壤磷含量的变化并不显著。

4.3 荒漠草原沙漠化过程中土壤理化性质与植被生物量的关系

对 11 个土壤变量进行主成分分析，结果如图 4-4 所示。图 4-4 显示了第一主成分与第二主成分中各土壤变量之间的相互关系。第一主成分主要反映了土壤的化学属性，并解释了标准化土壤变量总体方差的 59.2%；第二主成分主要反映了土壤的物理属性，解释了标准化土壤变量总体方差的 11.2%。由图 4-4 可知，土

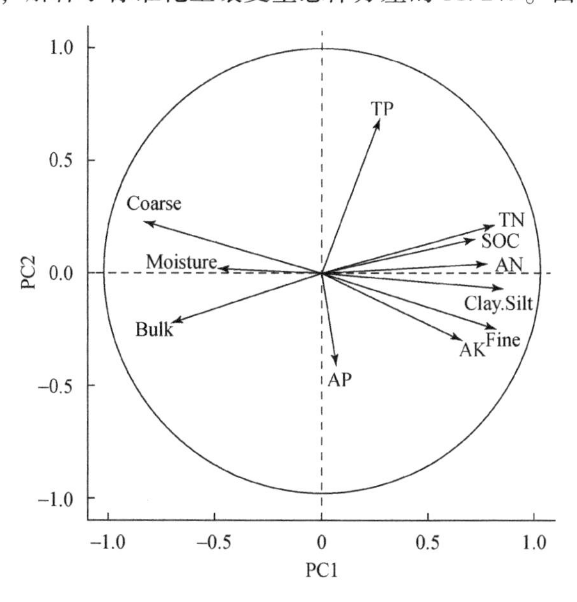

图 4-4 土壤因子的主成分分析

箭头表示因子特征值；第一主成分（PC1）可以解释 59.2% 的土壤因子方差，第二主成分（PC2）可以解释 11.2% 的土壤因子方差；TP 为土壤全磷；TN 为土壤全氮；SOC 为土壤有机碳；AN 为土壤速效氮；Bulk 为土壤容重；Moisture 为土壤含水量；Coarse 为粗砂粒；AP 为速效磷；AK 为速效钾；Fine 为细砂粒；Clay. Silt 为黏粉粒

壤中黏粒和粉粒含量与砂粒含量呈负相关关系，因此利用黏粒和粉粒含量值的相反数来进行接下来的分析。

4.4 荒漠草原沙漠化过程中土壤属性影响植被生物量结构方程模型

依据主成分分析的结果，将土壤物理属性（包括土壤含水量、土壤容重、土壤砂粒含量、土壤粉粒含量、土壤黏粒含量等变量）、土壤化学属性（包括土壤速效氮、土壤速效钾、土壤有机碳与土壤全氮含量等变量）与植被生物量属性（包括地上生物量、地下生物量与枯落物生物量）作为三个隐变量建立结构方程模型。结果显示，结构方程模型的拟合优度为0.7452，表明该模型能够很好地解释植被生物量对沙漠化的响应机制。土壤的化学属性和物理属性均对荒漠草原植被的生物量有影响，且能够解释植被生物量变化的46.8%。然而，土壤物理属性对荒漠草原植被生物量的影响要比土壤化学属性大，且随着沙漠化的加剧土壤的物理属性能够解释80%的植被生物量的变化（$P<0.01$），其中土壤物理属性对植被生物量的直接影响为68%，间接影响为12%。而土壤化学属性对植被生物量的影响不显著（$P>0.05$，图4-5）。土壤物理属性对土壤化学属性的影响显著（$P<0.01$），随着沙漠化的加剧土壤物理属性对土壤化学属性的直接影响为93%，且土壤物理属性可解释64.4%土壤化学属性的方差。结构方程显示，除土壤含水量外，其余各变量的载荷均超过0.7。

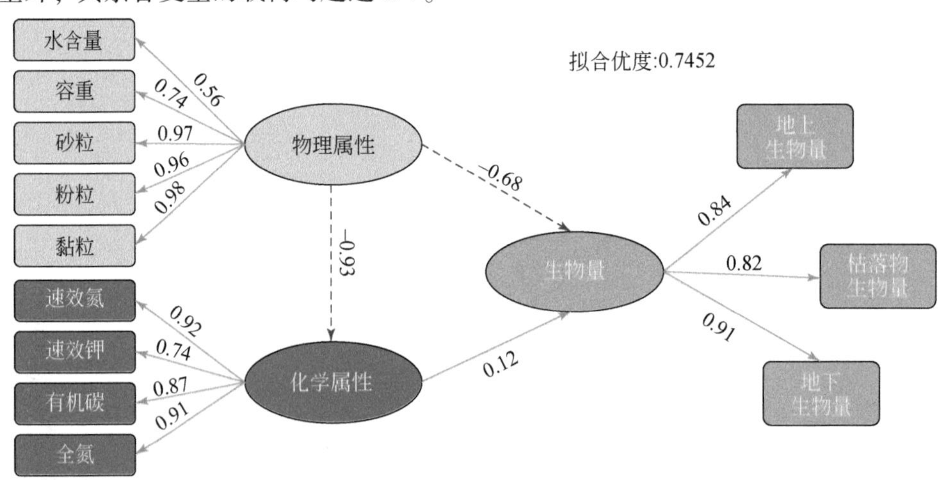

图4-5 植被生物量、土壤物理性质、土壤化学性质之间的结构方程模型

数值表示通径系数；矩形方框表示测量变量；椭圆表示隐变量；结构方程模型的拟合优度为0.7452；虚线箭头表示负相关；实线箭头表示正相关

尽管一些研究已经报道了沙漠化引起的干旱、半干旱地区荒漠草原生态系统中植被生物量的变化规律（Huang et al.，2016；Liu et al.，2015；Pei et al.，2008），但很少有报道阐述植被生物量对沙漠化的响应机制。假设土壤物理和化学属性随沙漠化的变化是同步的，则有一个问题值得探讨：在荒漠草原生态系统中，土壤物理属性与土壤化学属性在决定植被生物量方面哪一个发挥着主要的作用？结构方程模型提供了有力的证据：尽管沙漠化过程中土壤化学属性的变化与土壤物理属性的变化有显著的相关性，但土壤物理属性的变化是导致土壤化学属性变化的关键因素，且沙漠化过程中土壤物理属性的变化是导致荒漠草原生态系统植被生物量下降的主导因素。一方面，土壤属性的空间异质性是自然生态系统的一个共同特征（Li et al.，2013；Zuo et al.，2008b），在荒漠草原生态系统中风蚀和过度放牧增加了土壤属性在空间上的异质性，进而增加了土壤含水量、土壤容重及土壤机械组成的空间异质性（Li et al.，2008；Pei et al.，2008；Throop et al.，2004）；另一方面，气候变化也是造成土地退化的驱动因素（Huang et al.，2016）。主成分分析表明，土壤有机碳和全氮含量均与土壤黏粒和粉粒含量呈显著正相关，而土壤有机碳和全氮含量均与土壤容重和土壤砂粒含量呈显著负相关，此结果与 Zhao 等（2009）的研究结果一致，在荒漠草原生态系统中，他们发现土壤黏粒中含有更高比例的有机碳与全氮含量。此外，结构方程模型的结果表明，土壤物理属性可解释土壤化学属性方差 64.4%，其通径系数为-0.93（$P<0.05$）。这些结果均表明，沙漠化引起土壤质地的变化，进而导致富含营养的土壤细颗粒减少，土壤变得更加贫瘠。本书研究发现，土壤物理属性和化学属性可共同解释植被生物量变异的46.8%，但是，土壤化学属性对植被生物量的影响不显著（$P>0.05$）。因此，可得出结论：沙漠化可通过直接影响土壤物理属性而直接降低荒漠草原植被生物量，也可通过改变土壤质地导致土壤化学属性变化，进而间接地降低植被生物量。因此，加强草地管理以提高土壤质量，是保证荒漠草原生态系统功能和服务可持续的有效途径。

第5章 荒漠草原沙漠化过程中土壤粒径及分形特征

土壤粒径分布（particle size distribution，PSD）不仅是土壤养分、水分的截留和转运的决定因素，还影响植被生产力及生态恢复进程，是土壤基本物理特征之一（Zhao et al.，2016）。土壤粒径分布通常采用吸管法、消光法、筛分法等测定，仅将土壤质地分为黏粒、粉粒和砂粒，在土地类型的研究中具有一定的局限性，对描述土壤结构，以及土壤水分、养分运动过程等较模糊（李敏和李毅，2011）。定量描述土壤粒径分布是研究土壤形成过程和土壤结构的重要内容，因此分形理论及其模型的提出为研究土壤异质性提供了重要方法。分形维数（D）是判断土壤质地的重要指标，能够定量描述土壤粒径分布的均匀性和土壤结构的空间变异性（王国梁等，2006），可估算土壤水分曲线特征和非饱和水力传导参数（黄冠华和詹卫华，2002），反映土壤肥力、土壤侵蚀和土壤退化程度（吕圣桥等，2011；王德等，2007），从而可作为评价土壤状况的综合指标。分形维数与土壤细颗粒物质呈显著正相关，与粗颗粒物质呈显著负相关（淮态等，2008），0.05mm是阿拉尔垦区绿洲化过程中土壤粒径与分形维数关系的临界粒径（魏茂宏和林慧龙，2014）。土壤分形维数不仅可以反映土壤质地的均一程度，也可以间接反映自然环境变化和人类活动对土壤理化性质的影响。土壤分形维数能够明确指出土壤质量和土壤侵蚀状况定量值，分形维数2.81为江河源区高寒草甸土壤发生侵蚀的阈值（王小丹等，2003）。干旱、半干旱区土壤分形维数小于2.65时，土壤有机碳、速效氮等多在平均值上变化，土壤肥力最佳（Wei et al.，2016）。因此，土壤分形维数为土壤质量评价和退化土壤恢复提供了重要的理论依据。

草地开荒垦殖、超载过牧、乱挖滥采滥猎等人为干扰使得我国90%以上的草地处于不同程度的退化中，其中，中度和重度退化草地占退化草地的50%以上（沈海花等，2016）。宁夏中北部退化、沙漠化草地占草地总面积的96.9%，沙漠化草地占可利用草地总面积的33%（赵哈林等，2007b）。草地沙漠化是草地退化的极端表现形式，植被变化是草地沙漠化最直观的表现，极度沙漠化草地多年生草本植物的优势度降低至20%，植物多样性指数降低至1.5（许冬梅等，2011），同时土壤性质发生了一系列改变，如土壤水分和土壤碳氮储量下降（赵哈林等，2007a）、土壤容重增加（唐庄生等，2016）。本章着重阐述荒漠草原不同沙漠化阶段土壤粒径分形维数特征及其与土壤理化性质之间的关系，分析荒漠草原沙漠化对土壤粒径分形维数的影响。

1）土壤粒径：取风干土样放入 Mastersizer 3000 激光衍射粒度分析仪（英国，马尔文公司）取样槽中，Mastersizer 3000 激光衍射粒度分析仪可自动测定土壤粒径的体积百分含量，重复性误差≤±0.5%，准确性误差≤±1%。根据美国农业部（United States Department of Agriculture，USDA）制定的土壤质地分级标准划分土壤质地：极粗砂粒（1000～2000μm）、粗砂粒（500～1000μm）、中砂粒（250～500μm）、细砂粒（100～250μm）、极细砂粒（50～100μm）、粉粒（2～50μm）和黏粒（<2μm）（黄昌勇和徐建明，2011）。

2）分形维数：Tyler 和 Wheatcraft（1992）提出，利用土壤粒径体积分布数据导出的分形模型计算的分形维数更精确且直接。本书研究根据此模型计算分形维数，公式为

$$\frac{V(r<R)}{V_{\mathrm{T}}}=\left(\frac{R}{R_{\mathrm{L}}}\right)^{3-D} \tag{5-1}$$

式中，$V(r<R)$ 为小于粒径 R 的土壤总体积；V_{T} 为测定的土壤总体积；R 为特定粒径；R_{L} 为土壤粒径分级中的最大粒径，本书研究中土壤最大粒径为 1000μm；D 为土壤分形维数。

式（5-1）两边同时取对数可得土壤分形维数的计算公式：

$$\lg\left[\frac{V(r<R)}{V_{\mathrm{T}}}\right]=(3-D)\lg\left(\frac{R}{R_{\mathrm{L}}}\right) \tag{5-2}$$

式（5-2）左边为纵坐标，右边为横坐标，线性回归拟合方程求出斜率值。

5.1 荒漠草原不同沙漠化阶段土壤粒径分布与分形维数特征

地上植被退化是荒漠草原退化的表象，土壤结构的退化是荒漠草原逆向演替的本质。土壤粒径分布影响土壤中水、肥、气、热等的储存和转运，是评估土壤性质和土壤分类的重要指征（Wei et al.，2016）。荒漠草原沙漠化过程中，土壤粒径组成主要为细砂粒、极细砂粒、粉粒和黏粒，体积百分含量分别为 8.00%～31.39%、44.98%～66.84%、5.59%～26.52% 和 0～15.08%（表 5-1）。随着荒漠草原沙漠化程度的加剧，轻度沙漠化、重度沙漠化和极度沙漠化的 0～30cm 土层黏粒和粉粒体积百分含量分别比潜在沙漠化的减少了 9.19% 和 3.52%、86.19% 和 53.92%、98.11% 和 74.35%；轻度沙漠化、重度沙漠化和极度沙漠化的 0～30cm 土层极细砂粒体积百分含量分别比潜在沙漠化的增加了 14.55%、36.20% 和

表 5-1　草地沙漠化过程中土壤粒径分布与分形维数特征

沙漠化阶段	土层深度	土壤粒径体积百分含量/%						分形维数（D）	R^2
		黏粒	粉粒	极细砂粒	细砂粒	中砂粒	粗砂粒		
潜在沙漠化	0～10cm	15.08±0.01	25.53±0.16	46.17±0.04	12.14±0.28	1.08±0.08	0.00±0.00	2.61±0.00Aa	0.98
	10～20cm	12.79±0.27	22.90±0.30	47.84±0.77	14.93±0.26	1.51±0.00	0.03±0.02	2.61±0.00Aa	0.98
	20～30cm	15.02±0.38	25.74±0.42	44.98±0.07	12.90±0.73	1.36±0.22	0.00±0.00	2.62±0.00Aa	0.98
	0～30cm	14.30±0.21	24.72±0.26	46.27±0.29	13.32±0.12	1.29±0.18	0.01±0.00	2.61±0.00A	0.98
轻度沙漠化	0～10cm	10.11±0.08	20.20±0.01	58.33±0.06	11.33±0.09	0.04±0.02	0.00±0.00	2.58±0.00Ab	0.97
	10～20cm	14.34±0.73	26.52±0.28	51.06±1.12	8.00±0.19	0.08±0.01	0.00±0.00	2.62±0.00Aa	0.97
	20～30cm	14.39±0.23	24.84±0.34	49.61±0.68	10.29±0.19	0.86±0.19	0.01±0.00	2.62±0.00Aa	0.97
	0～30cm	12.95±0.35	23.85±0.27	53.01±0.58	9.87±0.01	0.32±0.02	0.00±0.00	2.61±0.00A	0.97
重度沙漠化	0～10cm	3.08±0.81	8.85±0.18	57.28±0.71	28.51±0.77	2.28±0.19	0.00±0.00	2.41±0.06Ba	0.96
	10～20cm	0.05±0.03	11.73±0.29	65.86±0.50	21.86±0.81	0.51±0.08	0.00±0.00	1.95±0.20Ba	0.89
	20～30cm	2.78±1.51	13.59±0.42	65.93±2.34	17.46±0.65	0.25±0.05	0.00±0.00	2.30±0.19Ba	0.95
	0～30cm	1.97±0.22	11.39±1.08	63.02±1.19	22.61±1.87	1.01±0.17	0.00±0.00	2.22±0.09B	0.90
极度沙漠化	0～10cm	0.00±0.00	5.59±0.04	61.38±0.94	31.39±0.61	1.64±0.09	0.00±0.00	2.19±0.00Cb	0.61
	10～20cm	0.82±0.47	5.62±0.13	61.84±0.27	30.56±0.03	1.16±0.05	0.00±0.00	2.24±0.04Bab	0.96
	20～30cm	0.00±0.00	7.82±0.12	66.84±0.67	24.68±0.05	0.66±0.09	0.00±0.00	2.29±0.02Ba	0.59
	0～30cm	0.27±0.16	6.34±0.28	63.35±0.44	28.88±0.70	1.16±0.18	0.00±0.00	2.24±0.02B	0.68

注：不同大写字母表示同一土层不同沙漠化阶段差异显著，不同小写字母表示同一沙漠化阶段不同土层间差异显著（$P<0.05$）

36.91%；轻度沙漠化的细砂粒和中砂粒体积百分含量最小，潜在沙漠化、重度沙漠化、极度沙漠化的细砂粒和中砂粒体积百分含量分别是轻度沙漠化的 1.35 倍和 4.13 倍、2.29 倍和 3.16 倍、2.93 倍和 3.63 倍。荒漠草原不同沙漠化阶段土壤粒径垂直分布的变化规律随着土壤深度的增加有所差异。重度沙漠化和极度沙漠化阶段粉粒、极细砂粒体积百分含量均随土层深度的增加呈升高趋势，而轻度沙漠化阶段极细砂粒体积百分含量随土层深度的增加呈降低趋势。重度沙漠化和极度沙漠化阶段细砂粒和中砂粒体积百分含量随土层深度的增加呈降低趋势，而轻度沙漠化阶段中砂粒体积百分含量随土层深度的增加呈升高趋势。10～20cm 土层为植物根系的活动层，因此潜在沙漠化阶段黏粒和粉粒体积百分含量在 10～20cm 土层值最小，极细砂粒、细砂粒和中砂粒体积百分含量在 10～20cm 土层值最大。

过度放牧和风蚀是荒漠草原沙漠化的主要原因，也是引起土壤粒径分布改变的主要因素（Zhang and Mcbean，2016；Zhao et al.，2005b）。中亚白草、苦豆子、赖草等优势物种消失，不仅减小植被多样性、盖度等，还破坏土壤微生物等的生存条件（刘树林等，2008）。地上植被的退化加速了土壤风蚀，增大了土壤黏粒、粉粒等细小颗粒的迁移损失（Tang et al.，2015），同时降低了集尘作用，减少了土壤黏粒、粉粒的含量（闫玉春等，2011）。地表枯枝落叶覆盖度的减小，不仅减弱了对表层土壤的保护作用，还减少了土壤微生物群落能量来源，使得微生物活化土壤结构、细化土壤颗粒组成的能力减弱（张成霞和南志标，2010a）。地上植被、地下根系和土壤微生物作用的减弱是荒漠草原逆向演替的原因，轻度沙漠化退化至重度沙漠化是荒漠草原沙漠化的质变过程，在这一阶段不仅植被盖度、优势植物发生跳跃性变化，而且土壤黏粒、粉粒体积百分含量剧减，极细砂粒、细砂粒体积百分含量剧增，土壤结构发生巨变。

土壤分形维数（D）是反映土壤结构的参数，土壤粗颗粒越多，土壤分形维数 D 值越小；细颗粒越多，土壤分形维数 D 值越大（胡云锋等，2005）。苏永中等（2004）研究发现，科尔沁农田分形维数 D 值随沙漠化加剧呈减小趋势。随着荒漠草原沙漠化程度的加剧，土壤分形维数 D 值呈减小趋势，与苏永中等（2004）研究结果一致，说明分形维数 D 值可作为土壤沙漠化程度的综合性定量指标。利用式（5-2）计算的荒漠草原土壤分形维数 D 值的均值为 1.95～2.62，拟合的决定系数 R^2 为 0.59～0.98（表 5-1）。随着荒漠草原沙漠化程度的加剧，0～30cm 土层土壤分形维数 D 值整体呈减小趋势。其中，土壤分形维数 D 值在 0～10cm 和 20～30cm 土层表现为潜在沙漠化>轻度沙漠化>重度沙漠化>极度沙漠化，土壤分形维数 D 值在 10～20cm 土层表现为轻度沙漠化>潜在沙漠化>极度沙漠化>重度沙漠化。土壤分形维数 D 值随土壤剖面垂直方向呈升高趋势，轻度沙漠化阶段 0～10cm 土层土壤分形维数 D 值均显著低于其他土层，重度沙漠化和潜在沙漠化各个土层间土壤分形维数 D 值差异不显著。

5.2 荒漠草原沙漠化过程中土壤粒径体积百分含量与分形维数的关系

在荒漠草原沙漠化过程中，土壤粒径分布与分形维数关系密切（图 5-1）。土壤分形维数 D 值与极细砂粒和细砂粒呈显著负相关，相关系数分别为-0.771 和-0.608；土壤分形维数 D 值与粉粒和黏粒呈显著正相关，相关系数分别为 0.694 和 0.828，其中黏粒体积百分含量与土壤分形维数 D 值的相关性最好。在荒漠草原沙漠化过程中，土壤粒径≤50μm 的体积百分含量越高，土壤分形维数 D 值越大；土壤粒径≥50μm 的体积百分含量越高，土壤分形维数 D 值越小，因此 50μm 是决定荒漠草原沙漠化过程中土壤分形维数 D 值与土壤粒径关系的临界粒径。

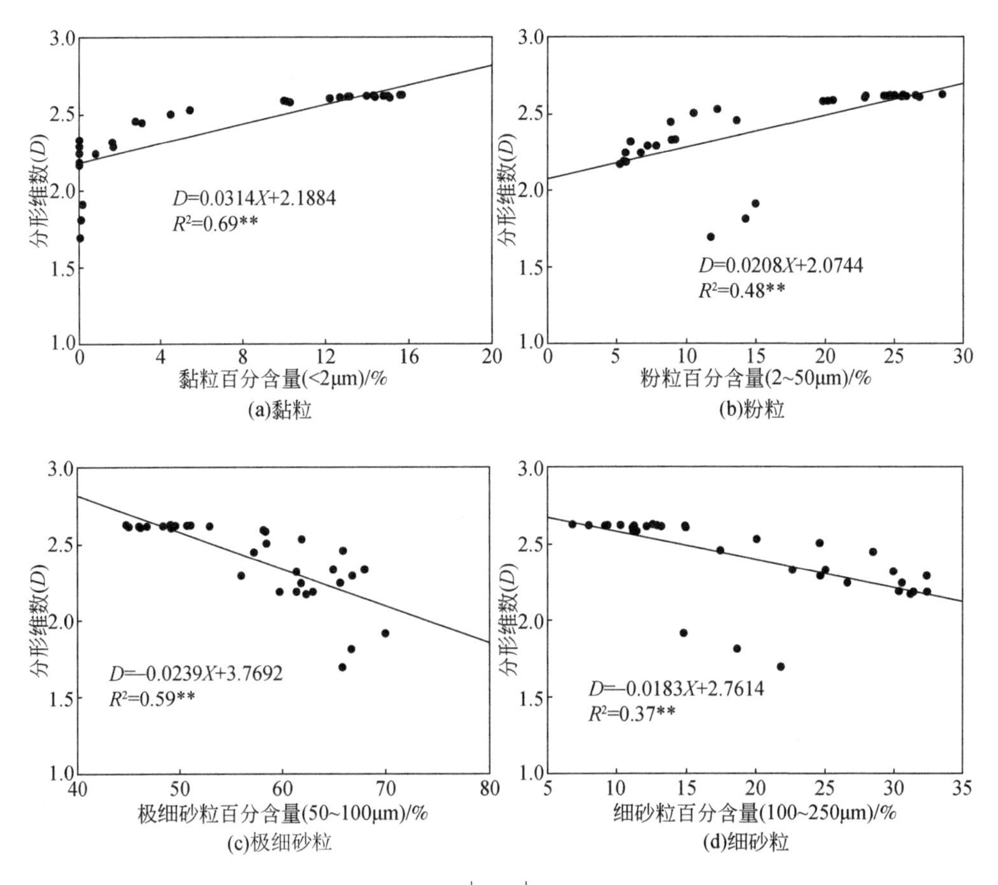

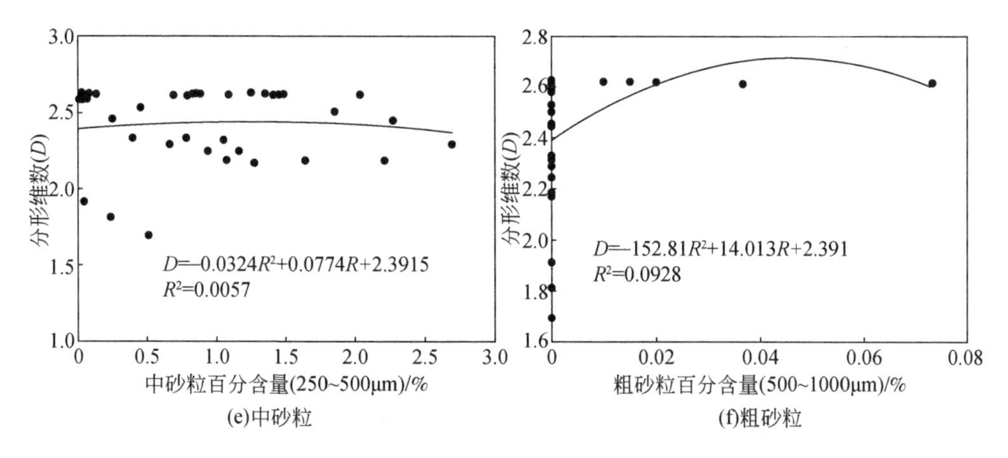

图 5-1　草地沙漠化过程中土壤粒径体积百分含量与分形维数的关系

** $P<0.01$

5.3　荒漠草原不同沙漠化阶段土壤有机碳、氮含量特征

土壤结构决定土壤功能与性质，土壤粒径分布影响土壤毛管空隙和非毛管空隙大小，进而影响土壤水、肥、气、微生物活动通道。随着黏粒和粉粒体积百分含量的降低，极细砂粒和细砂粒体积百分含量升高，土壤容重增大，土壤紧实度发生变化，土壤的通透性减小（安慧和徐坤，2013），进而直接或间接影响土壤有机碳和土壤全氮含量。荒漠草原不同沙漠化阶段土壤有机碳、全氮、铵态氮和硝态氮含量差异显著（$P<0.05$，图 5-2）。随着荒漠草原沙漠化程度加剧，0 ~ 30cm 土层土壤有机碳和全氮含量均呈降低趋势。轻度沙漠化、重度沙漠化、极度沙漠化阶段土壤有机碳和全氮含量分别比潜在沙漠化阶段减少了 18.3% 和 7.2% 、25.4% 和 53.0% 、44.8% 和 56.7% ，潜在沙漠化阶段土壤有机碳和全氮含量均显著高于极度沙漠化阶段。土层深度对土壤有机碳和全氮含量影响显著。随着土层深度的增加，轻度沙漠化、重度沙漠化和极度沙漠化阶段土壤有机碳含量均呈先升高后降低趋势，10 ~ 20cm 土层土壤有机碳含量最高；土壤全氮含量呈降低趋势，0 ~ 10cm 土层有利于土壤全氮的富集。0 ~ 30cm 土层轻度沙漠化、重度沙漠化和极度沙漠化阶段土壤铵态氮含量分别比潜在沙漠化阶段减少了 24.3% 、25.2% 和 27.4% 。潜在沙漠化阶段铵态氮含量显著高于轻度沙漠化、重度沙漠化和极度沙漠化阶段，而轻度沙漠化、重度沙漠化和极度沙漠化阶段之间差异不显著。随着土层深度的增加，同一沙漠化阶段土壤铵态氮含量差异不显

著。0~30cm 土层潜在沙漠化、轻度沙漠化、重度沙漠化和极度沙漠化阶段土壤硝态氮含量分别为 3.42mg/g、2.76mg/g、2.36mg/g、2.34mg/g。其中，轻度沙漠化、重度沙漠化、极度沙漠化阶段土壤硝态氮比潜在沙漠化阶段分别减少了 19.30%、30.99% 和 31.58%。随着土层深度的增加，同一沙漠化阶段土壤硝态氮含量呈显著下降趋势。

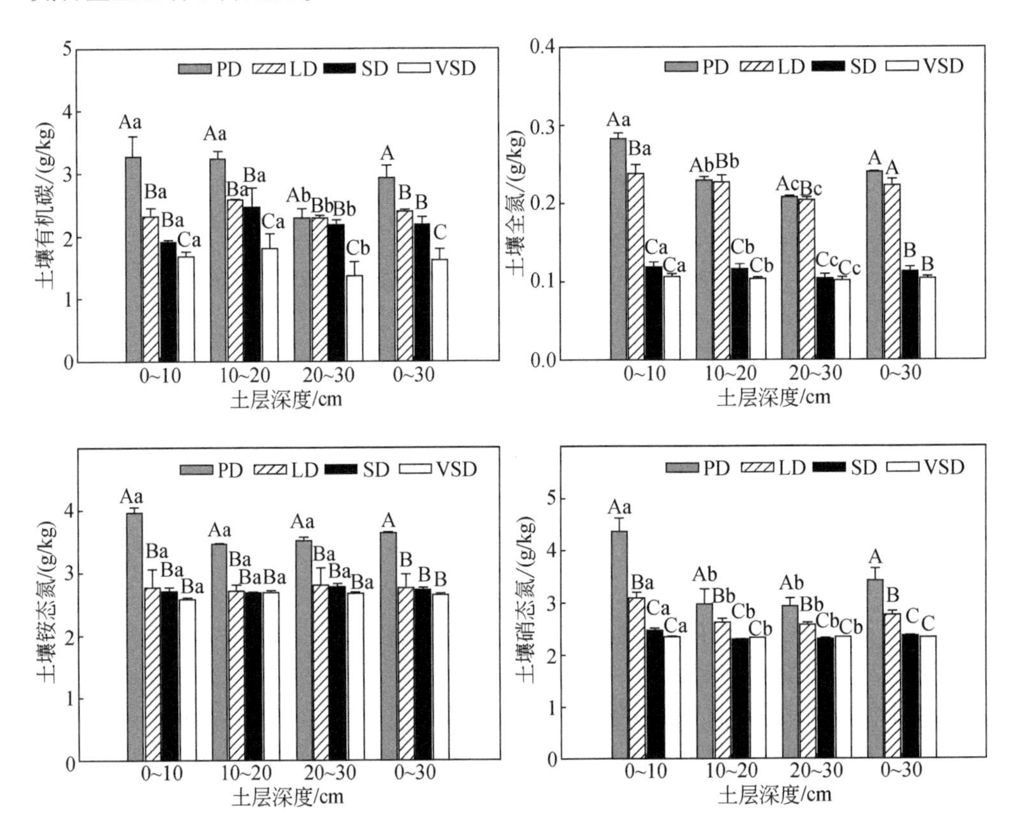

图 5-2 不同沙漠化阶段土壤氮和有机碳变化特征

不同大写字母表示同一土层不同沙漠化阶段差异显著，不同小写字母表示同一沙漠化阶段不同土层间差异显著（$P<0.05$）；PD 为潜在沙漠化；LD 为轻度沙漠化；SD 为重度沙漠化；VSD 为极度沙漠化

土壤氮素 99% 来源于土壤有机碳，其次来源于生物固氮和大气氮沉降，因此土壤氮素的变化取决于土壤有机碳含量（高洋等，2015）。土壤有机碳是衡量土壤质量和土壤肥力的重要指标（赵菲等，2011）。同时，土壤有机碳极易受植被类型、丰富度和人为活动等的影响，因此是评价草地沙漠化程度的重要指征（武天云等，2004）。土壤有机碳的输入与输出决定土壤有机碳的累积（Sharma et al.，2014），植物丰富度和盖度等的减小，使土壤有机碳的直接来源减少（曹

成有等，2007），土壤环境的恶化严重威胁到土壤微生物的生存和土壤酶的活性，使微生物量大幅度下降，土壤水解酶类、氧化还原酶类等的活性降低（胡云锋等，2005）。轻度沙漠化退化至重度沙漠化过程中，土壤全氮和有机碳含量骤减，因此轻度沙漠化是荒漠草原沙漠化的重要转折点。

5.4 荒漠草原不同沙漠化阶段土壤粒径分布与土壤有机碳的关系

由表 5-2 可以看出，土壤有机碳含量与黏粒、粉粒、分形维数 *D* 值、土壤全氮呈显著正相关，与极细砂粒、细砂粒呈显著负相关；土壤全氮含量与黏粒、粉粒、分形维数 *D* 值呈显著正相关，与极细砂粒、细砂粒呈显著负相关；中砂粒对粗砂粒和分形维数 *D* 值具有微弱的正效应，对土壤有机碳和土壤全氮具有微弱的负效应；粗砂粒对土壤有机碳、土壤全氮和分形维数 *D* 值具有微弱的正效应。研究区土壤分形维数 *D* 值为 1.69 ~ 2.62，土壤有机碳和土壤全氮含量在此区间内呈波动性先下降后上升再下降趋势（图 5-3）。变化的转折点位于 $D=2.58$ 和 $D=2.61$ 处，当 $D>2.58$ 时，土壤有机碳和全氮含量均在平均值上波动，当 $D>2.61$ 时，土壤有机碳和全氮含量呈波动下降趋势。

表 5-2　荒漠草原不同沙漠化阶段 0 ~ 30cm 土层土壤有机碳、全氮含量与粒径分布的相关系数

项目	黏粒	粉粒	极细砂粒	细砂粒	中砂粒	粗砂粒	分形维数	土壤全氮
粉粒	0.958**							
极细砂粒	0.919**	0.815**						
细砂粒	-0.855**	-0.949**	0.603**					
中砂粒	-0.115	-0.290	-0.253	0.538**				
粗砂粒	0.294	0.264	-0.349*	-0.193	0.269			
分形维数	0.828**	0.694**	-0.771**	-0.608**	0.011	0.249		
土壤全氮	0.916**	0.902**	-0.822**	-0.822**	-0.178	0.270	0.706**	
土壤有机碳	0.638**	0.669**	-0.622**	-0.572**	-0.089	0.307	0.449**	0.718**

注：* $P<0.05$；** $P<0.01$

分形维数能够客观地表征土壤肥力状况，可作为评价土壤状况的综合指标（Lobe et al.，2001）。有研究表明，不同粒径的土壤颗粒对土壤有机碳的作用不同，其中黏粒和粉粒体表比较大，具有较强的表面吸附能力，更易于吸附土壤有机碳（Fullen et al.，2006）。随着新鲜植物残体和植物根系分泌物的输入，土壤有机碳增加的同时土壤胶结物质增加，这更有利于土壤有机碳与小粒径土壤颗粒

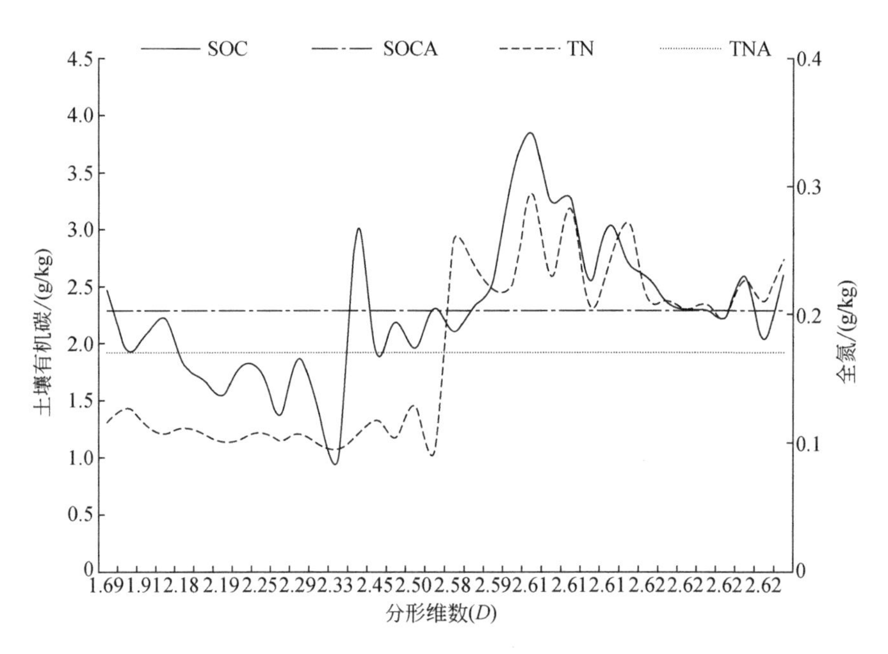

图 5-3 土壤分形维数与土壤有机碳、土壤全氮含量的距平分析

SOC：土壤有机碳；SOCA：土壤有机碳平均值；TN：土壤全氮；TNA：土壤全氮平均值

的结合（彭新华等，2004）。黏粒和粉粒与土壤有机碳结合的活性位点更多，具有更高的保肥性能（Six et al.，2002）。土壤分形维数 2.58 和 2.61 是宁夏荒漠草原土壤肥力变化的临界值，当土壤分形维数低于 2.58 时，土壤极细砂粒和细砂粒体积百分含量剧升，土壤有机碳和全氮含量低于平均值；当土壤分形维数高于 2.58 时，土壤黏粒和粉粒体积百分含量骤升，土壤肥力的存留能力提升，土壤有机碳和全氮含量呈上升趋势，但当土壤分形维数 D 值高于 2.62 时，土壤有机碳和全氮含量表现为下降趋势，因此分形维数 2.58 亦为轻度沙漠化与重度沙漠化的临界值，当土壤分形维数低于 2.58，荒漠草原发生质变，土壤结构破碎。

5.5 荒漠草原沙漠化过程中不同粒径土壤有机碳分布特征

除轻度沙漠化外，0～30cm 土层土壤粗砂粒含量随着沙漠化程度的增加呈增加趋势（表 5-3）。重度沙漠化、轻度沙漠化和潜在沙漠化阶段土壤粗砂粒含量比极度沙漠化阶段分别减少了 8.07%、37.17% 和 33.08%。0～10cm 土层土壤细砂粒和黏粉粒含量随沙漠化程度的增加呈降低趋势，而 10～20cm 和 20～30cm 土层土壤细砂粒和黏粉粒含量呈先升高后降低趋势。潜在沙漠化、轻度沙漠化阶段

表 5-3 荒漠草原不同沙漠化阶段粒径分布及其土壤有机碳含量

沙漠化阶段	土层深度	粗砂粒含量/%	细砂粒含量/%	黏粉粒含量/%	粗砂粒有机碳/(g/kg)	细砂粒有机碳/(g/kg)	黏粉粒有机碳/(g/kg)
潜在沙漠化	0~10cm	105. 4±0. 4Cc	93. 3±1. 1Aa	7. 4±0. 7Aa	4. 8±0. 1Aa	4. 2±0. 3Aa	17. 4±1. 0Aa
	10~20cm	123. 4±3. 1Ca	76. 9±3. 0Ab	5. 1±0. 2Aa	3. 9±0. 1Ab	4. 4±0. 3Aa	12. 8±0. 4Ab
	20~30cm	114. 6±0. 5Cb	78. 0±0. 7Bb	5. 9±0. 2Aa	2. 5±0. 3Ac	3. 7±0. 3Aa	9. 0±1. 4Ac
	0~30cm	114. 5±1. 0C	82. 7±1. 2A	6. 1±0. 3A	3. 7±0. 1A	4. 1±0. 1A	13. 1±1. 0A
轻度沙漠化	0~10cm	103. 7±1. 7Ca	89. 9±1. 8Aa	5. 7±0. 4Bb	3. 2±0. 2Ba	3. 2±0. 1ABa	11. 2±0. 1Ba
	10~20cm	111. 3±3. 6Da	80. 5±2. 3Ab	5. 5±0. 4Aa	3. 7±0. 4Aa	3. 4±0. 3Ba	6. 6±0. 1Bc
	20~30cm	107. 7±1. 2Ca	89. 3±3. 1Aa	7. 5±1. 0Aa	3. 0±0. 1Aa	3. 1±0. 2Aa	7. 4±0. 3Ab
	0~30cm	107. 5±2. 2C	86. 6±2. 4A	6. 3±0. 6A	3. 2±0. 1B	3. 2±0. 1B	8. 4±0. 1B
重度沙漠化	0~10cm	158. 9±3. 5Ba	41. 3±3. 7Ba	1. 3±0. 0Cc	2. 8±0. 2Bb	3. 0±0. 5ABa	8. 8±0. 4Ca
	10~20cm	160. 9±4. 6Ba	36. 5±3. 8Ba	0. 7±0. 2Bb	3. 6±0. 2Aa	3. 2±0. 1BCa	5. 7±1. 5Bab
	20~30cm	152. 2±4. 5Ba	42. 3±2. 2Ca	0. 6±0. 1Bb	2. 5±0. 3Ab	2. 6±0. 3ABa	4. 2±0. 1Bb
	0~30cm	157. 3±4. 2B	40. 0±3. 2B	0. 9±0. 1B	2. 9±0. 1B	3. 0±0. 3BC	6. 4±0. 3C
极度沙漠化	0~10cm	171. 4±0. 1Ab	26. 6±0. 5Cb	0. 4±0. 0Cc	2. 0±0. 1Cb	2. 8±0. 4Ba	4. 6±0. 1Da
	10~20cm	174. 5±0. 5Aa	26. 2±0. 3Cb	0. 2±0. 0Bb	2. 7±0. 01Ba	2. 5±0. 3Ca	4. 3±0. 6Ba
	20~30cm	167. 4±0. 3Ac	33. 1±1. 1Da	0. 3±0. 0Bb	2. 0±0. 2Ab	1. 9±0. 1Ca	3. 7±0. 2Ba
	0~30cm	171. 1±0. 1A	28. 6±0. 7C	0. 3±0. 0B	2. 2±0. 1C	2. 4±0. 2C	4. 1±0. 3D

注：不同大写字母表示同一土层不同沙漠化阶段差异显著，不同小写字母表示同一沙漠化阶段不同土层间差异显著（$P<0.05$）

0～30cm 土层土壤粗砂粒、细砂粒和黏粉粒含量均与重度沙漠化、极度沙漠化差异显著（$P<0.05$）。不同沙漠化阶段土壤粒径垂直分布变化规律随着土壤深度的增加有所差异（表5-3）。土壤粗砂粒含量均呈先升高后降低的趋势，而土壤细砂粒含量呈先降低后升高的趋势。

土壤有机碳大小组分是直接研究不同粒径中土壤有机碳与土壤相互作用的基础（Liao et al.，2006）。随着沙漠化程度的增加，极度沙漠化阶段 0～10cm 和 10～20cm 土层土壤粗砂粒有机碳含量显著低于潜在沙漠化阶段。潜在沙漠化、轻度沙漠化和重度沙漠化阶段土壤粗砂粒有机碳含量分别比极度沙漠化增加了 68.18%、45.45%和31.82%。20～30cm 土层土壤粗砂粒有机碳含量表现为轻度沙漠化>潜在沙漠化=重度沙漠化>极度沙漠化。潜在沙漠化、轻度沙漠化和重度沙漠化阶段 0～30cm 土层土壤细砂粒有机碳含量分别比极度沙漠化增加了 70.83%、33.33%和25.00%，潜在沙漠化阶段土壤细砂粒有机碳含量显著高于极度沙漠化。土壤黏粉粒有机碳含量随着沙漠化程度的加剧呈降低趋势。潜在沙漠化阶段土壤黏粉粒有机碳含量显著高于极度沙漠化，是极度沙漠化阶段土壤黏粉粒有机碳含量的3.2倍。随着土层深度的增加，土壤粗砂粒有机碳含量在潜在沙漠化阶段、轻度沙漠化和重度沙漠化阶段呈先增加后减小趋势，而在极度沙漠化呈减小趋势。0～10cm、20～30cm 土层土壤粗砂粒有机碳含量与 10～20cm 土层差异显著。潜在沙漠化、轻度沙漠化和重度沙漠化阶段土壤细砂粒有机碳含量随土层深度的增加呈先增加后减小趋势，而极度沙漠化阶段土壤细砂粒有机碳含量呈减小趋势。潜在沙漠化、重度沙漠化和极度沙漠化阶段土壤黏粉粒有机碳含量随着土层深度的增加呈降低趋势，而轻度沙漠化阶段土壤黏粉粒有机碳含量呈先降低后升高趋势，在 10～20cm 土层为最小值。

土壤有机碳是土壤生物、化学、物理等特性的重要影响因子，极易受植物、微生物及人为活动的影响，是衡量草地沙漠化程度的重要指征（彭佳佳等，2015；赵菲等，2011）。随着荒漠草原沙漠化程度加剧，0～30cm 土层土壤有机碳、粗砂粒有机碳、细砂粒有机碳和黏粉粒有机碳含量呈降低趋势，与吴建国等（2002）研究土地利用变化对土壤物理组分中有机碳影响的研究结果一致。风蚀、放牧是影响沙漠化草地土壤质量恢复的重要因素。风蚀、放牧造成地表枯落物的损失，减少土壤有机碳的输入量（萨茹拉等，2013）。风蚀有选择地吹蚀土壤中的黏粉粒及细砂粒，不利于土壤有机碳的存留（吕圣桥等，2011；王德等，2007）。因此，随着草地退化程度的加剧，优势物种、多年生草本、灌木等的消失增加了地表裸露程度，降低了土壤抗风蚀能力（贺少轩等，2015），不利于细砂粒和黏粉粒的沉降及土壤有机碳的存留（刘任涛等，2012）。随着荒漠草原沙漠化程度的增加，土壤细砂粒和黏粉粒含量降低。相反，随着沙漠化荒漠草原的恢复，植被丰富度、盖度等的增加不仅增强土壤有机碳的输入能力，还使土壤微生物群落生长繁殖加快、土壤酶活性升高（Tang et al.，2015；毕江涛等，2008）。微生物活动和土壤酶活性的升高加速地表枯落物的分解，使得土壤有机碳的输入量大于输出量。

第6章　荒漠草原沙漠化过程中碳氮储量的变化特征

世界范围内，沙漠化不仅导致严重的土壤退化，降低了土地的潜在生产力（Gad and Abdel，2000），而且还促进了温室气体的排放（Zhao et al.，2009）。沙漠化对生态系统碳氮储量的影响已成为近年来逐渐被关注的问题。在过去的20多年里，许多学者集中讨论了陆地生态系统土壤有机碳和全氮含量的变化特征（Deng et al.，2014a，2014b；Qiu et al.，2010；Russell et al.，2005）。碳和氮的含量变化不仅对确定生态系统生产力和质量至关重要，同时也能够量化碳和氮的循环对全球气候变化的影响。沙漠化严重影响土壤的质量、碳氮循环以及区域社会经济的发展（Fu et al.，2010；Eaton et al.，2008），而碳氮循环以及碳氮库的变化反过来又会对土壤的生产力和生态系统的功能产生影响（Foster et al.，2003）。氮动力学是影响陆地生态系统碳储量的一个关键因素，如果氮素的总含量不变，那么随着碳在生态系统中的积累，氮含量将会成为碳储量的限制性因素（Luo et al.，2006）。此外，碳氮交互作用对于确定陆地生态系统的碳汇作用是否能够长期维持是至关重要的（Luo et al.，2006）。因此，在荒漠草原生态系统中研究有机碳及氮含量变化特征以及碳氮关系，不仅可以增强我们对土地资源可持续管理的认识，也能够使我们对未来全球碳氮循环做出预测。

在干旱、半干旱地区，风蚀和过度放牧是造成土地退化的关键因素（Deng et al.，2014b）。有研究报告说，沙漠化主要发生在多风的地区，并且土壤有机碳和全氮含量与沙漠化有密切关系（Lopez et al.，2000），随着沙漠化的加剧，土壤碳氮储量显著下降（Duan et al.，2001）。然而，这些研究主要是针对土壤碳氮，而在植被碳氮储量方面涉及不多。因此，研究荒漠草原生态系统沙漠化过程中碳氮变化特征对评估干旱、半干旱地区的荒漠草原生态系统沙漠化过程中碳氮储量的空间分布及沙漠化过程中碳氮的损失量具有推动作用。

土壤有机碳储量（Guo and Gifford，2002）的计算公式：

$$C_s = \mathrm{BD} \times \mathrm{SOC} \times D \times 10 \tag{6-1}$$

式中，C_s 为土壤有机碳储量（g/m^2）；BD 为土壤容重（g/cm^3）；SOC 为土壤有机碳含量（g/kg）；D 为土壤土层深度（cm）。

土壤氮储量（Rytter，2012）的计算公式：

$$N_s = BD \times TN \times D \times 10 \tag{6-2}$$

式中，N_s 为土壤氮储量（g/m^2）；BD 为土壤容重（g/cm^3）；TN 为土壤全氮含量（g/kg）；D 为土壤土层深度（cm）。

植物碳储量计算公式（Fang et al., 2007）：

$$C_v = \frac{B \times C_f}{1000} \tag{6-3}$$

式中，C_v 为植物碳储量（g/m^2）；B 为植被生物量（g/m^2）；C_f 为草本植物碳浓度（%）。

植物氮储量计算公式（Duan et al., 2001）：

$$N_v = \frac{B \times N_f}{1000} \tag{6-4}$$

式中，N_v 为植物氮储量（g/m^2）；B 为植被生物量（g/m^2）；N_f 为草本植物氮浓度（%）。

6.1 荒漠草原沙漠化对荒漠草原植物及土壤碳氮含量的影响

在荒漠草原生态系统中，0～20cm 土层中的有机碳含量高于 20～40cm 土层。随着沙漠化程度的加剧，土壤有机碳含量迅速降低，到中度沙漠化阶段之后趋于稳定［图 6-1（a）］。土壤有机碳含量的最大值与最小值分别出现在潜在沙漠化阶段与极度沙漠化阶段。随着沙漠化程度的加剧，土壤全氮含量呈现出与土壤有机碳含量相同的变化趋势［图 6-1（b）］。与潜在沙漠化阶段相比较，0～10cm 土层极度沙漠化阶段的土壤有机碳和全氮含量分别下降了 70.9% 和 80.6%。这

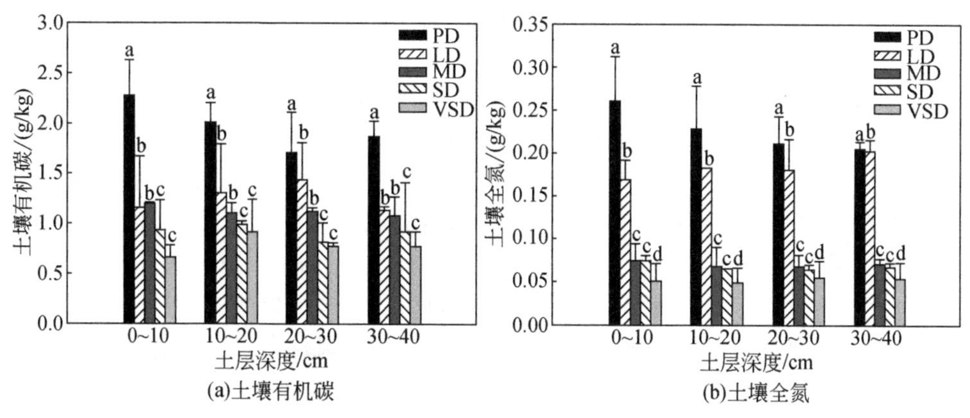

图 6-1 沙漠化对荒漠草原土壤碳氮含量的影响

PD 为潜在沙漠化；LD 为轻度沙漠化；MD 为中度沙漠化；SD 为重度沙漠化；VSD 为极度沙漠化

表明，沙漠化对土壤全氮的影响比对土壤有机碳的影响大，但不同土层间土壤有机碳和全氮含量没有明显差异（$P>0.05$，图6-1）。

除荒漠草原根系碳含量外，沙漠化显著影响荒漠草原植物地上部碳氮含量、枯落物碳氮含量和植物根系氮含量（图6-2）。荒漠草原植物氮含量为植物地上部>植物根系>枯落物，而植物碳含量为植物根系>植物地上部>枯落物。沙漠化对荒漠草原植物地上部、植物根系和枯落物氮含量的影响大于对其碳含量的影响。随着沙漠化程度加剧，荒漠草原枯落物碳含量呈先降低后增加趋势，在重度沙漠阶段达到最小值，而地上部碳含量呈先降低后增加再降低趋势，在重度沙漠化阶段达到最大值。植物地上部和植物根系氮含量随着沙漠化程度加剧呈先降低后增加趋势，分别在中度沙漠化阶段和重度沙漠化阶段达到最小值，而枯落物氮含量呈先增加后降低趋势，在轻度沙漠化阶段达到最大值。

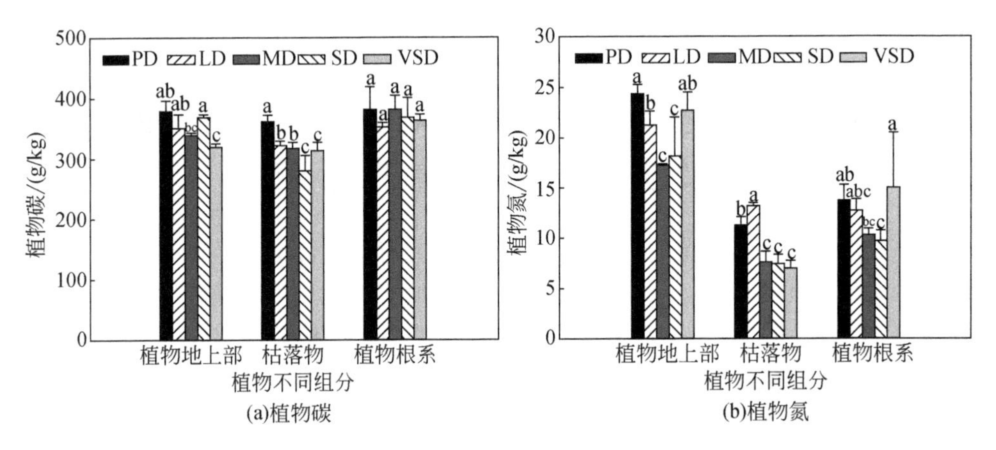

图6-2 沙漠化对荒漠草原植物碳氮含量的影响

PD为潜在沙漠化；LD为轻度沙漠化；MD为中度沙漠化；SD为重度沙漠化；VSD为极度沙漠化

草地面积占地球陆地总面积的20%以上，是陆地生态系统重要的碳氮库。本研究中，表明沙漠化对土壤有机碳及全氮含量的影响大于对植物碳氮含量的影响，这与Feng等（2002）的研究结果一致。之前的研究表明过度放牧是荒漠草原生态系统沙漠化的主要原因之一，因为过度放牧减少了植被盖度，使得土层暴露，增加了土壤侵蚀的风险（Deng et al.，2013；Zhao et al.，2006）。而土壤碳氮的损失主要是由于风蚀降低了富含营养的优质土壤颗粒的含量（Zhou et al.，2008）。在干旱、半干旱区域的荒漠草原生态系统，风蚀通过有选择性地吹蚀富含有机碳及全氮的土壤细颗粒来降低土壤养分含量（Larney et al.，1998；Lowery et al.，1995）。此外，荒漠草原植物地上部、根系碳氮含量高于枯落物碳氮含量，表明相对于枯落物，草地沙漠化对植物地上部和根系碳氮含量的影响更大，此研究结果与 Zhou 等（2008）的研究结果一致。本书研究中，植物生物量在轻度沙漠化阶段之后开始降低，而土壤有机碳和全氮含量在潜在沙漠化阶段之后逐渐降低，表明土壤有机碳和全氮含量的变化与植物的演替不同步，土壤对沙漠化的响应比植被更敏感，这一结果与 Ardhini 等（2009）的研究结果一致。

6.2 荒漠草原沙漠化过程中植物和土壤碳氮储量的变化特征

沙漠化对植物根系碳氮储量的影响显著大于枯落物和植物地上部碳氮储量。植物根系碳氮储量高于植物地上部和枯落物碳氮储量（图 6-3）。轻度沙漠化阶段植物地上部碳储量高于潜在沙漠化阶段，植物地上部和枯落物氮储量高于潜在

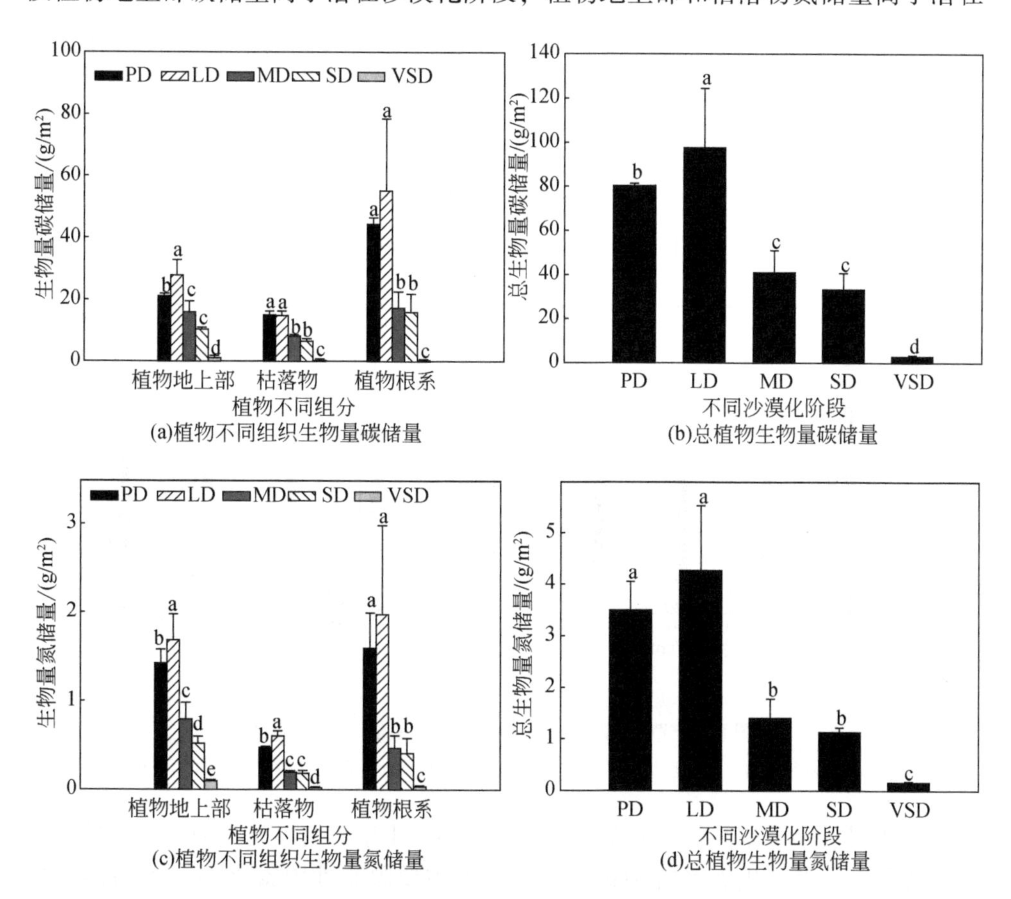

图 6-3 草地沙漠化过程中植被生物量碳氮变化特征

PD 为潜在沙漠化；LD 为轻度沙漠化；MD 为中度沙漠化；SD 为重度沙漠化；VSD 为度沙漠化

沙漠化阶段。随着沙漠化程度的加剧，除轻度沙漠化阶段植被碳氮储量比潜在沙漠化阶段分别增加了21.6%和21.8%外，植物地上部碳氮储量呈显著降低的趋势（$P<0.05$）。与潜在沙漠化阶段相比，极度沙漠化阶段植物地上部碳氮储量分别降低了94.6%和93.6%；枯落物碳氮储量分别降低了97.1%和97.8%；植物根系碳氮储量分别降低了99.0%和97.9%。极度沙漠化阶段植被总碳氮储量比潜在沙漠化阶段分别降低了96.4%和95.4%。

土壤碳储量随着沙漠化程度的加剧呈降低趋势。但表层土壤（0～10cm）碳储量呈先降低后升高再降低趋势，在极度沙漠化阶段下降到最低值（图6-4）。随着沙漠化程度的加剧，10～20cm、20～30cm和30～40cm土层土壤碳储量呈线性降低趋势。从潜在沙漠化阶段到极度沙漠化阶段，0～10cm、10～20cm、20～30cm和30～40cm土层土壤碳储量分别降低了69.8%、51.7%、2.7%和57.3%。随着沙漠化程度的加剧，从潜在沙漠化阶段到中度沙漠化阶段，土壤氮储量呈急剧下降趋势，而在中度沙漠化阶段到极度沙漠化阶段，土壤氮储量呈平稳降低趋势（图6-4）。潜在沙漠化阶段0～10cm土层土壤氮储量最高，而极度沙漠化阶段10～20cm土层土壤氮储量最低。从潜在沙漠化阶段到极度沙漠化阶段，0～10cm、10～20cm、20～30cm和30～40cm土壤氮储量分别降低了79.4%、77.3%、73.0%和73.4%。

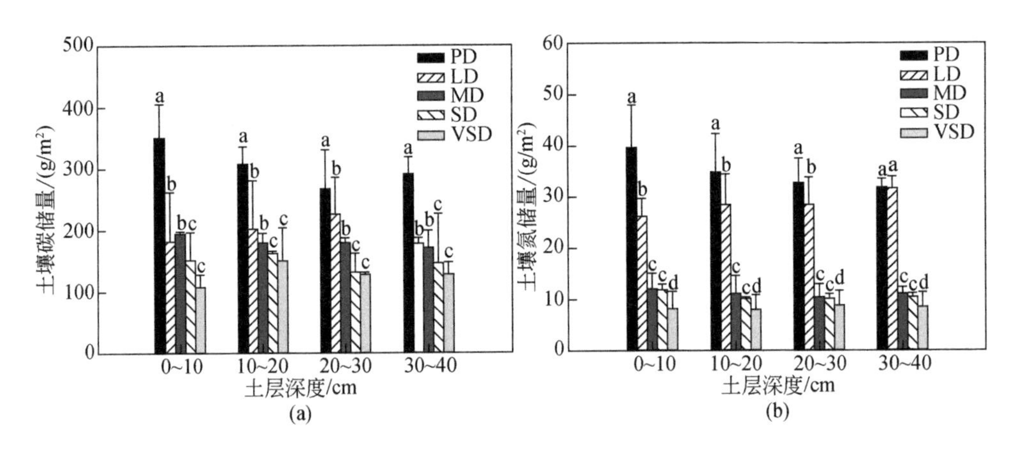

图6-4　草地沙漠化过程中土壤碳氮储量变化特征

PD为潜在沙漠化；LD为轻度沙漠化；MD为中度沙漠化；SD为重度沙漠化；VSD为极度沙漠化

在干旱、半干旱区的荒漠草原生态系统中，土壤有机碳是重要的营养物质之一，也是荒漠草原生态系统中植被生产力的主要限制性因素之一（Wezel et al., 2000）。本书研究发现随着沙漠化程度的加剧，土壤有机碳和氮储量下降，这一研究结果与Zhou等（2008）的研究结果一致。此外，在荒漠草原生态系统中，风蚀破坏了土壤的聚积，减少了土壤的孔隙度，并加速了土壤有机碳成分的矿化（Shepherd et al., 2001；Marticorena et al., 1997）。该研究还发现，随着沙漠化程度的增加，土壤有机碳和氮储量的变化趋势与土壤容重的变化趋势相反。Wang 等（2011）的研究同样表明，土壤容重与土壤有机碳含量和氮含量均呈负相关关系。初级生产力是土壤有机碳和氮增加的主要驱动因素，地上枯落物和地下死根、菌根及其分泌物会导致土壤有机碳和氮的增加，因为土壤有机碳和氮的输入主要来自微生物的分解代谢（Wang et al., 2011；Wu et al., 2010；De Deyn et al., 2008）。沙漠化对荒漠草原生态系统碳氮的影响在不同的沙漠化阶段有显著的不同。本书研究发现，在轻度沙漠化阶段，植物地上部、根系以及枯落物生物量碳储量高于潜在沙漠化阶段，而植物地上部和根系生物量氮储量也表现出与碳储量相同的趋势，与潜在沙漠化阶段相比，总生物量碳和氮储量在轻度沙漠化阶段分别增加了 21.6% 和 21.8%。主要的原因是在轻度沙漠化阶段，植被群落是以豆科植物苦豆子为优势种而建立的，豆科植物共生固氮，对土壤碳氮的增加具有积极作用（Wu et al., 2006）。而且，占主导地位的优势种是影响碳氮储量的重要因素之一。

6.3 荒漠草原生态系统碳氮储量的变化特征

生态系统碳氮储量随着沙漠化程度的加剧呈显著降低趋势（$P<0.05$）。潜在沙漠化阶段碳氮储量最高，分别为 1291.93g/m² 和 142.10g/m²。极度沙漠化阶段碳氮储量最低，分别为 505.14g/m² 和 33.41g/m²（图 6-5）。随着沙漠化程度的加剧，荒漠草原生态系统土壤氮储量从潜在沙漠化阶段到中度沙漠化阶段呈急剧下降趋势，而从中度沙漠化阶段到极度沙漠化阶段呈平稳降低趋势。

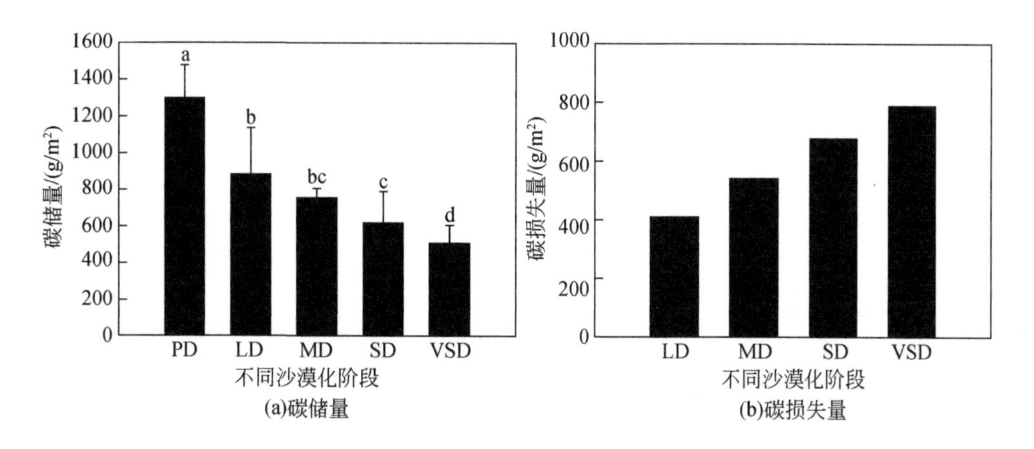

(a)碳储量 (b)碳损失量

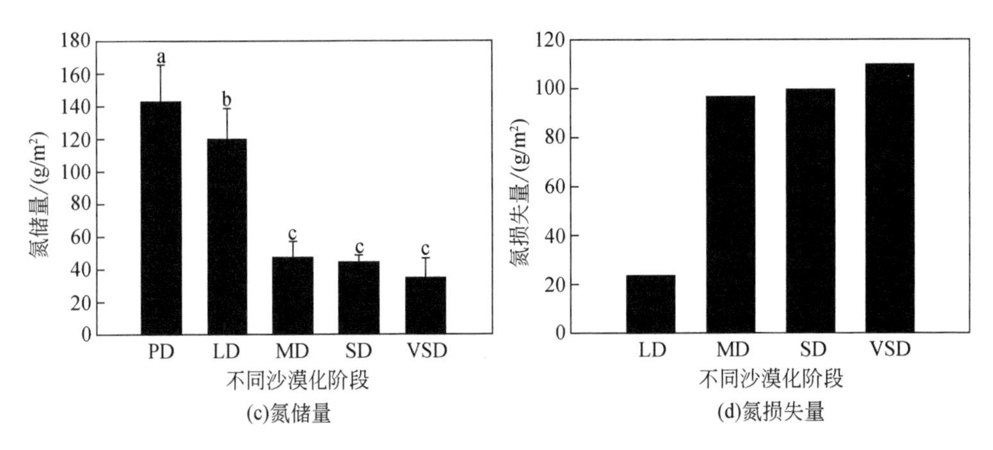

(c)氮储量

(d)氮损失量

图 6-5 对荒漠草原生态系统沙漠化过程中碳氮储量及损失量的影响

PD 为潜在沙漠化；LD 为轻度沙漠化；MD 为中度沙漠化；SD 为重度沙漠化；VSD 为极度沙漠化

植被和土壤是生态系统碳氮库的重要组成部分，也是影响生态系统结构和功能的主要因素（Phoenix et al.，2012）。本书研究表明，在荒漠草原的生态系统中，碳氮储量在潜在沙漠化阶段最高，碳氮储量随着沙漠化程度的增加而降低。碳氮损失量在极度沙漠化阶段达到最大值，其碳氮储量比潜在沙漠化阶段分别减少了 60.9% 和 75.5%。在经历沙漠化之后，荒漠草原生态系统碳氮损失总量分别为 786.79g/m^2 和 108.69g/m^2。碳和氮的损失意味着生态环境的退化，因为生态系统碳氮的流失将导致土地生产力下降，且从生态系统中流失的碳和氮以气体方式进入大气后形成温室气体导致全球气候变暖（Duan et al.，2001）。而高质量的草地不仅有较高的水分、养分、植被覆盖，而且很少受到风的侵蚀（Deng et al.，2013；Wu et al.，2010；Zhao et al.，2006）。然而，沙漠化不仅减少了植被的覆盖度使土壤受到了风的侵蚀（Zhao et al.，2005a），还使得荒漠草原生态系统土壤发生退化，降低了土壤潜在生产力。

第7章 沙漠化对荒漠草原土壤有机碳活性组分及稳定性的影响

土壤碳库是全球生态系统碳库的主要组成成分，其碳储量是大气碳库的2～3倍，微小的变动可引起大气中碳含量的巨大波动，其中土壤有机碳储量占土壤碳库的60%以上（Zheng et al.，2011；Mccarl et al.，2007）。不同研究获得的土壤有机碳的成分不同，但根据实验方法的性质及所获得组分的差异，这些方法可分为物理方法、化学方法及生物学方法三种。

土壤有机碳粒径大小及其在土壤空间的分布状态是物理分组的基础前提。物理分组过程中尽量保持了原状土，破坏性较小，是研究土壤有机碳组分的主要技术，主要包括密度分组与大小分组。根据土壤有机碳在重液（硫酸镁、溴化钾、碘化钠、碘化钠与聚钨酸钠等）中离心分散为密度相对较低的游离的或非复合性的轻组有机碳（light-fraction organic carbon，LFOC）与密度相对较高的稳定性重组有机碳（heavy-fraction organic carbon，HFOC）（王晶等，2003）。重组有机碳与土壤矿物质结合紧密，与土壤呼吸速率呈显著负相关，可表征土壤稳定性（Tan et al.，2007）。轻组有机碳密度小于1.8g/cm^3，是动植物残体及根系分解的中间产物，主要成分为游离腐殖酸、动植物残体及腐殖质分解产物。不同土地类型的轻组有机碳含量均在0～40cm土层差异较大，轻组有机碳分配比例随土壤深度的加深呈减缓趋势。土地利用方式的改变影响轻组有机碳含量，农田、裸地等转变为林地或草地后，土壤有机碳输入量增加，导致轻组有机碳量增加（马昕昕等，2013；王蕙等，2013；尚雯等，2011）。土壤肥料管理、农田免耕等增加土壤C∶N值，轻组有机碳含量及其分配比例增大，提高了土壤非保护性有机碳含量，改善了土壤有机碳质量（张军科等，2012；王玲莉等，2008）。不同粒径有机碳对物质吸附与解吸附能力不同，会引起土壤质地和土壤水热交换、物质循环等土壤功能的差异，因此土壤有机碳大小分组是直接研究不同粒径有机碳与土壤相互作用的基础（Liao et al.，2006）。利用湿筛或震荡分离法，土壤有机碳可分为>2000μm大团聚体、250～2000μm中间团聚体、53～250μm微团聚体、<53μm粉+黏团聚体；利用六偏磷酸钠或超声波进一步分散团聚体可得到砂粒有机碳（>50μm）、粗砂粒有机碳（20～50μm）、细粉砂粒有机碳（2～20μm）、粗黏粒有机碳（0.2～2μm）及细黏粒有机碳（≤0.2μm）（窦森等，2011；胡慧蓉等，2010）。土壤团聚体为土壤物质和能量交换提供了主要场所，土壤团聚体有机碳与团聚体粒径大小显著相关（李娟等，2013）。不同土地利用方式由于土壤有机碳输入和输出的差异，导致土壤有机碳在土壤不同粒径团聚体中分布不同，农耕地转变为林地后土壤团聚体有机碳含量随团聚体粒径的增大而减小（张曼曼等，2013）；黄土高原植被恢复过程中<0.25mm 土壤团聚体有机碳增加较快（赵世伟等，2006）。颗粒有机碳和轻组有机碳因缺乏物理、生物等保护成分，周转速率快，又被称为非保护性有机碳（Six et al.，2002）。土壤非保护性有机碳对土壤碳源输入量、土壤结构改变响应敏感（Youkhana and Idol，2011）。当生态系统发生正向演替或逆向演替时，土壤结构和性质发生剧烈变化，如土壤非保护性有机碳含量和土壤稳定性改变。与森林生态系统相比，耕地和裸地土壤的轻组有机碳含量降低（Tan et al.，2007）；林地转变为草地或耕地增加了颗粒有机碳、轻组有机碳和非保护性有机碳分配，降低了土壤稳定性（柳敏等，2006）。草地恢复成林地增加了保护性有机碳分配比例（Liao et al.，2006）。因此，土壤保护性有机碳与非保护性有机碳间的相互转化是研究土壤有机碳变化和稳定性机制的关键。

土壤腐殖质的主要成分是有着特殊化学与生物学构造的极其复杂的高分子化合物，由胡敏酸、富里酸、胡敏素和吉马多美朗酸等组分组成。这些组分周转速率慢，对环境变化及土壤管理响应迟钝，因此目前根据提取剂的不同，将土壤有机碳进一步分出活性较高的溶解性有机碳（dissolved organic carbon，DOC）与易氧化有机碳（readily oxidizable carbon，ROC）。溶解性有机碳可移动、易扩散、易溶于水或稀盐溶液（$CaCl_2$、KCl、K_2SO_4），对土壤养分化学行为、重金属迁移及土壤邻近圈层有直接影响。溶解性有机碳的疏水部分为微生物群落生长提供了可直接利用的碳资源，从而影响温室气体等的排放，并且溶解性有机碳与土壤碳、氮、磷等养分元素显著或极显著相关，影响化学元素循环；溶解性有机碳亲水部分是其随水体流动的动力，土壤表层（0～20cm）溶解性有机碳的通量为11～46gC/(m^2·a)，土壤深层（20～100cm）溶解性有机碳的通量为2～69gC/(m^2·a)，并与Ca^+流失量显著相关，因此在岩石圈活化、岩溶动力系统中具有重要作用（Straathof et al.，2014；Neff and Asner，2001）。土壤有机碳转化过程实质是有机碳氧化还原的过程。Loginow 等（1987）首次利用 33mmol/L、167mmol/L 和 333mmol/L $KMnO_4$溶液将土壤有机碳分为易氧化有机碳与惰性有机碳。Blair 等（1995）采用 333mmol/L $KMnO_4$溶液将土壤有机碳分为氧化有机碳与稳定性有机碳。易氧化有机碳处于松结合态复合体中或以游离态形式存在，自然条件改变和人为扰动极易破坏易氧化有机碳保护结构，改变其含量（袁喆等，2010）。

近年来，人们开始关注土壤碳的动态变化过程，主要为有机碳的矿化分解及通过腐殖化过程变为更稳定的碳两个过程（杨慧等，2011）。通过生物学方法测定进行矿化及被矿化的微生物及有机碳的含量，进而将土壤有机碳分为微生物量碳（microbial biomass carbon，MBC）和可矿化碳（mineralizable carbon，MC）。微生物量碳是指土壤中菌类及微动物体内的碳，是土壤活性有机碳的重要组成部分。微生物量碳是土壤有机质分解与转化积累的重要动力，与土壤微环境改变、土壤养分循环及大气 CO_2的交换密切相关。凋落物、动植物残体等直接影响微生物量碳含量，土壤温度、湿度间接影响其分解能力。较草地生态系统来说，森林枯落物、根系分泌物等丰富，土壤肥力及微生物群落丰富度增加。微生物生存也需要一定的条件，条件适宜可增大微生物活性，厌氧条件下，微生物分泌的酸性物质抑制其自身生长繁殖，微生物量碳含量减小（Stevenson et al., 2016；Ravindran and Yang，2015）。可矿化碳又称生物可降解碳，是有机碳在土壤微生物及酶的作用下释放的 CO_2量，占土壤总有机碳的 1.5% ~5.0%，是土壤活性有机碳的实际估计值，可矿化碳与土壤“源”“汇”功能的转换密切相关。

土壤是由矿物颗粒、有机质和无机物质在自然物理过程中形成的不同尺度大小的多孔单元，其中土壤有机碳是土壤结构和质量的核心（彭新华等，2004）。土壤活性有机碳是土壤有机碳的组成部分，能显著影响土壤化学物质的溶解、吸附、解吸、吸收、迁移乃至生物毒性等行为，在营养元素的地球生物化学进程、成土过程、微生物的生长代谢过程、土壤有机碳分解过程以及土壤中污染物的迁移等过程中有重要的作用，也是植物生长的直接能量及营养来源（柳敏等，2006）。因此，土壤活性有机碳对土壤稳定性起重要作用。

颗粒有机碳主要是有机物质与无机物质过渡的中间体，周转周期短（5 ~ 20a），对土壤碳源输入量、土壤结构改变的响应较土壤有机碳敏感，提高这部分碳在土壤中被抵押的比例，对提高土壤稳定性和缓解大气 CO_2浓度的上升尤为重要。轻组有机碳是非保护性有机碳，与矿物质结合疏松，C∶N 比值高，是异养生物的分解底物，是衡量土壤质量与健康的敏感指标（吴建国等，2002）。溶解性有机碳含量一般不超过 200mg/g，其中 35% ~47% 存在于胡敏酸中，性质活泼。溶解性有机碳分离出疏水性和亲水性两部分，疏水部分使得有机碳从土壤溶液中被吸附到团聚体表面形成一层有机薄膜，阻碍水湿润速度和降低糊化应力，从而提高团聚体的稳定性；亲水部分是溶解性有机碳随水体流动的动力，溶解性有机碳随着土壤水分迁移到新形成团聚体外表，构成可溶性有机物膜，不但有利于团聚体的形成，而且可提高土壤稳定性（彭新华等，2004）。易氧化有机碳处于松结合态复合体中或以游离态形式存在，是土壤有机碳中周转最快的组分，能够被 333mmol/L $KMnO_4$溶液氧化。利用一氧化碳计算的氧化稳定系数是土壤稳定性的量化指标，氧化稳定系数值越小表明土壤抗氧化能力越弱，土壤越不稳定。可矿化碳和微生物量碳、土壤呼吸显著相关。可矿化碳处于低值时反映稳态土著性微生物活性较高，处于高值时反映发酵性微生物区系活性较高（柳敏等，2006）。微生物量碳是土壤有机碳分解与转化积累的重要动力，与土壤微环境改变、土壤养分循环及大气 CO_2 的交换密切相关。因此，土壤有机碳的抗降解性，以及与外部环境的相互作用和土壤微生物对土壤有机碳的作用决定了土壤稳定性。碳库管理指数在探讨农田耕作制度、施肥制度、秸秆还田、森林间伐程度，以及草地封育、放牧程度等措施对土壤质量的影响方面具有较强的应用价值。

草地退化可使土壤性质发生显著改变，其中最重要的表现之一是土壤有机碳库的变化，影响土壤活性有机碳在土壤碳固存和排放中的作用。本章研究荒漠草原不同沙漠化阶段土壤活性有机碳活性组分特征、敏感性指数和土壤碳库管理指数，探讨荒漠草原土壤有机碳稳定性机制，以期为荒漠草原生态系统的恢复提供科学依据。

土壤颗粒有机碳的测定参考刘梦云等（2010）的测定方法。取过 2mm 筛的风干土 20g，放入 250mL 三角瓶中，加入 100mL5g/L 的六偏磷酸钠溶液，手摇 15min 后在往复式振荡器（90r/min）上振荡 18h，分散。分散液置于 53 μm 筛上，反复用清水冲洗直至滤液澄清。将筛上保留物分离为粗颗粒态有机碳（250～2000 μm）和细颗粒态有机碳（53～250 μm）。各分离组分在 60℃下烘干称重，计算其占全土的百分比。之后将各粒级土壤颗粒研磨过 100 目土壤筛，取一定重量样品测定其有机碳含量，乘以各自所占土壤的百分比计算出粗、细颗粒有机碳含量。

轻组有机碳采用密度分组法进行（Janzen et al.，1992）。密度小于 1.7g/cm^3 为轻组分物质，主要包括部分死亡的动植物残体；密度大于 1.7g/cm^3 为重组分物质（Aanderud et al.，2010；Six et al.，1998）。取过 2mm 筛的风干土 10g，放入 100mL 离心管，加入 40mLNaI 溶液，手摇 30s，超声 15min（300W），离心 15min（3 500r/min），取上清液，共重复 3 次，将上清液过 0.45 μm 滤膜，用 100mL 0.01mol/L $CaCl_2$ 溶液洗涤，再用 200mL 蒸馏水洗涤，收集滤膜上的残留物，60℃烘约 17h，测定有机碳含量，即轻组有机碳含量。

易氧化有机碳采用高锰酸钾氧化法（Lefroy et al.，1993）。称过 0.25mm 筛的风干土 2g，加 333mmol/L 的 $KMnO_4$ 溶液 25mL，密封振荡 1h，离心 5min（4000r/min），取上清液，用去离子水按 1∶250 稀释；用分光光度计测定 565nm 下稀释样品和标准系列浓度 $KMnO_4$ 溶液的吸光度值；根据标准曲线求出 $KMnO_4$ 浓度的变化，计算被氧化的碳量，即易氧化有机碳含量。

微生物量碳采用氯仿熏蒸提取法（Brookes et al.，1985）。取 12.5g 鲜土放入盛有 25ml 无醇氯仿的小烧杯中，25℃条件下熏蒸 24h；另取 12.5g 鲜土放入小烧杯中，置于25℃条件下 24h。熏蒸和未熏蒸的土壤样品分别用0.5mol/L 的 K_2SO_4 浸提 30min，TOC 仪（TOC-LCSH，岛津公司）测定浸提液中的有机碳。利用式（7-1）计算微生物量碳含量。

$$\mathrm{MBC}=\frac{E_1-E_2}{0.45} \tag{7-1}$$

式中，E_1和 E_2分别为熏蒸和未熏蒸土样提取液中的有机碳含量；0.45 为浸提系数。

可矿化碳采用国际上通用的短期土壤培养法进行测定（邵月红等，2005）。将 100g 新鲜土壤放在 1000mL 的密封广口瓶中，保持一定湿度，然后在广口瓶中放置一个盛有 25mL 的 1mol/LNaOH 溶液的小瓶，在 25℃ ±1℃ 的恒温箱中培养，在培养的第 1 天、第 3 天、第 7 天、第 14 天和第 21 天取出 NaOH 溶液，从中吸取 5mL 于小烧瓶中，加入 1mol/L $BaCl_2$ 溶液 2.5mL，加 2 滴酚酞指示剂，用 1mol/L 的 HCl 滴定至红色消失。根据 CO_2 的释放量计算培养期内土壤可矿化碳积累量。

溶解性有机碳。称取 20g 鲜土置于盛有 100mL 蒸馏水的三角瓶中，按照水土比 5∶1 在恒温摇床振荡浸提 1h（25℃，250r/min）后离心 15min（5500r/min），将上清液过 0.45μm 滤膜，用 TOC 仪测定浸提液有机碳浓度，得到溶解性有机碳含量（田静等，2011）。

$$\text{粗颗粒有机碳分配比例}=\frac{\text{粗颗粒有机碳含量(g/kg)}}{\text{土壤有机碳含量(g/kg)}} \tag{7-2}$$

$$\text{细颗粒有机碳分配比例}=\frac{\text{细颗粒有机碳含量(g/kg)}}{\text{土壤有机碳含量(g/kg)}} \tag{7-3}$$

$$\text{轻组有机碳分配比例}=\frac{\text{轻组有机碳含量(g/kg)}}{\text{土壤有机碳含量(g/kg)}} \tag{7-4}$$

土壤非保护性有机碳分配比例：土壤颗粒有机碳和轻组有机碳是土壤活性有机碳物理组分中两种不同分离方法所得的产物，均为土壤有机碳中的非保护组分，两者单独表征土壤非保护性有机碳不够充分，因此利用土壤颗粒有机碳和轻组有机碳分配比例的平均值表征土壤非保护性有机碳的分配比例（Garten et al., 1999）。

非保护性有机碳向保护性有机碳转化速率常数（k）的计算公式参考 Garten 等（1999）：

$$k=\frac{P}{\mathrm{TT_p}\times U} \tag{7-5}$$

式中，P 为保护性有机碳含量（土壤有机碳与非保护性有机碳的差值）；U 为非保护性有机碳含量；TT_p为保护性有机碳周转时间（100a）。

$$溶解性有机碳分配比例=\frac{溶解性有机碳含量(g/kg)}{土壤有机碳含量(g/kg)} \tag{7-6}$$

$$易氧化有机碳分配比例=\frac{易氧化有机碳含量(g/kg)}{土壤有机碳含量(g/kg)} \tag{7-7}$$

$$微生物量碳分配比例=\frac{微生物量碳含量(g/kg)}{土壤有机碳含量(g/kg)} \tag{7-8}$$

$$可矿化碳分配比例=\frac{可矿化碳累积量(g/kg)}{土壤有机碳含量(g/kg)} \tag{7-9}$$

$$非活性有机碳含量=土壤有机碳含量-活性有机碳含量 \tag{7-10}$$

以荒漠草原土壤为参考土壤，计算荒漠草原沙漠化过程中土壤碳库管理指数（Blair et al.，1995）：

$$碳库指数(\text{carbon pool index, CPI})=\frac{样品总有机碳含量(g/kg)}{参考土壤总有机碳含量(g/kg)} \tag{7-11}$$

$$碳库活度(\text{activity, A})=\frac{活性有机碳含量(g/kg)}{非活性有机碳碳含量(g/kg)} \tag{7-12}$$

$$碳库活度指数(\text{activity index, AI})=\frac{样品碳库活度}{参考土壤碳库活度} \tag{7-13}$$

$$碳库管理指数(\text{CMI})=碳库指数\times碳库活度指数\times100=\text{CPI}\times\text{AI}\times100 \tag{7-14}$$

$$敏感指数(\text{sensitivity index, SI})=\frac{|活性有机碳含量(g/kg)-参考活性有机碳含量(g/kg)|}{参考活性有机碳含量(g/kg)} \tag{7-15}$$

7.1 荒漠草原沙漠化过程中土壤活性有机碳变异特征

7.1.1 荒漠草原不同沙漠化阶段土壤颗粒有机碳分布特征

草地沙漠化对土壤颗粒有机碳（粗颗粒和细颗粒）含量及其分配比例影响显著（$P<0.05$，图7-1）。极度沙漠化、重度沙漠化和轻度沙漠化0～30cm土层土壤粗颗粒有机碳含量分别比潜在沙漠化减少了5.3%、5.1%和15.9%。随着草地沙漠化加剧，0～10cm土层潜在沙漠化阶段粗颗粒有机碳含量显著高于轻度沙漠化、重度沙漠化和极度沙漠化阶段，10～20cm和20～30cm土层不同沙漠化阶段土壤粗颗粒有机碳含量差异不显著［图7-1（a）］。随着土壤深度的增加，草地不同沙漠化阶段土壤粗颗粒有机碳含量垂直分布变化规律不同［图7-1（a）］。

极度沙漠化、重度沙漠化和轻度沙漠化阶段土壤粗颗粒有机碳含量随土层深度的增加呈升高趋势；潜在沙漠化阶段土壤粗颗粒有机碳含量随土层深度的增加呈先降低后升高趋势，在 10 ~ 20cm 土层达到最小值，各沙漠化阶段不同土层间的差异不显著。潜在沙漠化、重度沙漠化和极度沙漠化阶段 0 ~ 30cm 土层土壤细颗粒有机碳含量分别比轻度沙漠化减少了 17.4%、59.0% 和 63.6%。随着草地沙漠化的加剧，0 ~ 10cm、10 ~ 20cm 和 20 ~ 30cm 土层，潜在沙漠化和轻度沙漠化阶段土壤细颗粒有机碳含量均显著高于重度沙漠化和极度沙漠化阶段［图 7-1（c）］。土壤细颗粒有机碳含量在土壤剖面的分布不同［图 7-1（c）］。随着土层深度的增加，极度沙漠化和轻度沙漠化阶段土壤细颗粒有机碳含量呈先升高后降低趋势，均在 10 ~ 20cm 土层为最大值；重度沙漠化阶段土壤细颗粒有机碳含量呈先降低后升高趋势，10 ~ 20cm 土层为最小值；潜在沙漠化阶段土壤细颗粒有机碳含量随土层深度的增加呈减小趋势。

草地不同沙漠化阶段 0 ~ 30cm 土层土壤粗颗粒有机碳分配比例为 7.7% ~ 33.4%。随着草地沙漠化程度的加剧，土壤粗颗粒有机碳分配比例呈先降低后升高趋势，轻度沙漠化阶段其值最小。0 ~ 10cm、10 ~ 20cm 和 20 ~ 30cm 土层极度沙漠化和重度沙漠化阶段土壤粗颗粒有机碳分配比例均显著高于轻度沙漠化和潜在沙漠化阶段［图 7-1（b）］。随着土层深度的增加，极度沙漠化和重度沙漠化阶段土壤粗颗粒有机碳分配比例呈减小趋势；轻度沙漠化阶段土壤粗颗粒有机碳分配比例呈先降低后升高趋势，各土层间差异显著；潜在沙漠化阶段 10 ~ 20cm 土层土壤粗颗粒有机碳分配比例显著高于 0 ~ 10cm 和 20 ~ 30cm 土层。荒漠草原不同沙漠化阶段 0 ~ 30cm 土层土壤细颗粒有机碳分配比例为 64.2% ~ 77.5%。随着草地沙漠化加剧，0 ~ 10cm 和 10 ~ 20cm 土层，潜在沙漠化、重度沙漠化和极度沙漠化阶段土壤细颗粒有机碳分配比例显著低于轻度沙漠化；20 ~ 30cm 土层不同沙漠化阶段土壤细颗粒有机碳分配比例差异不显著［图 7-1（d）］。随着土层深度的增加，极度沙漠化和重度沙漠化阶段土壤细颗粒有机碳分配比例呈升高趋势；轻度沙漠化阶段土壤细颗粒有机碳分配比例呈降低趋势；潜在沙漠化阶段土壤细颗粒有机碳分配比例呈先降低后升高趋势，10 ~ 20cm 土层为最小值。

土壤颗粒有机碳主要是有机物质与无机物质过渡的中间体，周转周期短，是土壤非保护性有机碳（Christensen，2001）。李海波等（2012）研究不同土地利用和施肥管理对东北黑土颗粒有机碳分配特征的影响，结果表明草地退化至裸地，土壤粗颗粒有机碳和细颗粒有机碳含量均显著减小，本研究结果与其基本一致。植物残体和根系有机碳是土壤颗粒有机碳的主要来源（余健等，2014），其中，根系有机碳比植物残体对土壤颗粒有机碳的贡献更高，11% 的根系有机碳形

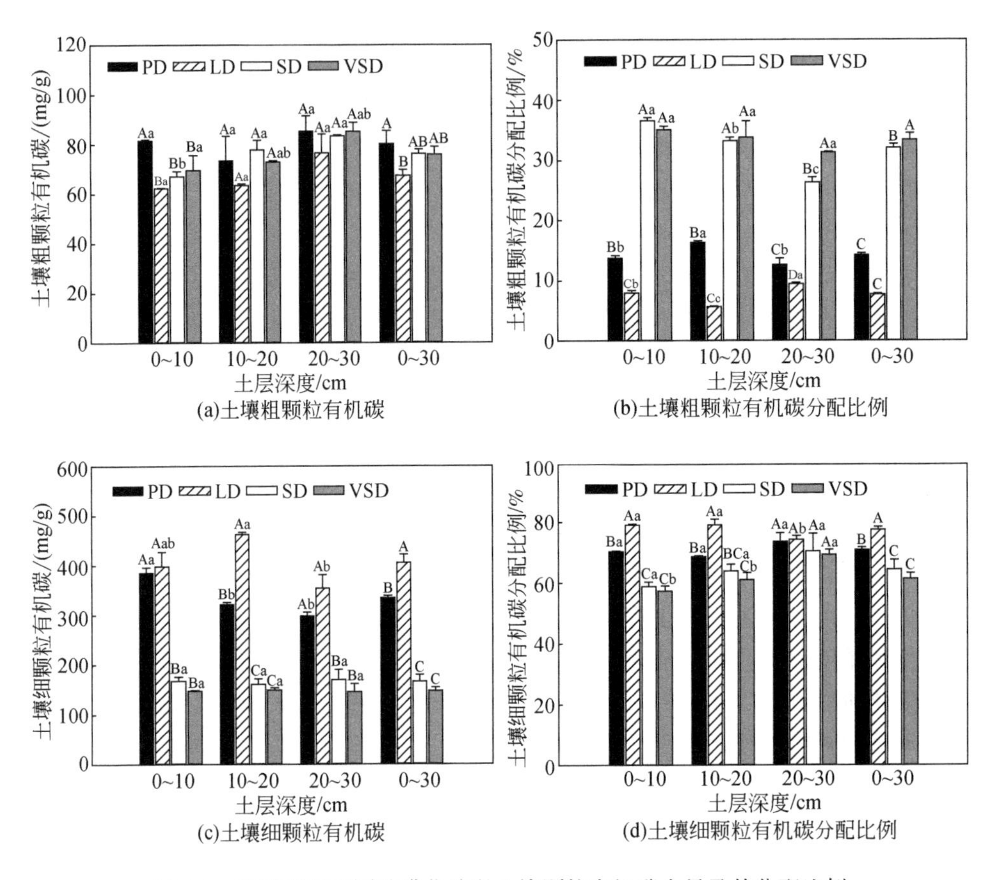

图 7-1 荒漠草原不同沙漠化阶段土壤颗粒有机碳含量及其分配比例

PD：潜在沙漠化；LD：轻度沙漠化；SD：重度沙漠化；VSD：极度沙漠化。
不同大写字母表示同一土层不同沙漠化阶段差异显著，
不同小写字母表示同一沙漠化阶段不同土层间差异显著（$P<0.05$）

成了粒径为 500 ~ 2000 μm 的粗颗粒有机碳，16% 的根系有机碳形成了粒径为 53 ~ 500 μm 的细颗粒有机碳（Gale and Cambardella，2000）。土壤颗粒有机碳的变化也与土壤团聚体密切相关，颗粒有机碳通过粘连等方式将土壤颗粒汇集成不同大小的团聚体或作为核被包裹成大小不一的团聚体（李江涛等，2004；Six et al.，2000）。土壤真菌和其他土壤微生物首先利用>250 μm 的土壤团聚体中的粗颗粒有机碳，粗颗粒有机碳又进一步分解为细颗粒有机碳（李海波等，2012）。随着荒漠草原沙漠化程度加剧，牛枝子、中亚白草等优势种的移除，减小了土壤颗粒有机碳的输入，同时减弱了对风蚀等的抑制作用，加重了土壤颗粒有机碳的流失。土壤微生物也是影响土壤颗粒有机碳的主要因素，草地沙漠化过程中土壤微生物量和土壤酶活性显著下降（曹成有等，2007），减少了细颗粒有机碳形成的一条途径。轻度沙漠化阶段中，优势种植物为中亚白草和苦豆子，苦豆子植株大，竞争能力强，根系“广布”（郝鹏等，2012），对土壤结构的影响较其他优势植物大，土壤养分的富集率高（杨阳和刘秉儒，2015）。因此，轻度沙漠化中土壤粗颗粒有机碳含量最小，细颗粒有机碳含量最高。地上植被类型、土壤结构、土壤含水量、土壤孔隙度等的差异是土壤颗粒有机碳随土壤深度未表现出一致性规律的原因。

7.1.2 荒漠草原不同沙漠化阶段土壤轻组有机碳变化规律

荒漠草原不同沙漠化阶段土壤轻组有机碳含量及其分配比例差异显著（$P<0.05$，表7-1）。随着草地沙漠化程度的增加，轻度沙漠化、重度沙漠化和极度沙漠化0～30cm土层土壤轻组有机碳含量分别比潜在沙漠化减小了6.45%、45.16%和50.0%。0～10cm、10～20cm和20～30cm土层潜在沙漠化和轻度沙漠化土壤轻组有机碳含量均显著高于重度沙漠化和极度沙漠化。随着土层深度的增加，轻度沙漠化和重度沙漠化土壤轻组有机碳含量呈降低趋势；极度沙漠化和潜在沙漠化10～20cm土层土壤轻组有机碳含量显著低于0～10cm和20～30cm土层。

表7-1　草地沙漠化过程中土壤轻组有机碳含量及其分配比例

沙漠化阶段	0～10cm		10～20cm		20～30cm		0～30cm	
	轻组有机碳/(g/kg)	轻组有机碳分配比例/%	轻组有机碳/(g/kg)	轻组有机碳分配比例/%	轻组有机碳/(g/kg)	轻组有机碳分配比例/%	轻组有机碳/(g/kg)	轻组有机碳分配比例/%
潜在沙漠化	0.65±0.00Aa	85.8±0.7Aa	0.57±0.03Ab	72.4±2.1Ab	0.65±0.00Aa	85.1±0.6Aa	0.62±0.01A	81.1±0.7A
轻度沙漠化	0.61±0.01Ba	75.4±3.8Ba	0.56±0.02Aa	70.5±4.5Aa	0.56±0.00Ba	80.0±0.4ABa	0.58±0.01A	75.3±0.1B
重度沙漠化	0.38±0.02Ca	72.5±1.9Ba	0.35±0.03Ba	54.0±0.3Bb	0.34±0.02Ca	79.6±9.3ABa	0.34±0.02B	68.7±1.3C
极度沙漠化	0.33±0.00Da	58.5±2.9Cb	0.27±0.02Bb	51.8±3.6Bb	0.31±0.01Ca	70.8±1.4Ba	0.31±0.01C	60.4±2.9D

注：不同大写字母表示同一土层不同沙漠化阶段差异显著，不同小写字母表示同一沙漠化阶段不同土层间差异显著（$P<0.05$）

随着草地沙漠化程度的增加，0～30cm土层土壤轻组有机碳分配比例介于60.4%～81.1%。随着草地沙漠化的加剧，轻组有机碳分配比例表现为潜在沙漠化>轻度沙漠化>重度沙漠化>极度沙漠化。0～10cm和10～20cm土层，潜在沙漠化和轻度沙漠化土壤轻组有机碳分配比例均显著高于重度沙漠化和极度沙漠化；潜在沙漠化20～30cm土层土壤轻组有机碳分配比例显著高于极度沙漠化。土壤轻组有机碳分配比例垂直分布随土壤深度的增加呈先降低后升高趋势，在

10～20cm 土层为最小值。其中，潜在沙漠化和重度沙漠化 10～20cm 土层土壤轻组有机碳分配比例显著低于 0～10cm 和 20～30cm 土层。

轻组有机碳与颗粒有机碳相似，均为非保护性有机碳，对环境变化敏感。植物残体、根系及真菌、放线菌等微生物是土壤轻组有机碳的主要成分（柳敏等，2006）。本书研究中，随草地沙漠化程度增强土壤轻组有机碳含量呈下降趋势，潜在沙漠化和轻度沙漠化土壤轻组有机碳含量显著高于重度沙漠化和极度沙漠化。一方面，放牧是荒漠草原沙漠化的主要原因（Zhang and Mcbean，2016），在一个放牧的草地生态系统中，放牧导致植被的初级生产力下降，土壤有机碳的输入量下降（安慧和李国旗，2013）。沙漠化草地系统中长期放牧使得土壤轻组有机碳含量降低 56.6%（陈银萍等，2010）；内蒙古大针茅草原重度和中度放牧土壤轻组有机碳含量分别比轻度放牧减少 42.2% 和 23.7%（王蕙等，2013）。另一方面，荒漠草原沙漠化过程中土壤微生物数量递减（吕桂芬等，2010），土壤轻组有机碳输入量降低。Tan 等（2007）发现土壤轻组有机碳含量随土层深度的增加而递减，本研究中未得出一致结论。干旱、半干旱荒漠草原生态系统脆弱，易受环境及人为活动的影响。地上植被、地下根系、微生物和土壤结构复杂多变是草地沙漠化过程中轻组有机碳随土层深度的增加未表现出一致性规律的原因。

7.1.3 土壤非保护性有机碳分配比例及向保护性有机碳转化速率

荒漠草原不同沙漠化阶段对土壤非保护性有机碳分配比例的影响显著（$P<0.05$，表 7-2）。轻度沙漠化、重度沙漠化和极度沙漠化 0～30cm 土层土壤非保护性有机碳分配比例分别比潜在沙漠化减小了 3.49%、0.60% 和 5.90%。20～30cm 土层土壤非保护性有机碳分配比例均在重度沙漠化达到最大值；10～20cm 土层土壤非保护性有机碳分配比例随草地沙化程度的增加而降低。随着土层深度的增加土壤非保护性有机碳分配比例呈“V”形变化，在 10～20cm 土层达到最小值。随着荒漠草原沙漠化加剧，土壤非保护性有机碳分配比例及向保护性有机碳转化速率整体呈上升趋势。随着土层深度的增加，草地不同沙漠化阶段土壤非保护性有机碳分配比例在 10～20cm 土层最低，在 20～30cm 土层最高；碳转化率在 10～20cm 土层最高，在 20～30cm 土层最低。

土壤有机碳含量改变的主要原因是通过影响土壤保护性有机碳和非保护性有机碳含量来改变土壤有机碳的分解速率（吴建国等，2002）。粒径为 53～2000μm 的颗粒有机碳和轻组有机碳为土壤有机碳的非保护性部分（Six et al.，2002），但两者对环境变化的敏感性不同。本书研究结果表明，颗粒有机碳对草地沙漠化的响应较轻组有机碳更敏感，颗粒有机碳中 53 ~ 250μm 的细颗粒有机碳对草地沙漠化的响应较 250 ~ 2000μm 的粗颗粒有机碳更敏感，与刘梦云等（2010）研究颗粒有机碳对不同土地利用的敏感性结果不一致。出现这一结果的主要原因为荒漠草地沙漠化初期，在弱风蚀作用和强集尘作用下，土壤黏粉粒等细小颗粒的迁移损失小（闫玉春等，2011；刘树林等，2008），土壤黏粉粒等细小颗粒与土壤有机碳结合的活性位点较多，易形成细颗粒有机碳（刘满强等，2007）。随着草地沙漠化程度加剧，土壤风蚀作用增强，细颗粒有机碳较粗颗粒有机碳更易流失。

表 7-2　草地不同沙漠化阶段土壤非保护性有机碳分配比例及向保护性有机碳转化速率常数

土层深度 Bell et al.	潜在沙漠化		轻度沙漠化		重度沙漠化		极度沙漠化	
	分配比例 /%	转化速率常数（k）	分配比例 /%	转化速率常数（k）	分配比例 /%	转化速率常数（k）	分配比例 /%	转化速率常数（k）
0 ~ 10cm	84.9±0.4Aa	0.0017	81.2±1.6Ba	0.0023	84.0±0.5ABab	0.0019	75.5±0.9Cb	0.0033
10 ~ 20cm	78.7±1.3Aa	0.0024	77.6±1.3ABa	0.0028	75.6±0.7ABb	0.0032	73.3±2.4Bb	0.0036
20 ~ 30cm	85.7±0.5Aa	0.0016	81.8±0.7Ab	0.0022	88.2±5.5Aa	0.0014	85.7±1.5Aa	0.0017
0 ~ 30cm	83.1±0.1A	0.0021	80.2±0.3AB	0.0025	82.6±1.9A	0.0022	78.2±1.6B	0.0029

注：不同大写字母表示同一土层不同沙漠化阶段差异显著，不同小写字母表示同一沙漠化阶段不同土层间差异显著（$P<0.05$）；k 为土壤非保护性有机碳向保护性有机碳转化速率常数

土壤非保护性有机碳是草地生态系统能量转化的先驱，随草地沙漠化加剧，土壤非保护性有机碳整体呈下降趋势，表明草地沙漠化降低了土壤质量。土壤非保护性有机碳向保护性有机碳的转化是维持土壤长期有效性的重要因子，非保护性有机碳转化为保护性有机碳有利于土壤有机碳的稳定（Garten et al.，1999）。吕茂奎等（2014）研究表明，马尾松人工林植被恢复过程中土壤非保护性有机碳逐渐向保护性有机碳轻化，本研究结果发现，荒漠草原沙漠化过程中土壤非保护性有机碳亦逐渐向保护性有机碳转化。荒漠草原处于草地与荒漠的过渡阶段，生态环境脆弱且不稳定，土壤有机碳主要以非保护性有机碳形式储存，利于地上植被等的吸收利用，极度沙漠化阶段生态环境极端恶化，土壤有机碳稳定。潜在沙漠化退化至极度沙漠化的过程中土壤结构改变并配合新鲜动植物残体、真菌等有机碳的输入减小，以及土壤物理、化学性质极端恶化，是从一个不稳定状态向稳定状态变化的过程。

7.1.4 荒漠草原不同沙漠化阶段土壤溶解性有机碳变化规律

荒漠草原沙漠化过程中土壤溶解性有机碳含量差异显著［$P<0.05$，图 7-2（a）］。潜在沙漠化和轻度沙漠化阶段 0～30cm 土层土壤溶解性有机碳含量均显著高于重度沙漠化和极度沙漠化。轻度沙漠化、重度沙漠化和极度沙漠化阶段 0～30cm 土层土壤溶解性有机碳含量分别比潜在沙漠化下降了 22.3%、52.4% 和 56.8%。土壤溶解性有机碳含量在土壤剖面的分布未表现出一致性规律，潜在沙漠化和极度沙漠化土壤溶解性有机碳均在 20～30cm 土层含量最高，轻度沙漠化土壤溶解性有机碳在 0～10cm 土层最高，重度沙漠化土壤溶解性有机碳在 10～20cm 土层含量最高。

荒漠草原不同沙漠化阶段 0～30cm 土层土壤溶解性有机碳分配比例为 0.6%～1.0%［图 7-2（b）］。随着草地沙漠化程度加剧，土壤溶解性有机碳分配比例亦呈先降低后升高趋势，重度沙漠化阶段其值最低。重度沙漠化和极度沙漠化阶段 0～10cm 土层土壤溶解性有机碳分配比例显著低于轻度沙漠化；潜在沙漠化阶段 20～30cm 土层土壤溶解性有机碳分配比例显著高于轻度沙漠化和重度沙漠化。随着土层深度的增加，潜在沙漠化土壤溶解性有机碳分配比例呈先降低后升高趋势，20～30cm 土层土壤溶解性有机碳分配比例显著高于 0～10cm 和 10～20cm 土层；轻度沙漠化和重度沙漠化土壤溶解性有机碳分配比例呈线性下降趋势；极度沙漠化土壤溶解性有机碳分配比例呈线性升高趋势，各土层间差异不显著。

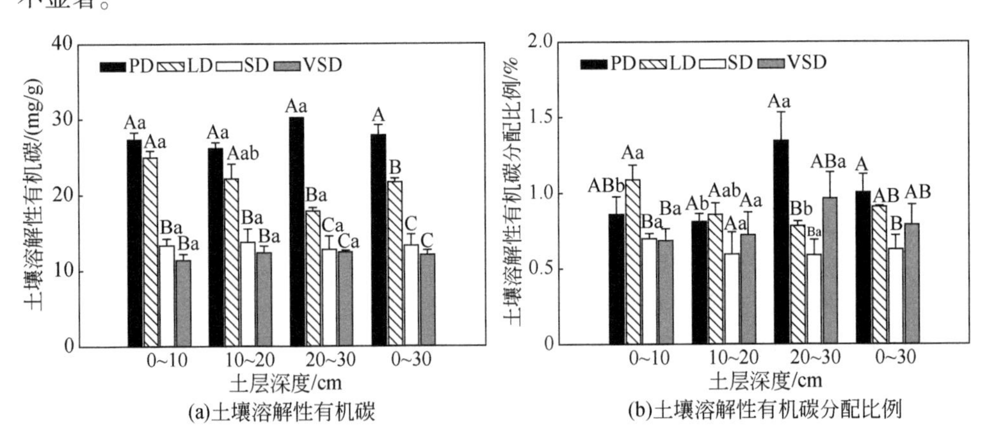

图 7-2 荒漠草原不同沙漠化阶段土壤溶解性有机碳含量及其分配比例变化规律

PD 为潜在沙漠化；LD 为轻度沙漠化；SD 为重度沙漠化；VSD 为极度沙漠化

溶解性有机碳主要来源于植物凋落物、土壤腐殖质、微生物和根系及其分泌物，与土壤有机碳、微生物生物量是最普遍的依赖关系（彭新华等，2004）。放牧干扰和风蚀是干旱、半干旱地区荒漠草原沙漠化的主要影响因素（Zhang and Mcbean，2016；Zhao et al.，2005b），也是溶解性有机碳含量随沙漠化程度加剧而递减的主要原因。一方面，随着放牧干扰程度的增加，适口性植被群落逐渐消失，植被覆盖面积减小（Tang et al.，2016）。宁夏中北部极度沙漠化荒漠草原的植被地上、地下生物量较轻度沙漠化草原分别降低94%、97%，同时，随着沙漠化程度的加剧，植物根冠比变化范围为2.01～0.58（唐庄生等，2015），影响了土壤溶解性有机碳输入的途径。另一方面，土壤不同粒径的颗粒物质对土壤有机碳的作用不同，其中黏粒和粉粒表面与土壤有机碳结合的活性位点较多，对土壤物理吸附作用强（刘满强等，2007；Fullen et al.，2006；Kalbitz and Solinger，2000）。风蚀有选择性地吹蚀土壤黏粒和粉粒，宁夏荒漠草原发生逆向演替过程中，极度沙漠化土壤黏粒和粉粒含量较荒漠草原分别降低了98.1%和74.4%，土壤结构的改变造成土壤溶解性有机碳的流失。

7.1.5 荒漠草原不同沙漠化阶段土壤易氧化有机碳分布特征

荒漠草原沙漠化对土壤易氧化有机碳含量的影响显著［$P<0.05$，图7-3（a）］。潜在沙漠化0～30cm土层土壤易氧化有机碳含量均显著高于轻度沙漠化重度沙漠化和极度沙漠化，与潜在沙漠化相比，轻度沙漠化、重度沙漠化和极度沙漠化0～30cm土层土壤易氧化有机碳含量损失量分别为36.1%、49.5%和46.3%。随着土层深度的增加，不同沙漠化阶段草地土壤易氧化有机碳含量未表现出一致性规律。潜在沙漠化和极度沙漠化土壤易氧化有机碳均在0～10cm土层含量最高，轻度沙漠化为10～20cm土层含量最高，重度沙漠化在20～30cm土层含量最高。

荒漠草原不同沙漠化阶段土壤易氧化有机碳分配比例差异显著［$P<0.05$，图7-3（b）］。荒漠草原不同沙漠化阶段0～30cm土层土壤易氧化有机碳分配比例为20.8%～31.2%。随着草地沙漠化程度加剧，土壤易氧化有机碳分配比例呈先降低后升高趋势，重度沙漠化阶段其值最低。重度沙漠化0～10cm土层土壤易氧化有机碳分配比例显著低于潜在沙漠化和极度沙漠化；潜在沙漠化和极度沙漠化20～30cm土层土壤易氧化有机碳分配比例显著高于轻度沙漠化和重度沙漠化。随着土层深度的增加，潜在沙漠化、重度沙漠化和极度沙漠化土壤易氧化有机碳分配比例呈先降低后升高趋势，轻度沙漠化土壤易氧化有机碳分配比例呈线性减

小趋势。潜在沙漠化各土层间土壤易氧化有机碳分配比例差异显著，而轻度沙漠化、重度沙漠化和极度沙漠化各土层间土壤易氧化有机碳分配比例差异不显著。

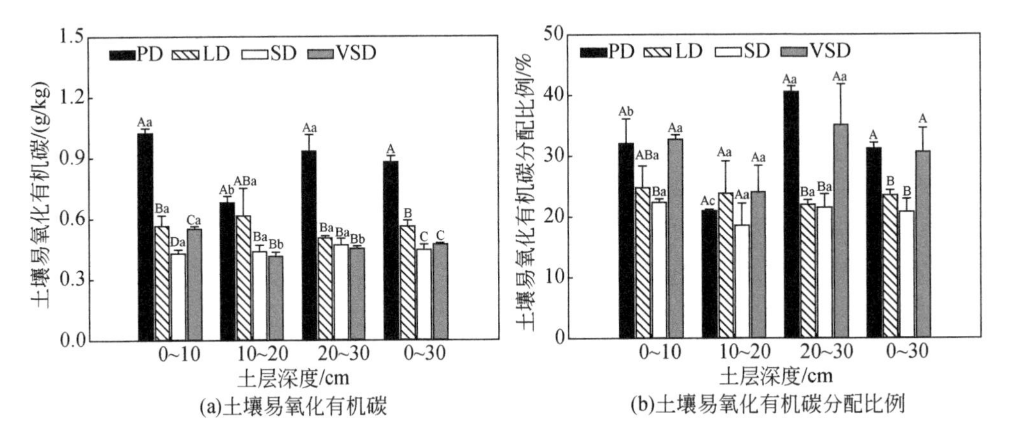

图 7-3 荒漠草原不同沙漠化阶段土壤易氧化有机碳分布特征

PD 为潜在沙漠化；LD 为轻度沙漠化；SD 为重度沙漠化；VSD 为极度沙漠化

易氧化有机碳处于松结合态复合体中或以游离态形式存在，是土壤有机碳中周转最快的组分，是土壤有机碳库变化的重要警示指标（袁喆等，2010；杨丽霞和潘剑君，2004）。植被类型、细根和粗根植物分布等的不同使得土壤有机碳数量和质量返还程度不同，同时，自然环境、微生物及土壤酶活性影响土壤有机碳的分解和迁移，因此不同土地类型土壤易氧化有机碳含量差异显著（万忠梅等，2011；胡慧蓉等，2010）。干旱、半干旱区荒漠草原本身是一种不稳定的生态系统，随着草地沙漠化程度的加剧，荒漠草原发生负极端稳定状态演替。地上植被通过调节自身的适应性，中亚白草、苦豆子及牛枝子等较大型草本植物消失，沙蓬等小型单一耐旱型植物逐渐成为优势种，地表覆盖度从80%降为20%，枯落物数量减少，同时，细根系生物量及分泌物减小，易氧化有机碳的补给降低（费凯等，2016）。在以风蚀为驱动的荒漠草原，随着地上植被覆盖度的减小，表面结合养分的颗粒物质流失（蒋双龙，2015），土壤微生物数量、微生物生物量和土壤酶活性递减（吕桂芬等，2010），土壤易氧化有机碳输入减小。

7.1.6 荒漠草原不同沙漠化阶段土壤微生物量碳分布特征

荒漠草原不同沙漠化阶段土壤微生物量碳含量及其分配比例差异显著（$P<0.05$，图 7-4）。轻度沙漠化 0 ~ 30cm 土层土壤微生物量碳含量显著高于潜在沙

漠化、重度沙漠化和极度沙漠化。与轻度沙漠化相比，潜在沙漠化、重度沙漠化和极度沙漠化 0 ~ 30cm 土层土壤微生物量碳含量分别减少了 23.3%、27.3% 和 32.1%。随着土层深度的增加，轻度沙漠化土壤微生物量碳表现出线性升高趋势，各土层间差异不显著；潜在沙漠化、重度沙漠化和极度沙漠化土壤微生物量碳表现出先降低后升高趋势，均在 10 ~ 20cm 土层出现最低值。

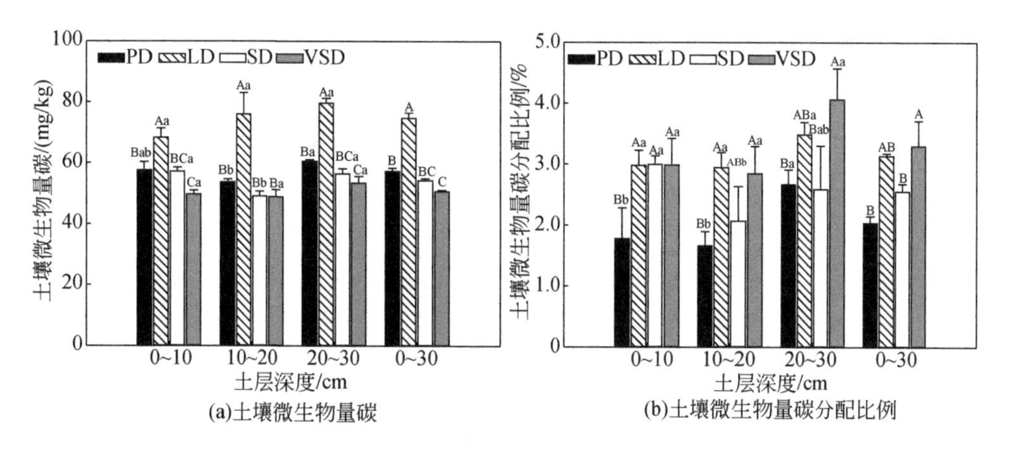

图 7-4　荒漠草原不同沙漠化阶段土壤微生物量碳分布特征

PD 为潜在沙漠化；LD 为轻度沙漠化；SD 为重度沙漠化；VSD 为极度沙漠化

随着荒漠草原沙漠化程度加剧，0 ~ 30cm 土层土壤微生物量碳分配比例介于 20.4% ~ 33.0%，表现为极度沙漠化>轻度沙漠化>重度沙漠化>潜在沙漠化，轻度沙漠化、重度沙漠化和极度沙漠化 0 ~ 30cm 土层土壤微生物量碳分配比例均显著高于潜在沙漠化。随着土层深度的增加，潜在沙漠化、轻度沙漠化、重度沙漠化和极度沙漠化土壤微生物量碳分配比例均表现出先降低后升高趋势，均在10 ~ 20cm 土层达到最小值。

微生物量碳是土壤活性有机碳的组成部分，供应地上植被生长所需能量，调节生态系统养分循环，是陆地生态系统重要组成部分。土壤微生物量碳对土壤碳库的早期变化的响应较土壤有机碳更敏感。随着草地退化程度加剧，内蒙古、高寒地区和川西退化草地土壤微生物量碳呈下降趋势（卢虎等，2015；舒向阳等，2016；吴永胜等，2010）。本研究结果表明，土壤微生物量碳含量随荒漠草原沙漠化程度加剧表现出先升高后降低趋势，在轻度沙漠化阶段达到最高值，与研究结果基本一致。草地沙漠化严重减少了土壤微生物量碳含量，其原因可能为随着荒漠草原沙漠化程度加剧，首先，土壤结构组成改变，严重破坏土壤微生物生存环境（Ravindran and Yang，2015）；其次，长期向外输出生物量而补充不足，导致微生物能源缺乏，土壤微生物数量和生物量降低（赵彤等，2013）。本研究中，土壤微生物量碳含量在轻度沙漠化达到最高值的原因可能为该生境下苦豆子为优势种。

7.1.7 荒漠草原不同沙漠化阶段土壤可矿化碳分布规律

在21天培养时间内，荒漠草原不同沙漠化阶段土壤可矿化碳累积量随培养时间的动态变化基本一致，均变现为潜在沙漠化>轻度沙漠化>重度沙漠化>极度沙漠化，潜在沙漠化土壤可矿化碳累积量均显著高于重度沙漠化和极度沙漠化［图7-5（a）］。随着培养时间的延长，潜在沙漠化、轻度沙漠化、重度沙漠化和极度沙漠化0～30cm土层土壤可矿化碳累积量均在第1天至第3天增长速率最快，第3天比第1天土壤可矿化碳累积量增加了98.1%～112.4%；第7天后增长速率迅速下降，第7天比第3天土壤可矿化碳累积量增加了21.8%～26.5%；14天后趋于稳定。第21天土壤可矿化碳累积量分析表明［图7-5（b）］，随着荒漠草原沙漠化程度加剧，0～10cm和10～20cm土层土壤可矿化碳累积量高于其他沙漠化阶段；潜在沙漠化20～30cm土层土壤可矿化碳累积量显著高于轻度沙漠化、重度沙漠化和极度沙漠化。荒漠草原不同沙漠化阶段土壤可矿化碳累积量垂直分布变化规律随着土壤深度的增加有所差异。潜在沙漠化和重度沙漠化土壤可矿化碳累积量均在10～20cm土层达到最小值；极度沙漠化10～20cm土层土壤可矿化碳累积量显著高于0～10cm和20～30cm土层；轻度沙漠化土壤可矿化碳累积量随土层深度的增加呈降低趋势。

随着荒漠草原沙漠化程度的加剧，0～30cm土层土壤可矿化碳分配比例表现为极度沙漠化>重度沙漠化>轻度沙漠化>潜在沙漠化［图7-5（c）］，极度沙漠化、重度沙漠化和轻度沙漠化0～30cm土层土壤可矿化碳分配比例分别比潜在沙漠化增加了60.6%、17.1%和12.8%；各土层间土壤可矿化碳分配比例未表现出一致性规律。除极度沙漠化阶段外，随着土层深度的增加，潜在沙漠化、轻度沙漠化和重度沙漠化阶段土壤可矿化碳分配比例均表现为先降低后升高趋势，均在10～20cm土层达到最小值。

土壤有机碳矿化是土壤微生物对土壤原有有机碳和外来输入有机碳分解产生CO_2的过程，可矿化碳对外界环境变化响应敏感，是土壤碳库变化的早期预警指标之一（Franzluebbers and Stuedemann，2003）。环境因子和土地利用方式改变是影响土壤有机碳矿化过程的重要因素，主要影响土壤有机碳矿化速率。环境因子主要包括温度、土壤湿度、土壤酸碱度和土壤质地等，首先，温度升高显著促进土壤碳矿化；其次，土壤碳矿化速率随土壤含水量升高而升高（黄耀等，2002），土壤过酸或过碱都影响土壤微生物活性，进而影响土壤碳矿化速率（刘雨桐等，

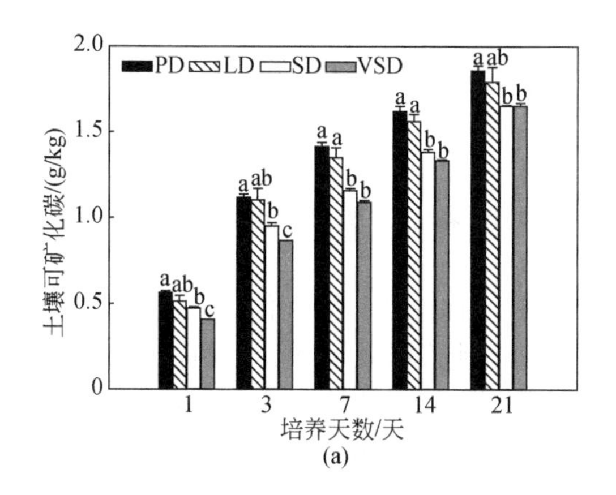

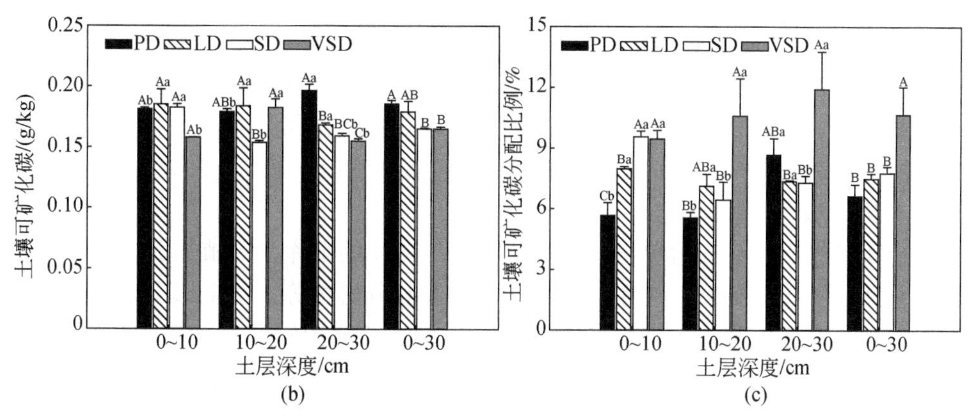

图 7-5 荒漠草原不同沙漠化阶段土壤可矿化碳分布规律

PD 为潜在沙漠化；LD 为轻度沙漠化；SD 为重度沙漠化；VSD 为极度沙漠化

2017）；最后，土壤质地显著影响土壤有机碳矿化速率，土壤可矿化碳累积量随土壤黏粒含量的增加而增加（黄耀等，2002）。土地利用方式的改变主要影响土壤有机碳输入量，土壤有机碳与土壤可矿化碳积累量呈显著正相关（王玉红等，2017；Kravchenko and Hao，2008）。本研究中随着荒漠草原沙漠化程度加剧，土壤可矿化碳积累量降低，原因是本研究土壤类型为风沙土，土壤本身结构松散，土壤 pH 偏高，随着沙漠化程度加剧，土壤结构进一步破坏，土壤保水能力降低，土壤碳矿化能力降低。加之，随着荒漠草原沙漠化程度加剧，地上植被减少，微生物营养源减少，土壤可矿化碳累积量进一步减少。

7.2 荒漠草原土壤有机碳稳定性机理

7.2.1 不同沙漠化阶段土壤活性有机碳各组分的敏感指数

土壤活性有机碳较惰性有机碳、易氧化有机碳两种有机碳对环境变化更敏感，是土壤潜在生产力和土地管理引起的土壤碳库变化的早期预警指标。土壤活性有机碳各组分含量及分配比例对草地沙漠化响应程度未表现出一致性，因此，进行了敏感指数计算（图 7-6）。潜在沙漠化退化至轻度沙漠化过程中，0～10cm、20～30cm 和 0～30cm 土层土壤易氧化有机碳敏感指数均高于其他组分，10～20cm 土层表现为细颗粒有机碳敏感指数最高；潜在沙漠化退化至重度沙漠化和极度沙漠化过程中，0～10cm、10～20cm、20～30cm 和 0～30cm 土层细颗粒有机碳、轻组有机碳、溶解性有机碳和易氧化有机碳敏感指数较高，其中 0～10cm、10～20cm 和 0～30cm 土层细颗粒有机碳敏感指数最高，20～30cm 土层溶解性有机碳敏感指数最高。

土壤活性有机碳是容易被土壤微生物分解矿化的碳库，对植物养分供应起着直接作用，如植物残体、根系物质、微生物及其分泌物等，在土壤中周转速度较快，容易受环境变化影响，是土壤有机碳变化的敏感指标（李玲等，2012）。不同实验方法能够定量分馏出土壤活性有机碳组分，其中包括不能被土壤微生物有效利用的土壤有机碳（Benbi et al.，2015）。liveira 等（2017）研究土地利用变化

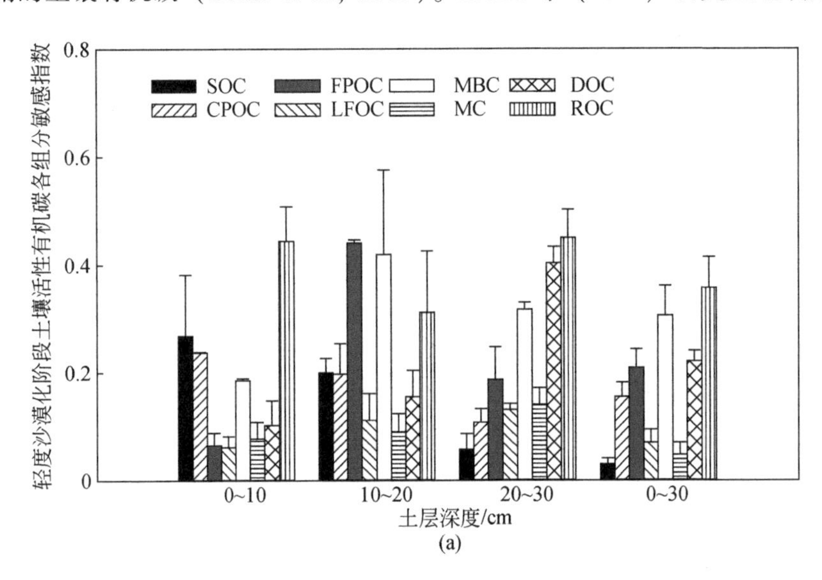

(a)

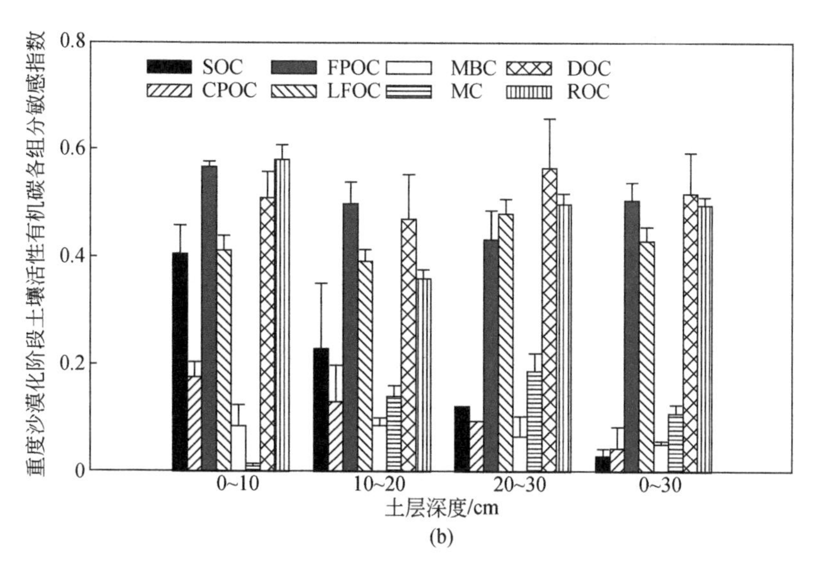

(b)

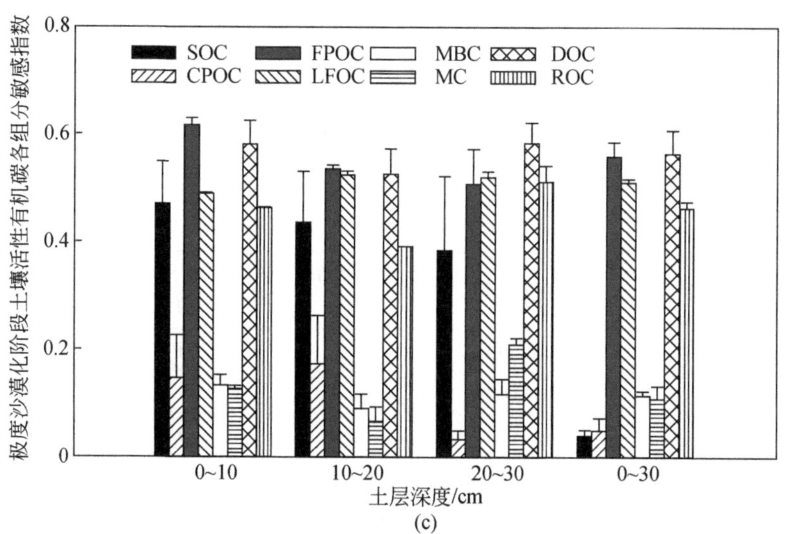

(c)

图 7-6　荒漠草原沙漠化过程中土壤活性有机碳各组分敏感指数

SOC：土壤有机碳；CPOC：粗颗粒有机碳；FPOC：细颗粒有机碳；LFOC：轻组有机碳；MBC：微生物量碳；MC：可矿化碳；DOC：溶解性有机碳；ROC：易氧化有机碳；下同

对土壤有机碳不同组分的影响发现，易氧化有机碳能够较全面地评价土壤碳库的变化；蔡太义等（2012）研究表明易氧化有机碳足以表征人为管理对土壤碳库的影响。本研究中土壤活性有机碳不同组分对荒漠草原沙漠化响应的敏感度不同，潜在沙漠化退化至轻度沙漠化时，易氧化有机碳和微生物量碳在 0 ~ 30cm 土层较其他土壤活性有机碳组分敏感；潜在沙漠化退化至重度沙漠化和极度沙漠化时，溶解性有机碳、易氧化有机碳、细颗粒有机碳和轻组有机碳敏感指数较高。综合比较，易氧化有机碳在潜在沙漠化演替至极度沙漠化的过程中响应敏感，因此，易氧化有机碳较其他土壤活性有机碳组分可更全面地表征荒漠草原沙漠化过程中土壤碳库的变化。

7.2.2 不同沙漠化阶段土壤碳库管理指数特征性

随着荒漠草原沙漠化程度加剧，易氧化有机碳活度（*A*）呈先降低后升高趋势，重度沙漠化阶段其值最低（表 7-3）。随荒漠草原沙漠化程度加剧，0～30cm、0～10cm 和 20～30cm 土层碳库活度指数（AI）均表现出先降低后升高趋势，均在重度沙漠化达到最小值。0～30cm 和10～20cm 土层碳库指数（CPI）均随荒漠草原沙漠化程度加剧呈线性减小趋势，不同沙漠化阶段差异不显著。0～30cm、10～20cm 土层碳库管理指数（CMI）均随荒漠草原沙漠化程度加剧呈先降低后增加趋势。随着土层深度的增加，轻度沙漠化、重度沙漠化和极度沙漠化阶段 AI 和 CMI 均呈先升高后降低趋势，均在 10～20cm 土层达到最大值。轻度沙漠化和重度沙漠化 CPI 随土层深度的加深呈线性升高趋势，而极度沙漠化 CPI 表现出相反的趋势。

表 7-3　荒漠草原沙漠化过程中土壤碳库管理指数

沙漠化阶段	土层深度	碳库活度（*A*）	碳库活度指数（AI）	碳库指数（CPI）	碳库管理指数（CMI）
潜在沙漠化	0～10cm	0.48±0.09Ab	1	1	100
	10～20cm	0.27±0.00Ac	1	1	100
	20～30cm	0.68±0.03Aa	1	1	100
	0～30cm	0.43±0.02A	1	1	100
轻度沙漠化	0～10cm	0.34±0.06ABa	0.79±0.28Aa	0.73±0.11Ab	51.91±11.26Aa
	10～20cm	0.33±0.09Aa	1.23±0.37Aa	0.80±0.03Aab	101.06±32.95Aa
	20～30cm	0.28±0.01BCa	0.41±0.04Bb	1.00±0.05Aa	42.12±5.71Aa
	0～30cm	0.31±0.02AB	0.71±0.01A	0.83±0.07A	58.65±5.19A
重度沙漠化	0～10cm	0.29±0.01Ba	0.65±0.14Aa	0.60±0.05Ab	37.03±4.82Ab
	10～20cm	0.23±0.07Aa	0.87±0.20Aa	0.77±0.12Aab	62.55±4.31Aa
	20～30cm	0.28±0.04Ca	0.40±0.04Ba	0.97±0.09Aa	38.00±0.15Ab
	0～30cm	0.26±0.04B	0.62±0.12A	0.76±0.09A	44.58±3.26B

续表

沙漠化阶段	土层深度	碳库活度 (*A*)	碳库活度指数 (AI)	碳库指数 (CPI)	碳库管理指数 (CMI)
极度沙漠化	0 ~ 10cm	0. 49±0. 02Aa	1. 09±0. 23Aa	0. 62±0. 08Aa	54. 30±3. 65Aab
	10 ~ 20cm	0. 33±0. 08Aa	1. 22±0. 28Aa	0. 56±0. 09Aa	63. 74±3. 62Aa
	20 ~ 30cm	0. 58±0. 18ABa	0. 83±0. 22Aa	0. 53±0. 14Ba	45. 12±1. 81Ab
	0 ~ 30cm	0. 43±0. 08A	1. 03±0. 23A	0. 57±0. 10A	53. 87±2. 57A

注：不同大写字母表示同一土层不同沙漠化阶段差异显著，不同小写字母表示同一沙漠化阶段不同土层间差异显著（$P<0.05$）

CMI 用以表征土壤碳库的更新程度、质量变化（徐明岗等，2006a，2006b；Blair et al.，1995），以及环境对土壤有机碳性质的影响。CMI 因结合了 CPI 和 AI，而既反映外界管理措施对土壤有机碳总量的影响，也反映土壤有机碳组分的变化情况。本研究利用易氧化有机碳含量计算的 CMI 随荒漠草原沙漠化程度的增加整体均呈下降趋势，与邱莉萍等（2011）和蒲玉琳等（2017）在半干旱区草地和若尔盖沙化草地的研究结果一致。CMI 的增减能够有效表明土壤管理措施、环境变化等对土壤碳库质量和恢复的影响（Luo et al.，2015）。利用易氧化有机碳含量计算的极度沙漠化的 CMI 较潜在沙漠化下降了 46. 13%，表明草地沙漠化严重降低土壤质量，同时随着荒漠草原沙漠化程度的加剧，土壤恢复更新能力减弱。

7. 2. 3 土壤活性有机碳与土壤有机碳的关系

荒漠草原不同沙漠化阶段土壤粗颗粒有机碳、细颗粒有机碳、轻组有机碳、溶解性有机碳、易氧化有机碳、微生物量碳、可矿化有机碳、土壤全氮和土壤有机碳的相关性分析表明（图 7-7），土壤全氮、细颗粒有机碳、轻组有机碳、溶解性有机碳与土壤有机碳呈显著正相关（$P<0.01$）；微生物量碳、可矿化碳与土壤有机碳具有正效应；粗颗粒有机碳与土壤有机碳具有负效应。

荒漠草原不同沙漠化阶段 0 ~ 30cm 土层和 0 ~ 10cm、10 ~ 20cm、20 ~ 30cm 3 个土层土壤活性有机碳各组分和土壤有机碳主成分分析表明（图 7-8），0 ~ 10cm、10 ~ 20cm、20 ~ 30cm 和 0 ~ 30cm 土层，第一主成分的方差贡献率均最大，分别达到 80. 2%、81. 2%、74. 2% 和 80. 2%，对土壤活性有机碳状况起主要作用，第一主成分、第二主成分累计方差贡献率分别达到 98. 9%、92. 9%、98. 6% 和 98. 9%，包含了土壤活性有机碳的主要信息，能反映荒漠草原沙漠化过程中土壤活性有机碳各组分的相对重要性及其之间的相互关系。对土壤活性有机

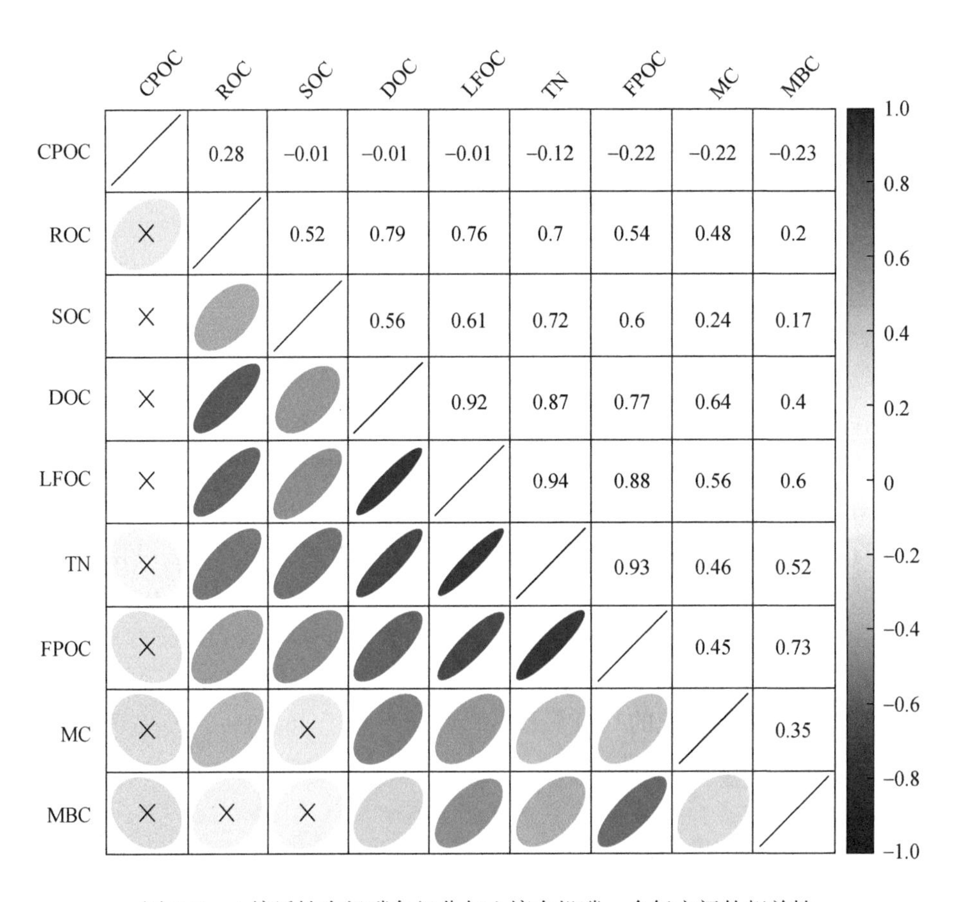

图 7-7　土壤活性有机碳各组分与土壤有机碳、全氮之间的相关性

碳各组分在各主成分上的因子载荷的分析表明，溶解性有机碳、易氧化有机碳、轻组有机碳和细颗粒有机碳对第一主成分的影响较大，主要包含土壤活性有机碳的物理组分和化学组分；粗颗粒有机碳对第二主成分影响较大。

土壤活性有机碳占总有机碳的 7% ~ 32%，是土壤有机碳库的重要组成部分。土壤颗粒有机碳、轻组有机碳、溶解性有机碳、易氧化有机碳和微生物量碳与土壤有机碳呈极显著正相关（孙伟军等，2013；马少杰等，2011；刘梦云等，2010），表明土壤有机碳的变化制约着土壤活性有机碳的变化。本书研究发现，细颗粒有机碳、轻组有机碳、易氧化有机碳、溶解性有机碳与土壤有机碳的含量呈极显著相关，但微生物量碳和可矿化碳与土壤有机碳相关性未达到显著水平。土壤活性有机碳生物学组分与土壤有机碳相关性较低可能是由各生境优势种不同引起的，其中轻度沙漠化阶段的优势种为苦豆子，苦豆子植株较其他生

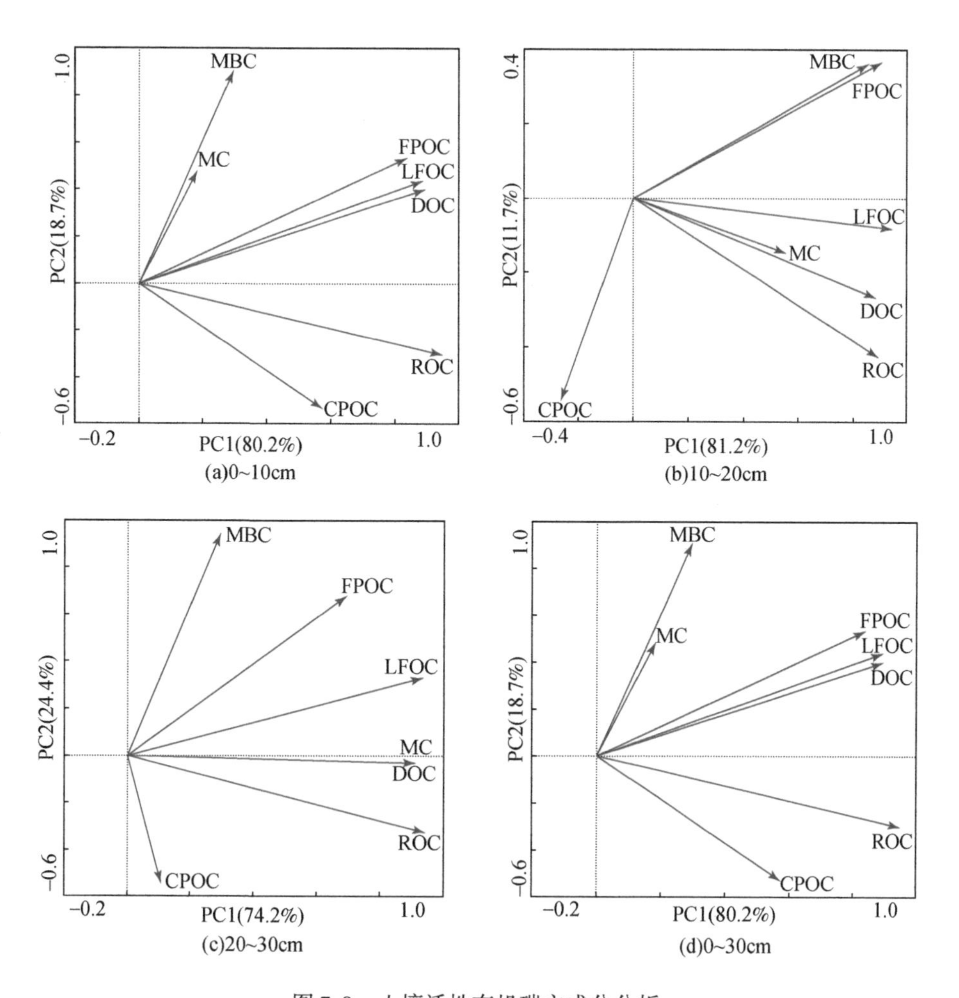

图 7-8　土壤活性有机碳主成分分析

境优势种高大，土壤微生物数量较高，其中土壤细菌数量高于荒漠草原其他植物群落（邵文山等，2016）。不同组分的土壤活性有机碳从不同角度表征土壤碳库的早期变化。

7.2.4　土壤结构组成和活性有机碳组分对土壤有机碳影响的结构方程模型

利用土壤粒径分布（包括黏粒、粉粒、极细砂粒、细砂粒、中砂粒和粗砂粒）、土壤活性有机碳物理组分（包括粗颗粒有机碳、细颗粒有机碳和轻组有机碳)、土壤活性有机碳化学组分、土壤活性有机碳生物学组分(包括微生物量碳、可矿化碳)三个潜在变量和一个观测变量(土壤有机碳)构建结构方程模型(图7-9)。结构方程模型因子载荷均大于0.5,拟合优度指数为0.7213,表明此结构方程模型较好地解释了土壤结构组成和土壤活性有机碳组分对土壤有机碳稳定性的影响。土壤结构组成对土壤有机碳稳定性具有负影响,直接影响为-0.28;土壤活性有机碳物理组分对土壤有机碳稳定性具有正影响,直接影响为0.79,通过影响土壤粒径分布、土壤活性有机碳化学组分和生物学组分间接影响土壤有机碳稳定性,间接影响为0.05,整体影响为0.84;土壤活性有机碳化学组分对土壤有机碳稳定性具有正影响,直接影响为0.11,通过影响土壤粒径分布和土壤活性有机碳生物学组分间接影响土壤有机碳稳定性,间接影响为0.07,总影响为0.18;土壤活性有机碳生物学组分对土壤有机碳稳定性具有负影响,直接影响为-0.34,通过影响土壤粒径分布间接影响土壤有机碳稳定性,间接影响为-0.01,总影响为-0.35。

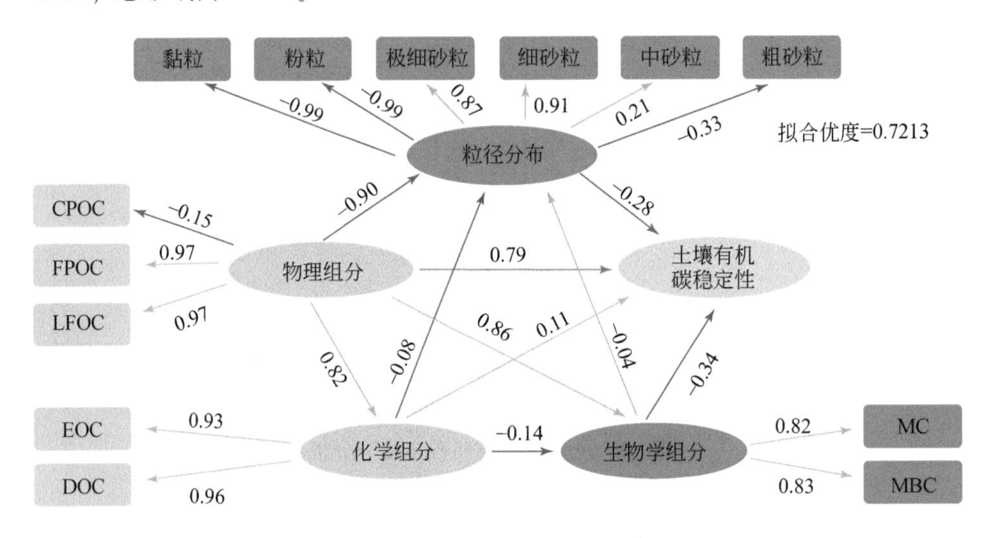

图7-9 土壤结构组成和土壤活性有机碳组分对土壤有机碳影响的结构方程模型

土壤活性有机碳是土壤有机碳不稳定部分,对研究土壤有机碳稳定性起关键作用,目前研究集中于自然因素和土地利用方式改变对土壤活性有机碳含量的影响(刘荣杰等,2012;秦纪洪等,2012),土壤结构组成和土壤活性有机碳组分对土壤有机碳稳定影响机制的研究较少,尤其是荒漠草原沙漠化过程中土壤有机碳稳定性机制尚不明确。因此,利用土壤结构组成和土壤活性有机碳各组分构建结构方程模型理论解释土壤有机碳稳定性机制。在荒漠草原沙漠化过程中,土壤黏粒和粉粒减少,土壤极细砂粒和细砂粒增加,显著影响土壤物理性质,土壤物理性的改变是造成土壤化学性质和植被生产力下降的主要因素（Tang et al., 2016）。本书研究发现，土壤结构组成直接对土壤有机碳稳定性产生负影响，影响系数为 -0.28。荒漠草原沙漠化过程中土壤非保护性有机碳分配比例为 78.11% ~83.10%，溶解性有机碳分配比例为 0.63% ~1.01%，易氧化有机碳分配比例为 20.81% ~31.22%，微生物量碳分配比例为 20.37% ~32.98%，可矿化碳分配比例为 6.63% ~10.66%，表明荒漠草原土壤有机碳多以活性有机碳形式固存，进一步主成分分析表明，土壤活性有机碳物理组分和化学组分显著影响土壤有机碳含量。荒漠草原沙漠化过程中，土壤结构组成和土壤活性有机碳组分对土壤有机碳影响的结构方程模型表明，土壤活性有机碳对土壤有机碳稳定性性和土壤结构组成产生直接影响，其中土壤活性有机碳物理组分对土壤有机碳稳定性和土壤结构组成直接影响最大。荒漠草原是草原与荒漠的过渡带，生态系统极其不稳定，潜在沙漠化退化至极度沙漠化是从一个不稳定状态向稳定状态变化的过程。荒漠草原沙漠化过程中土壤稳定性趋于稳定主要是因为土壤活性有机碳含量的减少。

第8章　荒漠草原沙漠化对土壤有机碳和无机碳的影响

全球碳循环是碳元素在土壤、大气、陆地植被以及海洋之间发生交换作用的动态模式。碳元素动态特征对大气CO_2浓度波动起着重要作用（杨黎芳和李贵桐，2011）。大气CO_2在土壤-植物-微生物之间的微循环机制是研究全球碳循环和气候变化的关键（Johnston et al.，2004）。大气CO_2通过物理或化学的方式以稳定固体形式存储于土壤的过程被称为土壤固碳。物理固碳是CO_2气体转换为钙镁类碳酸盐物质，化学固碳是CO_2气体通过植物光合作用被转换为一部分能量，然后被间接固定在土壤有机碳的过程（张志丹等，2011）。土壤是陆地生态系统中最大且周转速率最慢的碳库，包括土壤有机碳库和土壤无机碳库。全球土壤碳库储量大约是大气碳库储量的3倍、陆地植被碳库储量的3倍左右（Zheng et al.，2011）。土壤容易受气候和人为活动影响而发生改变，人类利用土地方式的改变引起土壤储存的碳减少，碳素被大量释放到大气中引起大气CO_2浓度上升，使全球变暖趋势更加恶化。而且，由于人类利用土地方式的改变，土壤向大气释放的CO_2量大约占人类活动引起的碳释放量的1/2。因此，土壤作为大气圈的“源”或者“汇”，是控制大气CO_2增加的重要因素之一，在全球碳循环及气候变化中土壤碳的封存、分解与释放发挥巨大作用（Lal，2004，2003b）。

土壤有机碳主要由动植物残体、根系分泌物等有机物质的分解形成，不仅是动态的土壤基质、植物养分循环的焦点，影响土壤侵蚀潜力和水分分布，而且对维持和巩固土壤结构的作用很大（Han et al.，2008）。陆地生态系统碳库约66.7%为土壤有机碳与大气碳发生交换长期积累形成（Post et al.，2001）。土壤有机碳微小的变化都可以引起大气CO_2浓度发生变化，对陆地生态系统的分布、结构功能产生深刻影响。国内外学者运用样地实测法和估算法（土壤类型法、模型模拟技术、遥感技术）对土壤有机碳的储量进行估算（张林，2010；Batjes，1996）。估算结果比较准确且最具代表性的是土壤类型法，根据各种土壤类型将全球土壤以每0.5的经纬度划分为259 200个单元格，可估算全球1m深土壤有机碳储量约为$1.462\times10^3 \sim 1.548\times10^3$ Pg（Batjes，1996）。解宪丽等（2004）和李克让等（2003）利用GIS技术和CEVEA模型估算我国土壤有机碳储量为82.5～84.4Pg，约占全球土壤有机碳库的5.5%，即中国土壤是一个巨大的碳库，在维持陆地生态系统碳平衡和碳循环系统的稳定方面发挥着巨大作用。

土壤有机碳来源于植物残体等有机物质的输入、分解和转化，不同植被类型导致有机质进入土壤的数量、方式及其分布状况产生差异（颜安，2015）。我国100cm 土层不同植被类型下的土壤有机碳密度表现为草甸（14. 90kg/m^2）>森林（11. 59kg/m^2）>农田（8. 07kg/m^2）>灌木（7. 25kg/m^2）>草原（5. 29kg/m^2）>荒漠（3. 14kg/m^2）。植被类型与环境之间的关系反映了土壤有机碳密度在不同环境条件下具有明显的地域性（Jobbagy and Jackson，2000），且海拔地形、区域气候条件对土壤有机碳的分布特征与规律有明显的影响作用。降雨等气候因子的长期作用对土壤形成时的物理与化学风化过程有一定影响，控制着生物体的生长发育，是土壤发育和养分累积的重要条件，对土壤有机碳库的空间特征造成影响（Batjes，1996）。降水量逐渐丰富的地区，相邻的暖温带土壤比温带土壤有机碳含量高（王娜，2017）。温度和降雨的共同作用使得土壤碳库产生地理地带特征。区域温度和水分的增加在导致植被初级生产力和土壤呼吸速率增加的同时，加快了土壤有机物质的分解速率，进而影响了土壤有机碳的含量（Hontoria et al.，1999）。我国东北地区和青藏高原边缘地带土壤有机碳密度表现出明显的非地带性（于东升等，2005），明显高于准格尔盆地、塔里木盆地与河西走廊等沙漠化地区的土壤有机碳密度（解宪丽等，2004）。内蒙古草地和新疆伊犁山地荒漠草原表层土壤有机碳含量最低。同时，地形坡度影响水分的渗入和蒸腾，祁连山北坡和西坡的土壤有机碳密度较南坡高（朱猛等，2016）。海拔是制约植被类型和植被生产力的综合环境因子，随着海拔升高，气温和降水量均趋于降低。高海拔地区气温低，微生物活性下降，动植物残体的分解速度随之缓慢，土壤有机碳的积累量显著增加（孙慧兰等，2012）。

土地利用方式的转变能通过影响土壤发育和粒径分布，改变土壤本身的蓄水保肥能力，同时改变陆地生态系统碳汇能力（李忠佩和王效举，1998）。不同土地利用及土地管理方式（开垦、放牧、施肥）使得植被种群变异，干扰土壤结构、质量及其稳定性，影响土壤有机碳转换过程。0 ~ 50cm 深度的土壤稳定性弱，易受土地利用方式的影响，天然林地转为草原的土壤有机碳稳定性比天然林地转为农田的高，即天然林变成农田，对土壤有机碳稳定性影响较大（吴建国等，2004）。不同土地利用方式 100cm 深土壤有机碳密度表现为退耕地>耕地>干旱半干旱草原>典型草原（杨黎芳等，2007）。过度放牧是引起草原生态系统恶化最为强烈的人类活动因素之一。过度放牧在改变植被组成的同时也改变了土壤团聚体结构和土壤孔隙度等土壤物理结构，使风蚀和水蚀影响加重，温度、水分等土壤的理化性质和小气候条件随之改变，进而对土壤有机碳的输入和输出产生较大影响。施肥方式和管理措施合理调整后，由于土壤化学及生物学性质发生变化，土壤有机碳增加，达到培肥土壤、固碳减排的目的（杨文静，2015）。有研究发现，有机肥和矿质肥料的合理使用会促进植被生长和生物量积累，土壤碳输入量随之增加；同时，能够有效增加土壤微生物碳含量和土壤有机碳含量（臧逸飞等，2015）。

近年来，全球气候变化和自然环境恶化，加之人类活动的干扰使得全球土壤荒漠化、沙漠化问题加剧，土壤碳库损失严重。土壤质地类型、物理化学性质及土壤环境等均会影响土壤有机碳含量及稳定性（吴庆标等，2005）。沙漠化过程使土壤各级颗粒受到强烈分选，土壤粒径组成不断粗化，而沙地植被恢复过程中土壤颗粒组成变化则表现为黏粉粒和细砂粒的强烈富集（张继义等，2009）。土壤颗粒有机碳是分析各种土壤类型中有机碳结构和稳定性变异最直接的方法。沙漠化加剧会导致荒漠草原土壤颗粒有机碳和土壤养分含量降低（阎欣和安慧，2017）。土壤粗砂粒有机碳含量低于黏粉粒有机碳和细砂粒土壤有机碳，且土壤有机碳结合黏粉粒的稳定性比土壤细砂粒强（张志丹等，2011）。土壤 C∶N 和土壤微生物对土壤有机碳的积累有明显促进或抑制作用（王娜，2017），土壤 C∶N较大时，土壤中的有机物质加速分解，损失大量土壤碳素。土壤微生物及其活性的变化对土壤有机碳库的动态变化有一定影响（杨景成等，2003）。土壤微生物作为分解和转化土壤有机碳的主要驱动力，其活性和分解速率受土壤温度、含水量等自然环境条件影响。微生物群落活动有效性与土壤含水量显著相关，土壤含水量过高或过低均不利于土壤微生物群落活动。温度升高导致土壤微生物分解土壤有机碳的速率加快，土壤呼吸和根系呼吸能力发生改变，进而土壤碳释放量改变（杨红飞等，2012）。

除有机碳外，土壤无机碳是陆地生态系统中的第二大碳库（Landi et al., 2003）。相对有机碳而言，土壤无机碳更新速率缓慢且存在形式比较稳定（以百年为尺度周期）。土壤无机碳包括 CO_2 气体、固态碳酸盐和存在于溶液中的 H_2CO_3、HCO_3^-、CO_3^{2-} 等离子，其中固态碳酸盐占绝大部分。碳酸盐包括原生碳酸盐和次生碳酸盐，原生碳酸盐来源于土壤母质或岩石，对土壤无机碳含量无明显影响；次生碳酸盐是成土风化过程中形成的碳酸盐，由原生碳酸盐 CO_2 通过一系列的化学反应溶解再沉淀而形成（杨黎芳等，2007）。碳酸盐形成和重结晶过程中，通过固存土壤有机碳分解产生的 CO_2、根系和微生物呼吸产生的 CO_2 以及大气 CO_2（张林等，2011），将其以次碳酸盐的形式储存于土壤中，这个过程在减少大气 CO_2 浓度的同时也减轻了大气压力（余健等，2014）。因此，土壤无机碳在全球碳循环中被赋予了新的含义。

全球陆地面积约 2/5 为干旱、半干旱地区，由于该地区降水量稀少、气候干旱、土壤 pH 偏大和生产力有限等原因，土壤无机碳储量相对丰富（杨黎芳等，

2007)。全球干旱地区的数据显示，土壤无机碳储量约占总碳储量的 35.1%（杨黎芳和李贵桐，2011)。中国西北干旱区土壤有机碳库仅占土壤无机碳库的1/5～1/2，其土壤无机碳库约占全国土壤无机碳库 60% 以上（韩文娟，2015)。有研究表明，干旱地区的土壤次生碳酸盐大约以 50～100kg/(hm·a) 的速率发生沉降，土壤每年存储 CO_2 气体约 1.5TgC，每年形成 120kg/hm^2 的土壤碳酸盐（Lal，2002；Li et al.，2007)，并且干旱区盐碱土每年固定的 CO_2 气体高达 62～622g/m^2 (Xie et al.，2009)，这对调节大气 CO_2 浓度具有重大意义。

土壤无机碳储量与土壤碳酸盐淋溶程度关系密切，淋溶潜力主要由 CO_2 分压、降水量等气候条件，以及成土母质和土壤 Ca^{2+}、Mg^{2+} 所决定。Lal（2003a）通过模拟地形地貌、土壤状况和方解石沉淀、溶解过程等参数，预测了随着大气 CO_2 浓度升高，表层 10cm 土壤无机碳的净损失量和无机碳收获量，即大气 CO_2 浓度升高导致无机碳累积，进而形成更加稳定的土壤无机碳库。Eshel（2005）发现方解石的碱性较大和 CO_2 分压较低时，Na^+、Mg^{2+} 影响沉降速率，而溶液中 Ca^{2+} 过于饱和时，土壤碳酸盐钙溶解性更强。Ca^{2+} 是土壤碳酸钙沉积的限制因子，方解石和其他含钙矿物风化后会发生钙释放。地下植物根系的碳元素与释放的 Ca^{2+} 发生反应，不断促进土壤碳酸盐的淀积（Renforth et al.，2009)。成土母质也会影响土壤无机碳的含量，由黄土母质、灰岩和玄武岩发育形成的土壤具有较高的土壤碳酸盐含量，而由花岗岩母质、砂岩和页岩发育形成的土壤的碳酸盐含量相对较低（杨黎芳等，2007)。降水量相对较少的新疆伊犁 1m 深土壤范围内，土壤无机碳的垂直分布特征与土层深度呈负相关关系（颜安，2015)。耕作、施肥和放牧等人为土地利用方式和管理措施导致土壤的物理、化学、生物性质及微气候环境发生不可预期的改变，进而影响土壤无机碳含量和储量。耕作措施导致华北地区土壤无机碳降低，但西北大部以及东北松嫩平原土壤无机碳显著增加 (Wu et al.，2009)。土壤无机碳储量随着农田开垦年限增加而减小，但是随着土层深度的增加而增加（颜安，2015)。内蒙古农牧交错带耕地土壤无机碳含量、土壤无机碳同位素值均和施肥措施呈正相关关系，施肥降低了土壤无机碳含量，土壤无机碳中原生碳酸盐比例相对于自然土壤较低，即土壤无机碳由发生分馏作用且具有较高同位素值的次生碳酸盐组成（张煜等，2016)。通过干烧法对陕西关中地区塿土进行研究，发现施氮肥［$(NH_4)_2SO_4$］产生的硝化作用降低了土壤 pH，导致土壤碳酸盐分解后释放 CO_2，其中 CO_2 释放比值约 27.2% (孟延等，2017)。因此，在今后的研究中，必须重视人类大量使用氮肥引起的土壤碳酸盐碳的释放。放牧是干旱、半干旱地区草地的主要利用方式之一，而过度放牧使得草原生态系统逐渐退化并失去自我调控能力。随着放牧强度增加，青海高寒草甸植被类型由禾草草甸演替成为小嵩草草甸，经过草原表层植被的死亡和剥蚀演替过程，最终形成极度退化的高寒草甸（黑土型退化草原）（杜岩功等，2007）。与此同时，土壤无机碳储量时空分布特征也随着放牧强度表现出明显的差异性（刘淑丽等，2014）。

土壤有机碳和无机碳之间存在一定的耦合关系。在土壤性质为碱性和富含钙的环境下，存在土壤有机碳→CO_2→HCO_3^-→$CaCO_3$↓系列反应，即土壤有机碳经过此系列反应可以转化为碳酸盐。土壤中游离的碳酸钙使土壤团聚体、微生物活性和土壤 pH 发生相应的变化，进而影响土壤有机碳库（李忠等，2001）。我国西北干旱地区，由石灰性母质发育形成的各种土壤类型，土壤有机残体分解后参与土壤碳酸盐的形成，推动土壤无机碳的溶蚀作用，即土壤有机碳与无机碳呈负相关关系。内蒙古干旱区植物残体分解后释放 CO_2 气体进入腐殖土壤，与土壤中 HCO_3^- 离子通过淋溶作用形成碳酸盐，大约可形成 3.0g/kg 的碳酸盐（张伟华等，2005）。随土壤深度增加，内蒙古荒漠草原土壤有机碳含量逐渐降低而土壤无机碳含量逐渐增加，土壤有机碳和土壤无机碳呈负相关关系（张林等，2010）。因此，干旱、半干旱地区土壤无机碳与土壤有机碳之间的耦合关系对研究全球碳循环具有重要意义。

同位素示踪技术是利用物理、化学或者生物学方法检测示踪原子或其他的标记化合物在生物体中的变化踪迹或含量的技术。碳元素在各种生态系统中主要以^{12}C、^{13}C 和^{14}C 形式存在，可分为稳定同位素（^{12}C 和^{13}C）和放射性同位素（^{14}C），稳定同位素（^{12}C 和^{13}C）的含量占绝大部分，分别为 98.89% 和 1.11%。放射性同位素（^{14}C）在自然界中含量极少，具有辐射、放射性、以 β 方式衰变的特点（Staddon，2004）。长时间尺度下，^{14}C 元素较强的放射性会影响碳循环体系（于贵瑞等，2005）。近年来生态学者将碳同位素技术应用于植物生理生态学的研究中，并且逐步扩展到冠层、群落、生态系统乃至生态学等不同领域（朱国栋，2016）。土壤碳库是陆地碳循环系统中最大的碳库，记载着当地植被数万年尺度的同位素信息。因此，利用碳同位素技术研究土壤碳的来源、周转速率以及气候与植被重建等生态问题，是了解全球生态环境发生的变化的关键。

根据不同类群植被碳同位素组成的差异和不同类群植被适应于不同的气候环境的特点，利用同位素分馏原理可以直接重现植被的变化历史和古气候环境（张林，2010）。由于地上植被和植被根系最终被分解转换为土壤有机碳，土壤有机碳同位素值与其地上植被碳同位素值之间的关系可以作为区分不同光合途径的有力工具（杨黎芳等，2006）。陆生植物主要包括 C_3（Calvin cycle）和 C_4（Hatch-Slack）两种光合作用途径的植物类型，不同光合作用途径的植物对^{13}C 的分馏程度不一样。C_3 途径植物是指光合作用同化 CO_2 的最初产物是三碳化合物（3-磷酸甘油酸）。C_3 植物生长在气候湿润和水分充沛的环境，其 $\delta^{13}C$ 值平均为-27‰，变化范围在-34‰～-22‰。C_4途径植物是指 CO_2同化的最初产物是四碳化合物（天门冬氨酸），C_4 植物生长在相对干旱的环境，其 $\delta^{13}C$ 值平均为-13‰，变化范围在-19‰～-9‰（刘玉英等，2004；郑兴波等，2005）。全球尺度研究表明，在中新世向上新世转化过程中，全球 CO_2气体浓度的下降导致全球 C_4植物大幅度扩张（Cerling et al.，1993，1997）。而在黄土高原以及内蒙古全新世土壤有机碳 $\delta^{13}C$ 值与现代气候数据统计分析的研究中发现，温度是导致全新世 C_4植物增加的最主要因素（Gu，2003；顾兆炎等，2003）。新疆伊犁盆地黄土有机碳同位素值对不同气候条件的响应表明，新疆黄土有机碳 $\delta^{13}C$ 值是潜在的古降水指示器（张晓，2013）。黄土高原现代植被以 C_3 植物为主，在相对温暖的古土壤发育阶段则以 C_4 草本植物为主（刘卫国等，2002）。当植物在光合作用固定碳中的同位素分馏作用相对于土壤有机碳分解过程中的分馏作用较大时，土壤有机碳的 $\delta^{13}C$ 值与当地植被的 $\delta^{13}C$ 值相近，可以反演当地植被的历史变化和古气候状况（曹新星等，2016）。近年来，在贵州和内蒙古的研究发现，贵州林地表层土壤可溶性有机碳的 $\delta^{13}C$ 值与植物体枯枝落叶的 $\delta^{13}C$ 值相近（涂成龙等，2008）。因此，通过分析土壤或植被中碳同位素值，可以确定土壤和植被中有机碳的周转周期，进而分析有机碳的动态变化。

稳定碳同位素技术在研究土壤无机碳来源、区分土壤无机碳为原生碳酸盐还是次生碳酸盐（Pedogenic carbonates）以及有机碳向无机碳转移机理等方面具有重要作用。国内外学者利用稳定碳同位素技术研究碳库中碳元素的迁移途径、碳元素动态及转化特征，为揭示全球气候变化和陆地生态系统碳循环机制提供有利依据（葛源等，2006）。原生碳酸盐来源于岩石或成土母质，不经风化成土作用而保存下来，不和成土环境发生交换作用，是和当地的植被类型无关的碳酸盐。次生碳酸盐是原生碳酸盐物质与土壤中 CO_2和 H_2O 反应，经过溶解—再结晶过程与外界环境的同位素发生交换作用的碳酸盐（主要成分是 $CaCO_3$）（黄成敏等，2003）。土壤 CO_2包括地表大气 CO_2、植物根系和土壤微生物的呼吸活动作用以及植物残体氧化分解生成的 CO_2（曹宏杰和倪红伟，2013）。土壤 CO_2分压比大气 CO_2的分压大。因此，可以忽略大气 CO_2对土壤碳酸盐的影响。植物呼吸产生的 CO_2的流通速率比土壤碳酸盐的形成速率高出 2～3 个数量级，因此，土壤次生碳酸盐 $\delta^{13}C$ 值的变化趋势主要是由土壤中呼吸产生的 CO_2气体引起的（宁有丰等，2006；Cerling et al.，1993），即次生碳酸盐的 $\delta^{13}C$ 值与当地植被类型有关。土壤碳酸盐 $\delta^{13}C$ 值与土壤有机碳的 $\delta^{13}C$ 值一样，是反映 C_3植物、C_4植物的生物量的重要指标（郑兴波等，2005）。美国内华达州火山岩和石灰岩土壤剖面的碳同位素值变化趋势相似（Amundson et al.，1992），证明次生碳酸盐的碳同位素值与原生碳酸盐的碳同位素值关系不大。

第一，土壤有机碳和土壤无机碳含量的测定。

1）土壤总碳含量（STC）：利用 vario MACRO cube（Elementar，德国）元素分析仪测定土壤样品。称取 40 ~ 60mg 土壤样品在灰分管通入 O_2，在 200℃ 下高温灼烧产生 CO_2气体，经过热导检测器测定土壤样品碳元素的质量分数。

2）土壤有机碳含量（SOC）：称取 40 ~ 60mg 土壤样品，加入 10mL 纯H_3PO_4浸没土壤反应 12h 去除碳酸盐，再将处理后的土壤样品使用 vario MACRO cube 元素分析仪测定土壤样品碳元素的质量分数（测定方法同上）。

3）土壤无机碳含量（SIC）：采用差减法，即土壤无机碳含量（SIC）= 土壤总碳含量（STC）-土壤有机碳含量（SOC）（Wang et al.，2015）。

第二，碳稳定同位素比值（$\delta^{13}C$）的测定。

1）土壤有机碳同位素（$\delta^{13}C$-SOC）的测定：称取 2g 土壤样品，加入 10mL 纯 H_3PO_4反应 12h 去除土壤中的碳酸盐。再将处理后的土壤样品在 1020℃ 下燃烧反应生成 CO_2。然后导入 DELTA V Advantage 同位素质谱仪中检测 CO_2的^{13}C与^{12}C比值（$\delta^{13}C$），测量结果与国际标准误对比。

2）土壤无机碳同位素的测定：称取 2g 土壤样品，加入 10mL 纯 H_3PO_4后放入真空和恒温为 75℃ 的振荡器内充分反应 2h，土壤样品酸化后生成 CO_2气体，然后导入 DELTA V Advantage 同位素质谱仪中检测 CO_2的^{13}C 与^{12}C 比值（$\delta^{13}C$），测量结果与国际标准误对比。

第三，土壤碳储量。本书研究土壤颗粒均小于 2mm，因此可忽略不计。

$$\text{SIC}_i\text{storage} = \sum_{i=1}^{n} \frac{D_i \times \text{BD}_i \times \text{SIC}_i}{10} \tag{8-1}$$

$$\text{SOC}_i\text{storage} = \sum_{i=1}^{n} \frac{D_i \times \text{BD}_i \times \text{SOC}_i}{10} \tag{8-2}$$

$$\text{STC}_i\text{storage} = \sum_{i=1}^{n} \frac{D_i \times \text{BD}_i \times \text{STC}_i}{10} \tag{8-3}$$

式中，n 为土壤剖面的层数；STC、SOC 和 SIC 分别为土壤总碳含量、土壤有机碳含量和土壤无机碳含量（g/kg）；BD_i为第 i 层土壤容重（g/cm^3），D_i为第 i 层土壤深度（cm）。

第四，碳稳定同位素值（$\delta^{13}C$）。

$$\delta^{13}\text{C}(‰) = [(R_{\text{样品}}/R_{\text{标准}}) - 1] \times 1000 \tag{8-4}$$

式中，$R = {}^{13}C/{}^{12}C$；$R_{\text{标准}}$为 PDB 标准。

第五，土壤无机碳中次生碳酸盐的定量方法（宁有丰等，2006；朱书法等，2005）。

$$\text{PC} = \frac{\delta^{13}\text{C(SIC)} - \delta^{13}\text{C}_{\text{LC}}}{\delta^{13}\text{C}_{\text{PC}} - \delta^{13}\text{C}_{\text{LC}}}\text{SIC}/10 \tag{8-5}$$

$$\Delta\delta^{13}C=\delta^{13}C_{PC}-\delta^{13}C(SOC) \quad (8\text{-}6)$$

$$\delta^{13}C(SIC)=P_{LC}\times\delta^{13}C_{LC}+P_{PC}\delta^{13}C_{PC} \quad (8\text{-}7)$$

式中，PC 为次生碳酸盐含量（g/kg）；P_{PC}为次生碳酸盐相对比例（%）；P_{LC}为原生碳酸盐相对比例（%）；$\delta^{13}C$（SIC）为土壤无机碳 $\delta^{13}C$ 值（‰）；$\delta^{13}C$（SOC）为土壤有机碳 $\delta^{13}C$ 值（‰）；$\delta^{13}C_{PC}$为次生碳酸盐 $\delta^{13}C$ 值（‰）；$\delta^{13}C_{LC}$为原生碳酸盐 $\delta^{13}C$ 值（‰）；$\Delta\delta^{13}C$ 为土壤次生碳酸盐和有机碳的 $\delta^{13}C$ 值差值。不同温度条件下，土壤次生碳酸盐与同源土壤有机碳的同位素差值 $\Delta\delta^{13}C$ 约为 13.5‰~16.5‰，本书研究 $\Delta\delta^{13}C$ 差值（16.5‰~21.2‰）偏大，所以统一取 $\Delta\delta^{13}C$差值为 15‰（宁有丰等，2006）。

8.1 荒漠草原沙漠化对土壤有机碳和无机碳的影响

土壤碳库是评价土地退化程度的重要指数，土地退化导致土壤缺乏植被保护，大量土壤有机碳被释放，从而使得土壤有机碳储量下降。中国陆地面积约占全球陆地面积的6.4%，其中土壤有机碳库占土壤总有机碳库 6.7%，且土壤平均有机碳密度（10.53kg/m^2）与全球有机碳密度（10.77kg/m^2）相近（王绍强等，2000），因此，中国土壤碳库在全球土壤碳库估算中发挥着重要作用。同时，我国中西部干旱、半干旱地区受气候、地形、季风以及人为因素的综合影响，引起植被退化和水土流失严重，生态环境急剧恶化的同时，导致干旱、半干旱地区土壤有机碳大量损失。土壤无机碳库是土壤风化成土过程中形成的矿物态碳，相对于有机碳而言，更新缓慢、积累速率高、性质比较稳定且储量巨大（许文强等，2011），是土壤碳库的另一个重要组成部分。土壤无机碳主要分布在干旱和半干旱地区，且无机碳储量占总碳储量的 35.1%（杨黎芳和李贵桐，2011）。我国土壤无机碳库主要分布在西北和华北地区，土壤无机碳储量（60Pg）约占全国土壤总碳库（110Pg）的 55%；中国沙漠化地区土壤无机碳（14.91Pg）占土壤碳储量的 65.5%（潘瑶，2017；颜安，2015）。土壤无机碳主要成分是碳酸盐，其中以次生碳酸盐为主要存在形式。土壤碳酸盐与 CO_2通过一系列的化学反应、溶解和再沉淀存储于土壤中。干旱、半干旱地区土壤无机碳的动态变化不仅可以缓解大气 CO_2浓度升高，而且在全球碳循环中发挥巨大的作用（Li et al., 2007），即干旱、半干旱地区关于土壤碳循环的研究需同时兼顾土壤有机碳和无机碳。然而，相同环境中土壤有机碳或无机碳含量的增加，并不意味着土壤碳库也会增加，土壤总碳库增加量不是简单的土壤有机碳或无机碳的增加量，土壤有机碳和无机碳的变化对彼此有一定的影响。因此，土壤有机碳和无机碳耦合关系机理成为精确估算土壤碳库潜力的重要工具。

8.1.1 土壤有机碳和土壤无机碳的含量与储量的变化特征

荒漠草原不同沙漠化阶段0~30cm土层土壤有机碳、无机碳和总碳含量和储量均差异显著（$P<0.05$，表8-1）。0~30cm土层土壤总碳、土壤有机碳、无机碳含量和储量随着沙漠化程度的加剧整体均呈逐渐下降的趋势。轻度沙漠化、重度沙漠化、极度沙漠化土壤总碳和有机碳含量分别比潜在沙漠化下降了8.7%、50.8%、57.1%和14.1%、59.2%、62.9%。潜在沙漠化、轻度沙漠化土壤无机碳含量均与重度沙漠化和极度沙漠化差异显著，而潜在沙漠化和轻度沙漠化土壤无机碳含量差异不显著。10~20cm和20~30cm土层土壤有机碳含量随着沙漠化程度的加剧呈逐渐下降趋势，其轻度沙漠化、重度沙漠化、极度沙漠化土壤有机碳含量分别比潜在沙漠化下降5.3%、47.8%、55.9%和3.1%、57.7%、62.3%。0~10cm、10~20cm和20~30cm土层土壤无机碳含量随着沙漠化程度的加剧整体均呈逐渐下降趋势，其轻度沙漠化、重度沙漠化、极度沙漠化土壤无机碳含量分别比潜在沙漠化下降3.8%、37.7%、49.4%，4.2%、33.8%、40.1%和12.1%、40.9%、53.9%。随着荒漠草原沙漠化程度的不断加剧，除10~20cm土层外，土壤有机碳与土壤总碳含量比值在0~10cm、20~30cm和0~30cm土层表现为潜在沙漠化>轻度沙漠化>极度沙漠化>重度沙漠化。随着土壤深度的增加，土壤有机碳含量在4个不同沙漠化阶段整体呈先降低后增加的趋势，且在10~20cm土层有最小值。土壤无机碳含量在潜在沙漠化和轻度沙漠化2个阶段也呈相同趋势，而重度沙漠化土壤无机碳含量随土层深度的增加而逐渐增加。随着土层深度的增加，重度沙漠化土壤无机碳与土壤总碳含量比值逐渐增大，而土壤有机碳与土壤总碳含量的比值逐渐减小（表8-1）。除重度沙漠化外，其余3个沙漠化阶段的土壤无机碳与土壤总碳含量比值均呈倒“V”形趋势，均在10~20cm土层达最大值；而土壤有机碳与土壤总碳含量比值随土层深度的增加呈“V”形变化趋势。

轻度沙漠化、重度沙漠化、极度沙漠化0~30cm土层土壤总碳储量、无机碳储量和有机碳储量分别比潜在沙漠化下降了13.2%、49.7%、55.5%，6.7%、35.9%、47.0%和18.5%、57.7%、60.5%。随着荒漠草原沙漠化程度的不断加剧，随着土壤深度的增加，潜在沙漠化、轻度沙漠化、重度沙漠化和极度沙漠化土壤总碳储量、土壤有机碳储量整体呈先降低后增加的趋势，且在10~20cm土层有最小值（图8-1）。不同沙漠化阶段土壤无机碳储量随土层深度增加整体呈增加趋势，其中，潜在沙漠化、轻度沙漠化土壤无机碳储量随着土层深度的增加

表 8-1 荒漠草原沙漠化对土壤有机碳、无机碳、总碳含量变化特征的影响

沙漠化阶段	土层深度/cm	土壤有机碳/(g/kg)	土壤无机碳/(g/kg)	土壤总碳/(g/kg)	土壤有机碳与土壤总碳含量比值/%	土壤无机碳与土壤总碳含量比值/%
潜在沙漠化	0~10cm	5.96±0.2a	2.39±0.0a	7.19±0.4a	71	29
	10~20cm	3.58±0.5a	2.37±0.2a	5.70±0.6a	61	39
	20~30cm	4.59±0.4a	3.06±0.1a	6.15±0.8a	64	36
	0~30cm	4.61±0.2a	2.53±0.0a	7.13±0.1a	66	34
轻度沙漠化	0~10cm	3.78±0.3b	2.30±0.0b	5.82±0.1b	61	39
	10~20cm	3.39±0.3a	2.27±0.1a	4.64±0.8b	58	42
	20~30cm	4.45±0.1a	2.69±0.0b	7.13±0.2a	62	38
	0~30cm	3.96±0.0b	2.54±0.0a	6.51±0.0b	60	40
重度沙漠化	0~10cm	2.01±0.0c	1.49±0.0c	3.50±0.1c	57	43
	10~20cm	1.87±0.0b	1.57±0.0b	3.43±0.1b	54	46
	20~30cm	1.94±0.2b	1.81±0.1c	3.44±0.1b	48	52
	0~30cm	1.88±0.0c	1.62±0.0b	3.51±0.1c	53	47
极度沙漠化	0~10cm	2.13±0.1c	1.21±0.0c	2.91±0.3c	59	41
	10~20cm	1.58±0.1b	1.42±0.1c	3.01±0.0b	53	47
	20~30cm	1.73±0.3b	1.41±0.0d	2.81±0.1b	61	39
	0~30cm	1.71±0.0c	1.36±0.0c	3.06±0.1d	58	42

注：不同小字母表示不同沙漠化阶段在 0.05 水平差异性

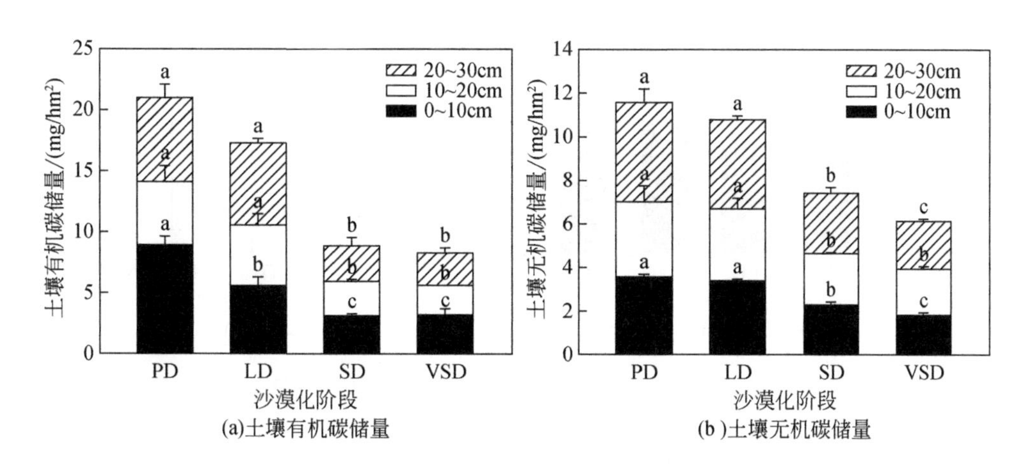

(a)土壤有机碳储量

(b)土壤无机碳储量

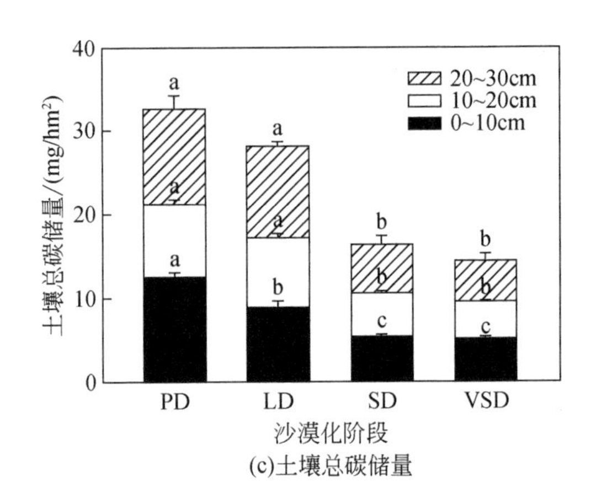

(c)土壤总碳储量

图 8-1　荒漠草原沙漠化对土壤有机碳、无机碳和总碳储量的影响

不同小写字母表示同一土层不同沙漠化阶段差异显著

呈先减小后增加趋势，并在 10 ~ 20cm 土层有最小值，重度沙漠化、极度沙漠化土壤无机碳储量随土层深度的增加而逐渐增加［图 8-1（b）］。随着荒漠草原沙漠化程度的加剧，0 ~ 30cm 土层土壤无机碳储量与土壤总碳储量比值呈重度沙漠化>极度沙漠化>轻度沙漠化>潜在沙漠化，而 0 ~ 30cm 土层土壤有机碳储量与土壤总碳储量比值规律相反；土壤无机碳与有机碳储量比值呈先增加后降低趋势，其变异范围为 55.5%（潜在沙漠化阶段）到 83.9%（重度沙漠化阶段）（图 8-2）。双因素方差分析表明，沙漠化和土壤层次均对土壤有机碳、无机碳和总碳的含量

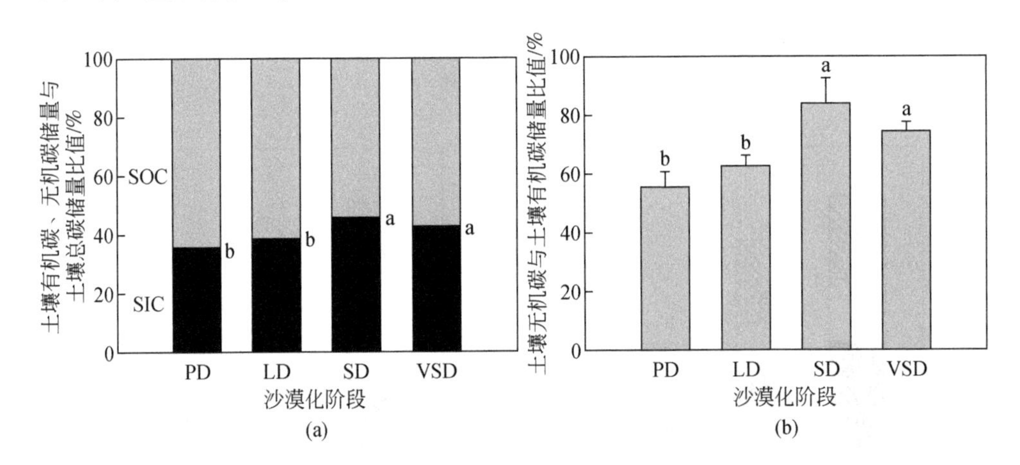

图 8-2　沙漠化对荒漠草原土壤有机碳、无机碳储量与土壤总碳储量比值和土壤无机碳与土壤有机碳储量比值的影响

不同小写字母表示不同沙漠化阶段差异显著

与储量影响显著，沙漠化和土壤层次交互作用对土壤有机碳、总碳含量与储量影响显著（表 8-2）。

表 8-2　土壤有机碳同位素值、无机碳同位素值、土壤碳含量和储量的双因素方差分析

土壤碳	沙漠化		土壤层次		沙漠化×土壤层次	
	F	P	F	P	F	P
土壤有机碳含量	73.35	$P<0.001$	9.15	$P=0.001$	4.05	$P=0.006$
土壤无机碳含量	79.72	$P<0.001$	13.09	$P<0.001$	1.66	$P=0.175$
土壤总碳含量	196.34	$P<0.001$	15.58	$P<0.001$	6.15	$P=0.001$
土壤有机碳同位素值（$\delta^{13}C$-SOC）	65.96	$P<0.001$	2.65	$P=0.092$	7.61	$P<0.001$
土壤无机碳同位素值（$\delta^{13}C$-SIC）	240.66	$P<0.001$	110.13	$P<0.001$	4.18	$P=0.005$
土壤有机碳储量	70.15	$P<0.001$	10.43	$P=0.001$	4.53	$P=0.003$
土壤无机碳储量	75.56	$P<0.001$	16.35	$P<0.001$	1.94	$P=0.115$
土壤总碳储量	179.7	$P<0.001$	19.28	$P<0.001$	7.10	$P<0.001$

土壤碳是反映土壤养分的重要指标（王涛和朱震达，2003）。本研究中，随着荒漠草原沙漠化的加剧，荒漠草原 0 ~ 30cm 土层土壤总碳、有机碳、无机碳含量均呈下降趋势，与赵哈林等（2007a）对科尔沁沙质草地土壤碳的研究结果基本一致。潜在沙漠化、轻度沙漠化阶段植被种类丰富、盖度大，抗风蚀能力强（贺少轩等，2015），而随着优势物种植被多样性和盖度的下降，其对表层土壤的保护作用减小，抗风蚀作用减弱，导致重度沙漠化和极度沙漠化土壤碳含量降低速度加快。不同沙漠化阶段土壤通透性和养分利用率有明显差异，随着沙漠化加剧，土壤通透性降低，新鲜有机物质的输入量也随之降低。同时，在重度沙漠化和极度沙漠化等极端沙漠化阶段，土壤团聚体和地表结皮遭到严重破坏，这可能是潜在沙漠化土壤碳含量逐渐降低的主要原因（闫瑞瑞等，2014）。在潜在沙漠化退化至极度沙漠化过程中，植被多样性、盖度、根系量等的下降不仅减小了土壤有机碳的输入量，而且破坏了土壤结构，使土壤微生物生长繁殖速度缓慢，土壤酶活性降低（毕江涛等，2008），不利于植物残体的分解作用，进而降低土壤有机碳含量蓄积（刘楠和张英俊，2010）。本书研究中，荒漠草原不同沙漠化阶段土壤有机碳含量随土层深度的增加而降低，这与伊犁山地的土壤有机碳变化结

果一致（孙慧兰等，2012）。随着土层深度增加，土壤有机碳的输入量减少，同时深层微生物数量少，有机物质周转期长，分解速率慢。有机物质向下迁移量减少，从而土壤有机碳随土层深度增加而降低（张林，2010）。

土壤无机碳的来源及转换速率主要是受土壤母质和水分的影响（杨黎芳等，2006）。本书研究中，荒漠草原0～30cm土层土壤无机碳储量随沙漠化程度的加剧呈下降趋势。土壤无机碳与土壤母质的岩性关系密切，砂岩、花岗岩和页岩母质发育的土壤碳酸盐含量低（杨黎芳等，2007）。本书研究区灰钙土母质多为第四系地层洪积冲积物，土壤剖面土壤无机碳含量较高（金国柱和马玉兰，2000）。随着荒漠草原沙漠化的加剧，土壤表面裸露程度增加，荒漠草原土壤水分的活动强度和频率随之增加，造成表层土壤水分蒸发（刘淑丽等，2014），土壤含水量越少，碳酸盐的淋溶、淀积作用越弱，结合 Ca^{2+}、Mg^{2+}形成的以碳酸盐为主要存在形式的土壤无机碳就越少（谭丽鹏等，2008）。本书研究区潜在沙漠化、轻度沙漠化10～20cm土层土壤无机碳含量较其他土层低。该土层土壤有机碳含量最低，不利于土壤无机碳的沉淀过程（Mi et al.，2010）。此外，潜在沙漠化、轻度沙漠化阶段的深层土壤含水量低，毛管水从温度低的下层土壤向温度高的上层土壤移动，CO_2浓度也随温度升高而增大，碳酸盐沉淀随毛管水移动方向上移动并在20～30cm土层富集（杨黎芳和李贵桐，2011）。重度沙漠化和极度沙漠化土壤无机碳含量总体上随土层深度增加而逐渐增加，可能是沙地结构疏松，有利于水分下渗，流沙阻碍土壤毛细管向上层输送水分，减少了水分蒸发，有利于土壤无机碳沉淀。

8.1.2 土壤有机碳和无机碳的关系

荒漠草原沙漠化过程中土壤有机碳和土壤无机碳关系密切。本书研究中，荒漠草原0～30cm土层土壤有机碳储量与土壤无机碳储量、土壤有机碳含量与土壤无机碳含量均呈显著正相关关系，相关系数分别为0.74和0.27（图8-3）。与新疆伊犁沙漠和陕西关中平原等地区土壤有机碳和土壤无机碳呈显著正相关的结果一致（王莲莲等，2013；凌智永等，2010），而与内蒙古黑垆土土壤有机碳和土壤无机碳为负相关关系的结果相反（张伟华等，2005）。

$$H_2O+CO_2 = HCO_3^-+H^+ \tag{8-8}$$

$$Ca^{2+}(Mg^{2+})+2\,HCO_3^- = CaCO_3(MgCO_3)+CO_2+H_2O \tag{8-9}$$

一般情况下，植物等有机物质可能分解出 CO_2，促进 HCO_3^- 和 H^+的产生。一方面，较高浓度的 H^+使土壤呈弱酸性，促进反应式（8-8）向左边发生，从而减少碳酸盐含量，即土壤有机碳和土壤无机碳为负相关关系。土壤有机碳的分解导

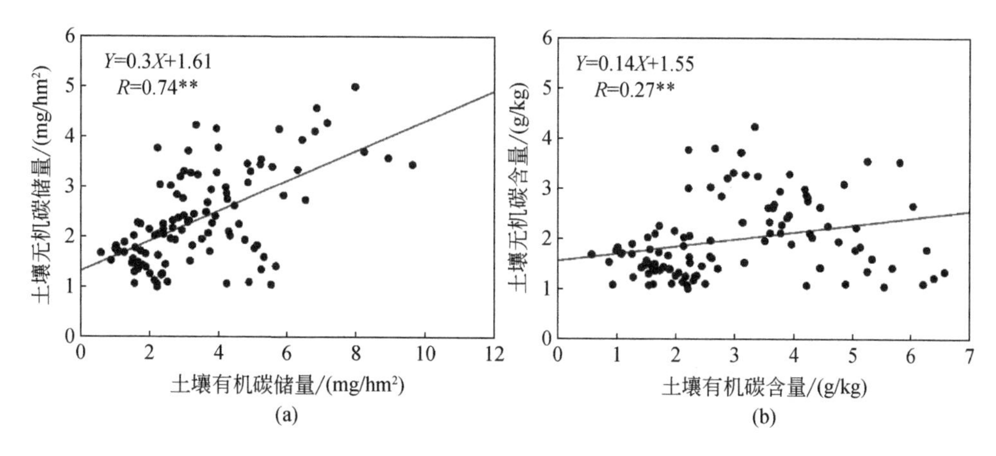

图 8-3　荒漠草原土壤有机碳储量与无机碳储量、
土壤有机碳含量与无机碳含量之间的关系
** 代表 $P<0.05$

致土壤 pH 降低，使 $CaCO_3$ 和 $MgCO_3$ 沉淀发生溶解，从而降低土壤无机碳含量。另一方面，产生的 HCO_3^- 离子与土壤中存在的 Ca^{2+}、Mg^{2+} 等离子相结合，促进反应式（8-9）向右发生，从而形成 $CaCO_3$ 和 $MgCO_3$ 沉淀，即土壤有机碳和土壤无机碳为正相关关系。本书研究区以灰钙土为主（pH>8），富含 Ca^{2+}、Mg^{2+}。土壤有机碳通过植物和微生物的分解释放出 CO_2 与水作用后形成碳酸，按反应途径（8-9）进行，促进 $CaCO_3$ 和 $MgCO_3$ 沉淀的形成。

8.2　荒漠草原沙漠化过程中土壤碳同位素值的分布格局

土壤碳库对植物养分、碳淀积、古生态学和古气候学的探索具有深远意义（Monger and Martinez-Rios，2002）。土壤有机碳是植被的营养原料，可以维系和调节土壤理化性质和水肥气热状况，同时土壤团聚体结构、重金属离子运动又与土壤无机碳紧密相关。二者在土壤水分和生物的共同作用下，对土壤质地、结构和质量产生不同程度的影响（朱礼学和邓泽锦，2001）。在人类干扰和全球气候变化的背景下，利用稳定 ^{13}C 同位素示踪技术研究植物在不同光合途径中对碳元素选择吸收的比例差异（固定 CO_2 途径），从而根据光合作用的产物将植物分为 C_3 植物和 C_4 植物两种植被类型；同时，也可以追踪植被和土壤在不断变化的过程中碳物质的来源及其在生态系统中的循环体系，这有助于我们系统地分析全球变化情境下的环境变化动态（许文强等，2016）。有机碳同位素（$\delta^{13}C$-SOC）值反映土壤有机碳的变化及其对土壤碳储量的相对贡献以及 C_3/C_4 植物的更替过程（许文强等，2016）；无机碳同位素（δ^{13}C-SIC）值反映土壤次生碳酸盐与植被类型的关系，并记录碳酸盐形成时期的植被类型和气候状况。应用稳定碳同位素技术揭示土壤碳库的微小变化与迁移，对环境具有一定的指示作用（Guo Q J et al., 2017；宁有丰等，2006）。

8.2.1 土壤有机碳同位素值和无机碳同位素值变化特征

荒漠草原不同沙漠化阶段土壤有机碳同位素值和土壤无机碳同位素值差异显著（$P<0.05$，图 8-4），荒漠草原土壤有机碳同位素值和土壤无机碳同位素值的变化范围分别为 -23.0‰ ~ -19.3‰和 -3.2‰ ~ -1.3‰。潜在沙漠化阶段 0 ~ 10cm、10 ~ 20cm 和 20 ~ 30cm 土层土壤有机碳同位素值与轻度沙漠化阶段差异显著，潜在沙漠化和轻度沙漠化阶段土壤有机碳同位素值均高于重度和极度沙漠化阶段。潜在沙漠化阶段 0 ~ 30cm 土层土壤无机碳同位素值显著低于轻度、重度和极度沙漠化阶段（图 8-4）。在所有沙漠化阶段，荒漠草原土壤有机碳同位素值在不同土层之间差异不显著，而土壤无机碳同位素值随着土层深度增加呈降低趋势（图 8-4）。

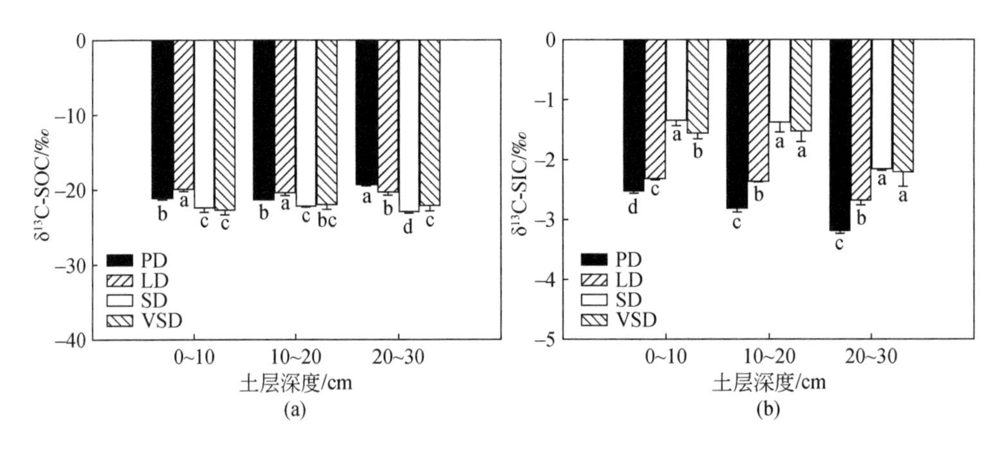

图 8-4　沙漠化对荒漠草原土壤有机碳同位素值（δ^{13}C-SOC）和无机碳同位素值（δ^{13}C-SIC）的影响

不同小写字母代表不同沙漠化阶段差异显著

土壤有机碳是陆生高等植物的分解产物，植物残体分解早期阶段会发生同位素分馏作用。植被残体分解后，碳元素经过同位素分馏作用形成稳定的土壤有机碳同位素值，即土壤有机碳的同位素值与当地植被的同位素值基本一致（朴河春等，2001；王国安等，2005）。本书研究表明，荒漠草原 0 ~ 30cm 土层有机碳同位素值变化范围-23.0‰ ~ -19.3‰。青藏高原表土层有机碳同位素值在-28.99‰ ~ -19.62‰（张慧文，2010）。青藏高原土壤有机碳同位素值的变化范围相对于荒漠草原较小。青藏高原地域宽广、气候复杂、植被丰富。根据植被固定 CO_2 途径差异，将植被分为 C_4 途径植物和 C_3 途径植物，C_3 途径植物比 C_4 途径植物同化 CO_2 速率低，则 C_3 植物碳同位素值相对较低（-27‰）（王国安等，2005；旺罗等，2004）。因此，宁夏荒漠草原以 C_3 植被为主，且植被结构单一，可能是土壤有机碳同位素值偏大的原因。

土壤无机碳同位素值可以间接地反映地上植物相对生物量和植被组成状态，进而作为环境变化的重要指标（姜文英等，2001）。土壤无机碳同位素值的变化是由土壤 CO_2 引起的，地下植物根呼吸生成的 $\delta^{13}C-CO_2$ 值与土壤有机物分解生成的 $\delta^{13}C-CO_2$ 值接近，即土壤 $\delta^{13}C-CO_2$ 值与当地植被关系密切。本书研究中，荒漠草原土壤无机碳同位素值的变化范围-3.2‰ ~ -1.3‰，比陇中黄土高原土壤无机碳同位素值（-8.5‰ ~ -3.6‰）偏高（宁有丰等，2006）。黄土高原天然草地植被以酸枣-杠柳-篙类温性灌草丛为主要植被类型，植株体型高大，根系分布范围宽广，枯落物在氧化分解过程中释放大量 $^{12}CO_2$ 参加土壤碳酸盐的形成过程（李师翁等，2006）。而在荒漠草原沙漠化过程中，植物残体保留前期光合作用富集的 ^{12}C 元素。随后，植物残体在土壤中经过微生物腐化作用氧化分解后生成的 CO_2 富集了大量 ^{12}C 元素，从而土壤中的 CO_2 气体的同位素值与大气中的同位素值差异较大。因此，植被群落较少的荒漠草原释放 $^{12}CO_2$ 较少，不利于土壤碳酸盐的形成，从而使得土壤无机碳同位素值偏大，造成不同沙漠化阶段土壤无机碳同位素值差异显著。在 0 ~ 30cm 土层范围内，土壤无机碳同位素值随土层深度增加整体呈减小趋势，与张林（2010）在内蒙古四子王旗荒漠草原的研究结果一致。土壤呼吸过程中 CO_2 的碳同位素分馏作用是 $^{12}CO_2$ 和 $^{13}CO_2$ 分子量和扩散系数的差异（变化范围 4.24‰ ~ 4.36‰）。有研究表明，植物释放的 CO_2 气体扩散为土壤 CO_2 气体的过程中，至少 4.4‰发生扩散分馏效应，并且土壤次生碳酸盐的形成过程，受温度影响使同位素分馏作用不同（宁有丰等，2006）。因此，土壤 CO_2 的碳同位素值相对于土壤呼吸 CO_2 的碳同位素值至少偏大 4‰，即土壤呼吸中 CO_2 对土壤无机碳同位素值具有“稀释”作用（张林等，2011）。荒漠草原土壤质地多为结构松散的砂壤土和沙土，土壤孔隙度大使表层土壤 CO_2 上下快速流通，CO_2 气体在土壤与大气之间的交换作用导致土壤 $\delta^{13}C-CO_2$ 值随土壤深度增大而减小。原生碳酸盐与土壤 CO_2 持续反应，使得土壤无机碳同位素值减小。

8.2.2 土壤次生碳酸盐和原生碳酸盐的变化特征

随着沙漠化程度的加剧，潜在沙漠化和轻度沙漠化阶段土壤次生碳酸盐含量与其他2个沙漠化阶段差异显著，但潜在沙漠化和轻度沙漠化阶段土壤次生碳酸盐含量无显著差异［$P<0.05$，图8-5（a）］。荒漠草原0～30cm土层土壤次碳酸盐含量随沙漠化程度加剧呈先增加后减少的趋势，在轻度沙漠化阶段达最大值；重度沙漠化、极度沙漠化土壤次生碳酸盐含量分别比轻度沙漠化降低69.5%、76.5%。随着沙漠化程度增加，0～20cm和20～30cm土层土壤次生碳酸盐含量呈逐渐降低趋势。随土层深度增加，轻度沙漠化土壤次生碳酸盐含量表现为20～30cm>0～10cm>10～20cm，其他3个沙漠化阶段土壤次生碳酸盐均表现为逐渐增加趋势。潜在沙漠化、轻度沙漠化和重度沙漠化0～30cm土层土壤原生碳酸盐含量与极度沙漠化差异显著，而潜在沙漠化、轻度沙漠化和重度沙漠化0～30cm土层土壤原生碳酸盐含量无明显差异［$P<0.05$，图8-5（b）］。随着沙漠化不断加剧，0～30cm土层土壤原生碳酸盐含量呈逐渐降低趋势，轻度沙漠化、重度沙漠化和极度沙漠化0～30cm土层土壤原生碳酸盐含量分别比潜在沙漠化降低了1.0%、7.4%和21.0%。随土层深度增加，潜在沙漠化土壤原生碳酸盐含量变化表现为“V”形趋势，轻度沙漠化和重度沙漠化土壤原生碳酸盐含量均呈逐渐下降趋势。

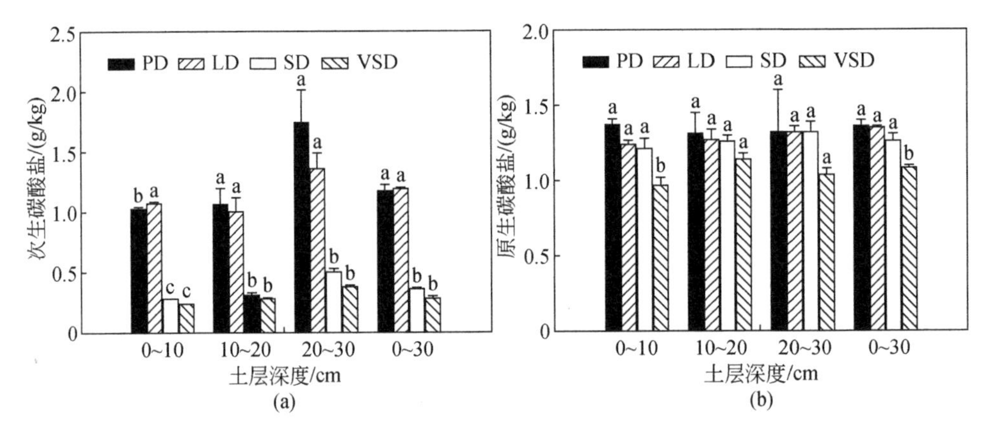

图8-5 荒漠草原不同沙漠化阶段次生碳酸盐和原生碳酸盐含量的分布特征

随着荒漠草原沙漠化的发展，极度沙漠化土壤原生碳酸盐含量下降速率比潜在沙漠化、轻度沙漠化、重度沙漠化都快。宁夏荒漠草原土壤沙漠化加剧过程中，优质牧草比例持续较少，劣质牧草（毒草、杂草）种群显著增加，同时，动物长期采食、践踏及排泄物的输入导致土壤中的养分发生变化（安慧和李国旗，2013），而动物排泄物在一定程度上又会发生铵氧化（硝化作用）引起土壤酸化，促进土壤中碳酸盐发生反应，进而导致土壤中的原生碳酸盐含量下降（Guo et al.，2010）。土壤酸化可能会破坏土壤无机碳体系原本的平衡关系（Motta et al.，2007）。此反应过程如下所示。

$$NH_4^+ + 2O_2 + 2\ MgCO_3(CaCO_3) \longleftrightarrow NO_3^- + 2\ Ca^{2+} + 2\ Mg^{2+} + 2\ HCO_3^- + H_2O \quad (8\text{-}10)$$

荒漠草原灰钙土母质多为第四纪洪积冲积物（金国柱和马玉兰，2000），土壤中的 Ca^{2+}，Mg^{2+} 随着沙漠化加剧逐渐下降，使土壤碳酸盐的沉积速率减弱（An et al.，2019）。这可能是该研究区从轻度沙漠化至重度沙漠化过程中土壤次生碳酸盐含量急剧减少的原因。

8.2.3 土壤有机碳、无机碳含量及其碳同位素值的关系

荒漠草原 0～30cm 土层土壤无机碳同位素值和土壤无机碳含量、土壤无机碳同位素值和土壤有机碳含量、土壤有机碳同位素值和土壤无机碳含量、土壤有机碳同位素值和土壤无机碳同位素值的相关性分析表明（图 8-6），荒漠草原土壤有机碳同位素值和土壤无机碳含量呈显著正相关关系（R^2=0.18），土壤无机碳同位素值和土壤无机碳含量、土壤有机碳同位素值和土壤无机碳同位素值及土壤无机碳同位素值和土壤有机碳含量均呈显著负相关关系（R^2 分别为 0.43、0.30、0.46）。

土壤次生碳酸盐碳同位素值是土壤无机碳积累动态的重要指标。本书研究发现，土壤有机碳同位素值和无机碳同位素值、无机碳同位素值和土壤无机碳含量呈负相关关系（R^2=0.30 和 R^2=0.43），即土壤有机碳同位素值减小，无机碳同位素值随之增加。这与 Gao 等（2017）的研究结果相反。土壤无机碳同位素值的增加，说明土壤次生碳酸盐含量减小。另外，本书研究发现土壤无机碳同位素值和土壤无机碳含量呈负相关关系，这与中国西北部毛乌素沙漠的西南边缘的研究结果一致（朱书法等，2005）。随着沙漠化的发展，土壤无机碳同位素值的增加不利于土壤无机碳的转换和积累。因此，荒漠草原沙漠化导致形成的土壤次生碳酸盐含量减少，进而影响土壤无机碳的积累。利用稳定碳同位素示踪技术研究土壤次生碳酸盐对土壤无机碳的贡献，对土壤退化和植被更替的转变过程和机制具有重要意义。

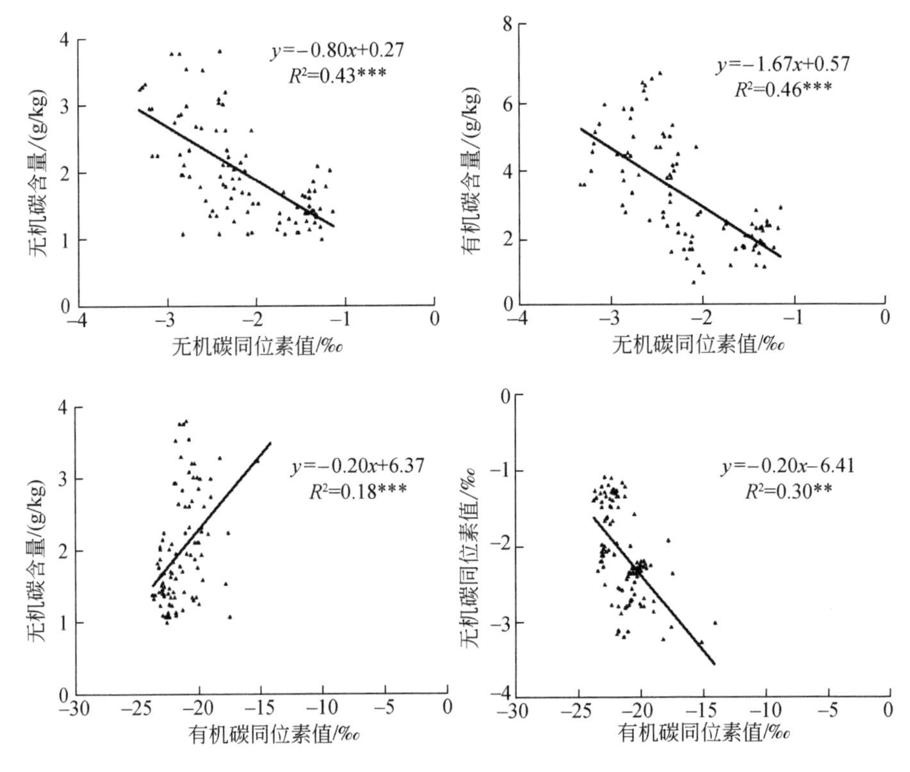

图 8-6 荒漠草原土壤有机碳、无机碳及其同位素值之间的关系

** 表示 $P<0.05$；*** 表示 $P<0.01$

8.3 荒漠草原沙漠化过程中不同粒径土壤无机碳和有机碳分布特征

土壤粒径组成是指土壤中矿物质颗粒的大小及其组成比例，粒径组成决定土壤通透性、持水力、紧实度以及对矿质元素的黏结性，进而影响植物根系生长发育（王长庭等，2013）。土壤各粒径组分与土壤有机碳结合程度在各种环境因素、生物因素的影响下致使各粒径组分有机碳的储存能力、结构、功能有明显差异（张国等，2011）。其中，粗砂粒有机碳主要是植物残体，易发生反应且分解速度快；细砂粒有机碳主要成分是植物氧化分解的具有苯环结构的产物，粗砂粒有机碳和细砂粒有机碳等较大颗粒的有机碳易发生分解；黏粉粒有机碳主要成分为地下微生物产物，不易发生矿化，是比较稳定的土壤惰性碳库（Christensen，2001）。土壤沙漠化对荒漠草原土壤黏粉粒有机碳影响最大（阎欣和安慧，

2017）。土壤黏粉粒透水性、通气性等特殊的物理性质不利于微生物活动，有利于土壤有机碳的积累（王长庭等，2013）。

8.3.1 0～10cm 土层不同粒径组分土壤有机碳分布特征

荒漠草原沙漠化对土壤各粒径组分有机碳含量影响显著（P<0.05，图 8-7）。随着沙漠化程度的发展，土壤各粒径组分有机碳含量均呈逐渐下降趋势。潜在沙漠化土壤粗砂粒有机碳和黏粉粒有机碳含量显著高于其他 3 个沙漠化阶段。轻度沙漠化、重度沙漠化、极度沙漠化土壤粗砂粒有机碳和黏粉粒有机碳含量分别比潜在沙漠化降低了 25.6%、61.5%、66.7% 和 12.9%、65.1%、65.4%。潜在沙漠化、轻度沙漠化土壤细砂粒有机碳含量显著高于重度沙漠化和极度沙漠化。潜在沙漠化各粒径组分土壤有机碳含量表现为粗砂粒有机碳最多，黏粉粒有机碳最少，而另外 3 个沙漠化阶段表现为土壤细砂粒有机碳最多，粗砂粒有机碳次之。

在干旱、半干旱地区，过度放牧和风蚀是导致沙漠化的主要原因（赵哈林等，2011a）。土地沙漠化引起土壤粒径的强烈分选，土壤粗砂粒比例越来越大，土壤细砂粒和黏粉粒等细小颗粒比例越来越小，不同粒径的土壤颗粒对土壤碳的吸附能力不同，导致土壤的粗化和贫瘠化（张继义和赵哈林，2009）。随着荒漠草原沙漠化程度的加剧，0～10cm 土层土壤各粒径组分有机碳含量呈逐渐下降趋势，且土壤细砂粒有机碳含量显著高于土壤粗砂粒有机碳和黏粉粒有机碳含量。这与吴建国等（2004）的研究结果一致。荒漠草原沙漠化过程中风蚀有选择地吹蚀土壤中的小粒径颗粒，使土壤粗化程度加剧，使植物根系、残体数量和分解速度减少，进而导致土壤有机碳含量明显下降（赵哈林等，2011a）。不同粒径土壤颗粒的黏结作用不同。新鲜根系和植物残体分泌物输入的增强有利于土壤有机碳和土壤小粒径颗粒相结合（王长庭等，2013），且土壤细砂粒的活性位点较多，可与土壤有机碳结合形成更多的细砂粒有机碳（刘满强等，2007）。另外，土壤真菌、细菌以及其他土壤微生物将土壤粗砂粒有机碳分解为细砂粒有机碳，这是增加土壤细砂粒有机碳含量的另一种途径（李海波等，2012）。

8.3.2 0～10cm 土层不同粒径组分土壤无机碳分布特征

荒漠草原沙漠化对各粒径组分无机碳含量影响显著（P<0.05，图 8-7）。随着荒漠草原沙漠化程度的加剧，土壤粗砂粒无机碳和黏粉粒无机碳含量显著降低，而土壤细砂粒无机碳含量呈先增加后降低趋势。轻度沙漠化、重度沙漠化、

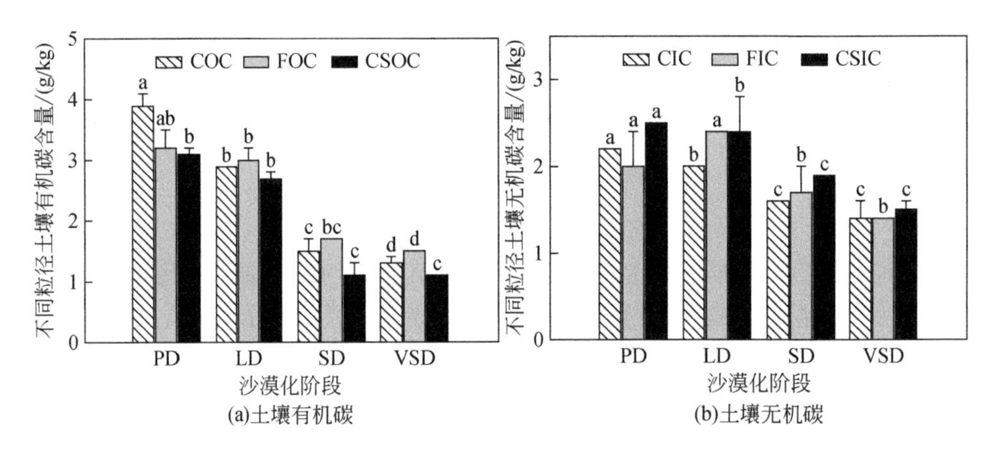

图 8-7 沙漠化对荒漠草原不同粒径组分土壤有机碳和土壤无机碳含量的影响

土壤粗砂粒有机碳（COC）；土壤细砂粒有机碳（FOC）；土壤黏粉粒有机碳（CSOC）；
土壤粗砂粒无机碳（CIC）；土壤细砂粒无机碳（FIC）；土壤黏粒粉粒无机碳（CSIC）；
不同小写字母表示不同沙漠化阶段差异显著

极度沙漠化土壤粗砂粒无机碳和黏粉粒无机碳含量分别比潜在沙漠化降低了 11.6%、27.8%、36.3%和2.4%、21.6%、40.4%。潜在沙漠化、重度沙漠化、极度沙漠化土壤黏粉粒无机碳含量均高于粗砂粒无机碳和细砂粒无机碳含量。轻度沙漠化土壤细砂粒无机碳含量分别是潜在沙漠化、重度沙漠化和极度沙漠化土壤细砂粒无机碳含量的 1.23 倍、1.50 倍和 1.71 倍。

干旱、半干旱地区无机碳及其转换速率较慢，而对于荒漠草原土壤而言，无机碳含量受过度放牧等人类活动的影响（颜安，2015）。本书研究中，潜在沙漠化、重度沙漠化和极度沙漠化 0～10cm 土层黏粉粒无机碳含量均比粗砂粒无机碳和细砂粒无机碳含量高，而在轻度沙漠化中土壤细砂粒无机碳含量最高。荒漠草原沙漠化过程中，土壤细砂粒和黏粉粒含量下降，土壤粗化导致表层蓄水保水能力不断减弱，使表层土壤截留的降水减少，且不同粒径土壤颗粒持水性差异较大（张继义和赵哈林，2009），而土壤水分是土壤无机碳形成、移动的重要载体（谭丽鹏等，2008）。土壤粗砂粒结构松散，不利于土壤水分的保留，导致无机碳淋溶作用减弱；土壤黏粉粒表面积大且吸附能力强，可截留较多降水，有利于无机碳淋溶沉淀，且土壤黏粉粒较强的黏结性使形成的土壤块体强度高、紧实度高，从而使黏粉粒抵抗外力强、结构稳定（张继义和赵哈林，2009）。

8.3.3 各粒径组分土壤有机碳、无机碳的稳定性

荒漠草原 0 ~ 10cm 土层土壤各粒径组分无机碳占总碳的比例随着荒漠草原沙漠化的加剧均表现为增加趋势（表 8-3），其中极度沙漠化粗砂粒无机碳、细砂粒无机碳、黏粉粒无机碳与总碳比值分别是潜在沙漠化的 1.55 倍、1.81 倍、1.47 倍，而土壤各粒径组分有机碳占总碳比例无较大变化。重度沙漠化和极度沙漠化土壤各粒径组分无机碳和有机碳占总碳的比例分别表现为黏粉粒无机碳/总碳>细砂粒无机碳/总碳>粗砂粒无机碳/总碳，细砂粒有机碳/总碳>粗砂粒有机碳/总碳>黏粉粒有机碳/总碳。

表 8-3 荒漠草原土壤不同粒径有机碳和无机碳的分配比例

沙漠化阶段	土层深度	不同粒径组分有机碳分配比例			不同粒径组分无机碳分配比例		
		土壤粗砂粒有机碳/土壤总碳	土壤细砂粒有机碳/土壤总碳	土壤黏粉粒有机碳/土壤总碳	土壤粗砂粒无机碳/土壤总碳	土壤细砂粒无机碳/土壤总碳	土壤黏粉粒无机碳/土壤总碳
潜在沙漠化	0 ~ 10cm	0.54	0.45	0.43	0.31	0.27	0.34
轻度沙漠化	0 ~ 10cm	0.50	0.50	0.46	0.34	0.42	0.41
重度沙漠化	0 ~ 10cm	0.43	0.47	0.31	0.46	0.48	0.55
极度沙漠化	0 ~ 10cm	0.44	0.51	0.37	0.48	0.49	0.50

不同粒径组分有机碳和无机碳的稳定性不同，生态服务功能差异显著。根据土壤颗粒大小进行物理分组的方法可以保持原始土壤状态且破坏性小，已广泛运用于评估土壤性质和土壤分类（窦森，2010）。本研究中，从轻度沙漠化退化至重度沙漠化过程中，土壤各粒径组分有机碳和无机碳分配比例表现为细砂粒有机碳和黏粉粒无机碳的分配比例增加。黏粉粒、细砂粒等细小颗粒有机碳则是植物的芳香族物质和微生物的产物，相比来源于植物残体和根系残体的粗砂粒有机碳，不容易发生矿化。另外，各粒径组分有机碳通过粘连等方式将土壤颗粒汇集成不同大小的团聚体或作为核被包裹成大小不一的团聚体（李江涛等，2004）。土壤真菌和其他土壤微生物首先利用>250 μm 的土壤团聚体中的粗颗粒有机碳，粗颗粒有机碳又进一步分解为细颗粒有机碳（李海波等，2012）。碳酸盐含量随粒径变小而增大，是一种直通式线性上升的趋势，土壤粒径越小碳酸盐含量越高，且最大粒级与最小粒级组分中碳酸盐含量差可达 11%（王亚强等，2004）。

8.3.4 各粒径组分土壤有机碳和无机碳的关系

荒漠草原0~10cm土壤与各粒径组分土壤有机碳、土壤无机碳含量的逐步回归分析表明，荒漠草原0~10cm土层土壤有机碳含量与不同粒径组分土壤有机碳含量和土壤无机碳含量均呈显著正相关，并且粗砂粒有机碳和粗砂粒无机碳贡献最大（R^2分别为0.76和0.63）［图8-8（a），图8-8（c）］。同时，土壤无机碳与土壤粗砂粒无机碳、细砂粒无机碳、细砂粒有机碳表现为显著的正相关关系，其贡献依次为粗砂粒无机碳>细砂粒有机碳>细砂粒无机碳（R^2分别为0.61和0.73）［图8-8（b），图8-8（d）］。

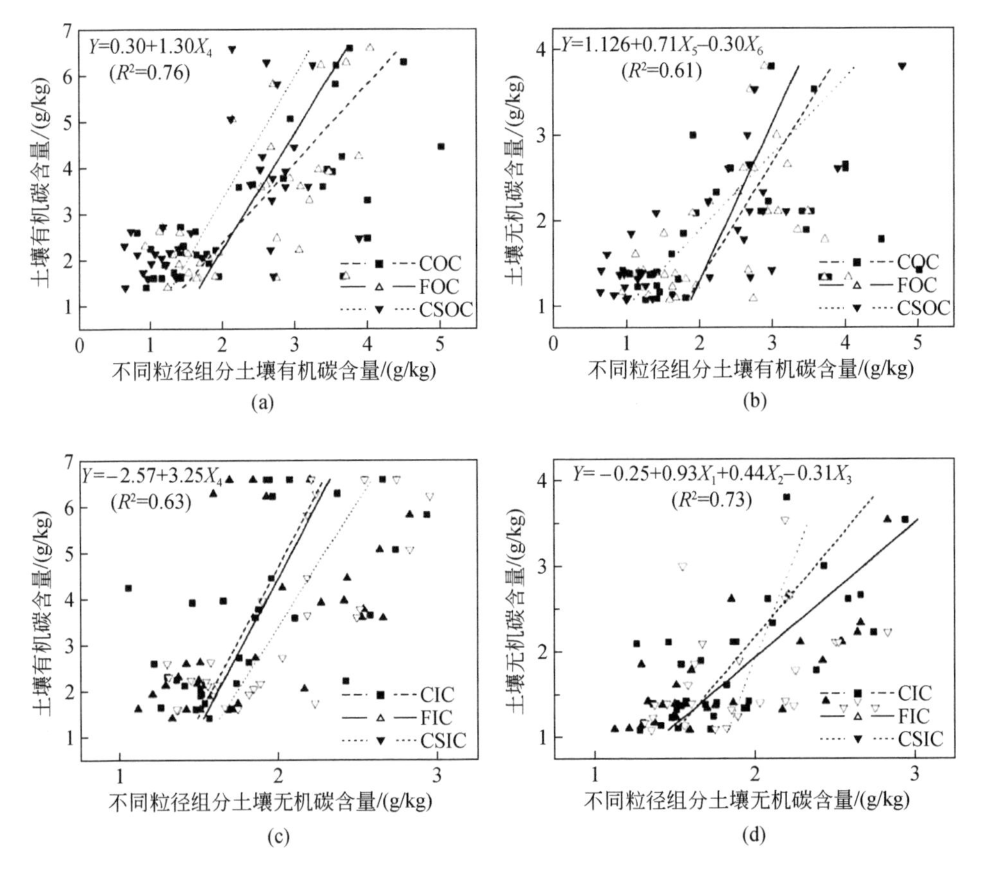

图8-8 土壤有机碳和土壤无机碳与不同粒径组分土壤有机碳和土壤无机碳之间的关系

X_1：土壤粗砂粒无机碳（CIC）（g/kg）；X_2：土壤细砂粒无机碳（FIC）（g/kg）；X_3：土壤黏粉粒无机碳（CSIC）（g/kg）；X_4：土壤粗砂粒有机碳（COC）（g/kg）；X_5：土壤细砂粒有机碳（FOC）（g/kg）；X_6：土壤黏粉粒有机碳（CSOC）（g/kg）

土壤表层各粒径组分有机碳和无机碳易受人类活动（过度放牧）影响。随着荒漠草地沙漠化程度的加剧，土壤粗砂粒有机碳和粗砂粒无机碳对 0 ~ 10cm 土壤有机碳含量影响均较大，这与不同土地利用和土壤管理方式导致粗砂粒有机碳含量损失最大的研究结果一致（Zinn et al.，2005）。随着荒漠草原沙漠化程度的加剧，富含大量有机物质的表层土壤细砂粒和黏粉粒大量损失，土壤粗砂粒明显增多，造成土壤粗砂粒有机碳对有机碳含量产生较大影响，且土壤粗砂有机碳可转换成粗砂粒无机碳，进而使得土壤粗砂粒无机碳含量对有机碳含量也产生较大影响。另外，荒漠草原不同沙漠阶段土壤细砂粒无机碳、细砂粒有机碳比较敏感，对土壤无机碳含量的贡献最大，荒漠草原沙漠化过程中土壤细砂粒含水量相对于土壤粗砂粒含水量较高，有利于无机碳的沉淀积累。

第 9 章　荒漠草原沙漠化对植物-凋落物-土壤生态化学计量特征的影响

生态化学计量学是研究生态系统能量平衡和多重化学元素（主要是碳、氮、磷）平衡的科学，以及元素平衡对生态交互作用影响的理论（Sterner et al., 2008）。全球变化（CO_2浓度升高、氮沉降、温度升高、沙漠化等）影响生态系统的结构、过程和功能以及陆地植被的分布格局和演替进程（Hungate et al., 2006；Reich et al., 2001）。因此，生态系统对全球变化的响应与适应性研究是当今全球变化与生态学研究的科学前沿。碳、氮、磷生态化学计量比是生态系统过程及其功能的重要特征（王维奇等，2011），有助于确定生态系统对全球变化的响应和适应机制。生态化学计量学主要研究生态过程中化学元素的比例关系及其随生物和非生物环境因子的变化规律，因此跨越了个体、种群、群落、生态系统、景观和区域各个层次，为从生物个体到生态系统统一化理论的构建提供了新思路（贺金生和韩兴国，2010）。2004 和 2005 年期刊 *Ecology* 和 *Oikos* 分别出版了"Ecological stoichiometry"专题，集中报道了生态化学计量学这一生态学研究热点。目前，生态化学计量学已经广泛应用于种群动态（Andersen et al., 2004）、森林演替（Yang and Luo, 2011；Wardle et al., 2004）、生态系统养分供应与需求平衡（Schade et al., 2005）、草地生态系统（Lü et al., 2011；Yang et al., 2010；Yu et al., 2010；He et al., 2008）和碳循环（Keiblinger et al., 2010；Hessen et al., 2004）等研究中，生态化学计量学理论不断得到丰富和验证。

近年来，生态化学计量学在陆地生态系统的研究主要集中在养分限制格局、植被区域及功能群 C：N：P 生态化学计量特征、区域 C：N：P 生态化学计量学格局及其驱动因素等方面（贺金生和韩兴国．，2010）。碳、氮、磷作为植物生长发育所必需的化学元素，在植物生长和各种生理调节机能中发挥着重要作用。自然界中氮和磷元素供应往往受限，因此成为陆地生态系统生产力的主要限制因素（Elser et al., 2007）。C：N 和 C：P 比反映了植物生长速度（Ågren, 2004），并与植物氮和磷利用效率有关；N：P 比则是决定群落结构和功能的关键性指标，并且表征生态系统生产力受氮、磷养分的限制格局（Elser et al., 2000；Güsewell, 2004）。已有研究认为，植物叶片 N：P 比可以作为判断环境因子，特别是土壤对植物生长的养分供应状况的指标（Güsewell, 2004）。欧洲湿地植物施肥作用的研究表明，在群落水平上，当植物 N：P>16 时，表现为受磷的限制，N：P<14 时，表现为受氮的限制（Koerselman and Meuleman，1996），14<N：P<16 表示受氮磷共同限制；而植物叶片 N：P>16 或 N：P<14 可能不适合评价科尔沁沙质草地生态系统的养分限制格局（Li et al.，2011）。内蒙古草原的施肥试验表明，N：P>23 时植物受 P 限制，而 N：P<21 时植物受 N 限制（Zhang et al.，2004），而在水分限制条件下，植物 N：P 比不能很好地预测内蒙古草原生态系统的养分限制（Lü et al.，2011）。也有研究认为，由于不同的生态系统存在巨大差异，不同的生态系统需要各自的标准来衡量生态系统的元素限制。但是一般可以接受的观点是：较低的 N：P 反映植物受氮限制，较高的 N：P 反映植物受磷限制。

不同植被区域、不同植物功能群以及不同的时空尺度可能存在特定的植物元素计量模式（Townsend et al.，2007；Ågren，2004；Wright et al.，2004）。在植被的不同分布区域或不同地点，由于生境、植被生活型、演替阶段及人类干扰强度的差异，植被特征受氮、磷养分的限制格局也可能不同。王晶苑等（2011）对不同区域的温带针阔混交林、亚热带常绿阔叶林、热带季雨林和亚热带人工针叶林优势植物 C：N：P 生态化学计量学特征的研究认为，亚热带人工针叶林叶片的 C：N：P最高，亚热带常绿阔叶林和热带季雨林叶片次之，温带针阔混交林最低。从植物生活型上看，常绿阔叶林叶片的 N：P 最高，常绿针叶林次之，落叶阔叶林最低。珠江三角洲典型森林植被（常绿阔叶林、针阔混交林和针叶林）与浙江天童森林植被（常绿阔叶林、常绿针叶林与落叶阔叶林）的 C：N：P 生态化学计量特征有所不同，浙江天童森林植被 N：P 指示常绿阔叶林受磷限制，常绿针叶林受氮、磷的共同限制（阎恩荣等，2010），而珠江三角洲常绿阔叶林受氮限制（吴统贵等，2010）。植物演替系列中 C：N：P 生态化学计量特征能够反映出生态系统中的主要限制性元素及氮、磷等元素的指示作用（刘兴诏等，2010；阎恩荣等，2010）。森林演替系列植物 N：P 变化特征表现出了较高的一致性，随演替的进行，植物的 N：P 通常呈增加趋势（刘万德等，2010；刘兴诏等，2010；阎恩荣等，2010）。草原恢复演替过程中，植物的 N：P 升高，使磷或者氮和磷同为限制性元素（银晓瑞等，2010），群落优势种生态化学计量学特征对群落演替方向有一定的指示作用。

生态化学计量内稳性是指生物体为了适应环境变化而具有的维持体内养分组成相对稳定的能力（Elser et al.，2010）。植物生态化学计量内稳性与生态系统结构、功能及群落稳定性、物种入侵等相关（蒋利玲等，2017；Yu et al.，2010），因此生态化学计量内稳性是维持生态系统功能、结构和稳定性的重要机制，与物种种群的优势度和稳定性有显著的相关关系，对生态系统的结构组成、功能分析和稳定性研究有重要意义（卢同平等，2016）。影响植物生态化学计量内稳性的生物和非生物因素包括：土壤特性、人为干扰、植物器官（庾强，2009）、养分添加（严正兵等，2013）、光照等，影响因子的不确定性使得不同研究中生态化学计量内稳性对环境的响应不一致。除此之外，植物生态化学计量内稳性的高低与植物的生态策略和适应能力高度相关，因此生态化学计量内稳性是解释植物生态策略和适应性的重要机制（曾冬萍等，2013）。植物群落优势种具有较高的生态化学计量内稳性，该群落会具有更高的生产力及稳定性，内稳性的高低不仅与植物群落的稳定性显著相关（Yu et al.，2010），还可以预测在可利用资源变化条件下物种与群落的响应关系（Yan et al.，2015；Yu et al.，2010）。内蒙古草原样带试验和 27 年定位观测试验表明，内稳性高的物种具有较高的优势度和生物量稳定性，内稳性高的生态系统则具有较高的生产力和稳定性（庾强，2009）。不同物种生态化学计量内稳性指数差异很大，即不同营养元素间的内稳性指数存在较明显的种间差异。具有相对保守的养分策略的物种，其内稳性指数较高。美国怀俄明州半干旱草原优势禾草的 N：P 值的生态化学计量内稳性指数为 4. 28 ~ 9. 60（Dijkstra et al.，2012）；内蒙古温带草原 12 种优势植物种的 N：P 值的生态化学计量内稳性指数为 2. 62 ~ 9. 45，而 N 的化学计量内稳性指数为 3. 53 ~ 7. 61，P 的生态化学计量内稳性指数为 2. 60 ~ 4. 96（Yu et al.，2010）。蒋利玲等（2017）在对闽江河口入侵种的研究中发现，无论是在单种群落还是在混生群落中，互花米草生态化学计量内稳性均显著高于短叶茳芏生态化学计量内稳性。因此，互花米草具有较高的生态化学计量内稳性是其能成功入侵的主要原因。

大尺度乃至全球的植被 C：N：P 生态化学计量模式为评估全球生物地球化学循环提供了有效手段（Sterner and Elser，2002；Moorcroft et al.，2001）。Han 等（2011）对中国 1900 种植物氮、磷、钾等 11 种植物化学元素的计量特征、大尺度地理格局及其生态成因的研究，明确了气候、土壤和植物功能群对植物生态化学计量特征的相对贡献。全球 1280 种陆生植物随着纬度的降低和平均气温的增加，植物叶片的氮和磷含量降低，而 N：P 则升高（Reich and Oleksyn，2004）。在群落水平上对全球森林生态系统 C：N：P 生态化学计量学关系研究表明，植物叶片和凋落物的 N：P 均随着纬度的增加而降低，植物叶片的 C：N：P 存在较大变化，但在生物群区的水平上植物叶片的 C：N：P 相对稳定，并且叶片凋落物的 C：N 相对稳定（Mcgroddy et al.，2004）。中国 753 种陆生植物（Han et al.，2005）、东部南北样带 654 种植物（任书杰等，2007）和黄土高原 126 种植物（Zheng and Shangguan，2007）的 N：P 高于全球的平均值，中国植物的磷含量相对较低，这可能导致了植物叶片 N：P 高于全球平均水平。内蒙古温带草地、青藏高原高寒草地，以及新疆山地草地 213 种优势植物的 N：P 高于其他地区草地生态系统，但植物磷含量相对较低，植物叶片 N : P 比主要受磷含量的影响（He et al.，2006，2008）。Elser 等（2007）通过大尺度的 Meta 分析发现，全球的陆地生态系统受到磷的限制。

随着全球生态系统退化的不断加剧，土地沙漠化尤为受到世界各国关注（Dobson et al.，1997）。近年来，由于人类对草地资源的过度利用和全球气候变化，草地生态系统存在不同程度的退化与沙漠化。草地沙漠化是草地退化的极端表现形式，也是土地沙漠化的主要形式之一，其发生面积、危害程度已远远超出其他类型的土地退化（吕子君等，2005）。草地沙漠化对当前世界的环境和社会经济问题产生严重干扰，人类的生存、生活和发展也受到威胁（杨晓晖等，2005）。我国沙区退化、沙漠化草地为 4389.93 万 hm^2，占沙区可利用草地总面积的 41.15%，而宁夏中北部的草地退化、沙漠化最为严重，退化、沙漠化草地占草地总面积的 96.92%。其中，轻度退化草地占 25.1%，中度退化草地占 24.9%，重度退化草地占 50%；沙漠化草地占可利用草地总面积的 33%（赵哈林等，2007b）。近年来，由于实行全区范围封山禁牧，宁夏中北部的草地处于恢复过程中，但该生态系统具有过渡性和脆弱性，表现出对人类干扰和全球气候变化的反应敏感而维持自身稳定的可塑性极小（吕一河和傅伯杰，2011；王宏等，2008）。因此，研究宁夏中北部荒漠草原沙漠化过程中 C : N : P 生态化学计量特征在植物–凋落物–土壤–中的变化格局及其相互作用，对于荒漠草原生态系统恢复过程与稳定性维护至关重要。本章通过运用生态化学计量学理论和方法，分析荒漠草原沙漠化对植物、凋落物和土壤碳、氮、磷元素及其生态化学计量特征的影响，探讨荒漠草原沙漠化过程中植物、凋落物和土壤碳、氮、磷元素及其生态化学计量的演变特征和规律，并从生态化学计量学的角度重新认识植被组成与格局、荒漠草原退化与恢复演替机理。

养分利用效率（Nutrient Use Efficiency，NUE）主要用于反映具有潜在限制作用的养分（氮、磷），可描述其在凋落物和养分再吸收两种不同途径的分配。养分利用效率高表明植物能够更好地利用短缺养分，增强自身竞争力，是植物适应养分短缺土壤环境的一种重要竞争性策略（Grime，2001）。本研究运用 Chapin 指数计算，公式为

$$\mathrm{NUE}=\frac{M}{A_i}=\frac{M}{M\times C_i}=\frac{1}{C_i} \tag{9-1}$$

式中，NUE 为养分利用效率；M 为植被生物量（kg/hm^2）；A_i 为植物养分储量（kg/hm^2）；C_i 为植物养分含量（g/kg）。

养分回收效率（nutrient resorption efficiency，NRE）主要是指养分被植物新生组织再次利用的效率，植物养分（N、P）回收效率公式（Milla et al.，2005）如下：

$$\mathrm{NRE}=\frac{C_p-C_l}{C_p}\times 100 \tag{9-2}$$

式中，NRE为养分回收效率（%）；C_p为植物养分含量（g/kg）；C_l为凋落物养分含量（g/kg）。

相对养分回收效率为RR=NRE−PRE。其中，NRE和PRE分别是氮的回收效率和磷的回收效率。

植物生态化学计量内稳态是指植物随着环境变化而保持自身化学组成稳定的能力，运用内稳性模型计算如下（Sterner and Elser，2002）：

$$\ln y=\frac{1}{H}\ln x+\ln c \tag{9-3}$$

式中，y为植物氮、磷含量（g/kg）及N∶P；x为土壤氮、磷含量（g/kg）及N∶P；H为植物内稳性指数；$\ln c$为常数。

9.1 荒漠草原沙漠化对植物、土壤养分及C∶N∶P生态化学计量的影响

植物氮、磷生态化学计量特征与植物特性之间的关系解释了植物群落的功能差异及其对环境变化的适应性，对评定氮、磷对陆地生态系统初级生产力的限制作用具有重要意义（刘超等，2012）。植物叶片N∶P可以反映生态系统生产力受到的氮或磷的限制作用（王晶苑等，2011），进而表征植物受氮、磷养分的限制格局。因此，植物叶片生态化学计量特征成为研究植物生长养分限制的重要手段。同时，生物量中碳与关键养分氮、磷化学计量比值的差异能够调控和影响生态系统中碳的消耗和固定过程，是评价氮、磷变异性机制的重要工具（王绍强和于贵瑞，2008）。因此，可用C∶N∶P生态化学计量分析生态系统碳循环，以及氮、磷元素平衡与制约的关系。

凋落物是联结土壤和植物的重要组成，凋落物淋溶和分解是陆地生态系统养分循环和碳素周转的重要载体，该过程控制着陆地生态系统碳和氮的有效性。凋落物的分解速度及其养分释放速度决定了生态系统中有效养分的供应（陆晓辉等，2017）。凋落物生态化学计量调控凋落物的分解能力，凋落物的分解速度与其C∶N呈负相关关系（贺金生和韩兴国，2010）。当凋落物中氮、磷不足时，土壤微生物从周围环境中固定氮、磷以维持自身的化学计量平衡（Manzoni et al.，2010）。植物和凋落物C∶N∶P生态化学计量的差异反映了植物叶片的养分回收效率。因此，以植物叶片及凋落物生态化学计量学特征为指标，研究荒漠草原植物在沙漠化过程中的养分限制及养分回收规律，对于揭示植物养分利用策略具有重要的生态学意义。

9.1.1 荒漠草原沙漠化对植物碳、氮、磷及生态化学计量特征的影响

除了植物叶片碳含量之外，荒漠草原沙漠化对凋落物和根系碳含量影响显著（图9-1，表9-1，$P<0.05$）。潜在沙漠化阶段的凋落物碳含量显著高于其他阶段，而潜在沙漠化阶段根系碳含量显著高于轻度沙漠化阶段和极度沙漠化阶段。荒漠草原沙漠化对植物叶片、凋落物和根系的氮、磷含量均影响显著（图9-1，表9-1，$P<0.05$）。潜在沙漠化阶段植物叶片氮、磷含量显著低于极度沙漠化阶段，轻度沙漠化阶段凋落物氮、磷含量显著高于其他阶段。中度沙漠化阶段根系氮、磷含量显著低于极度沙漠化阶段。荒漠草原沙漠化过程中，不同植物器官（叶片、凋落物和根系）的碳含量变异较小，而叶片氮、磷含量均大于凋落物和根系。荒漠草原沙漠化对植物叶片、凋落物和根系的 C∶N、C∶P、N∶P 影响显著（图9-2，表9-1，$P<0.05$）。轻度沙漠化阶段凋落物和根系 C∶N 和 C∶P 显著低于中度沙漠化阶段，而轻度沙漠化阶段凋落物和根系 N∶P 显著高于中度沙漠化。随着沙漠化程度的加剧，凋落物和根系 N∶P 分别降低了 25.3% 和 45.3%。极度沙漠化阶段植物叶片 C∶N 显著低于中度和重度沙漠化阶段，而极度沙漠化阶段叶片 C∶P 和 N∶P 显著高于中度和重度沙漠化阶段。极度沙漠化阶段凋落物 C∶N 显著高于其他阶段，而极度沙漠化凋落物 N∶P 显著低于潜在沙漠化和轻度沙漠化阶段。荒漠草原沙漠化过程中，植物叶片 C∶N、C∶P 均小于凋落物和根系。

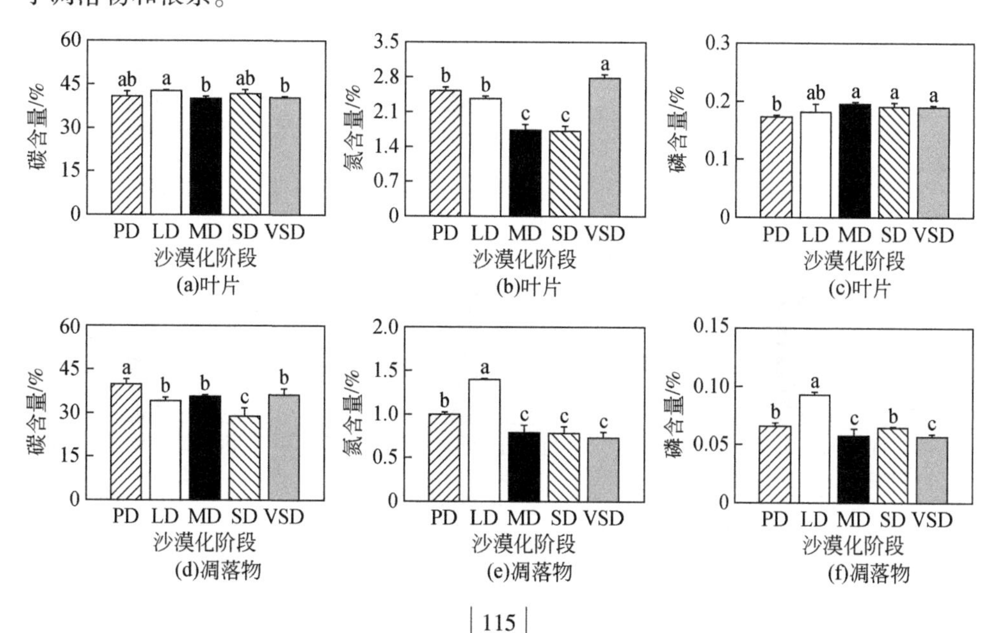

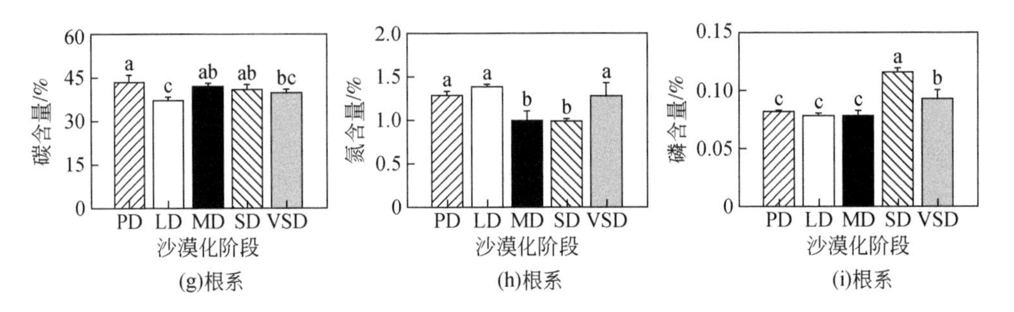

图 9-1 荒漠草原沙漠化对植物碳、氮、磷含量的影响

表 9-1 荒漠草原不同沙漠化阶段植物叶片、凋落物和根系碳、氮、磷含量及生态化学计量方差分析

项目	碳含量/%	氮含量/%	磷含量/%	C : N	C : P	N : P
植物叶片	F=3.26	F=94.02 **	F=4.38 *	F=54.05 **	F=5.57 *	F=96.96 **
凋落物	F=13.2 **	F=59.82 **	F=58.9 **	F=47.41 **	F=1.24 **	F=13.17 **
根系	F=5.90 *	F=11.94 **	F=42.29 **	F=17.61 **	F=95.81 **	F=28.31 **

注：* P<0.1，** P<0.05

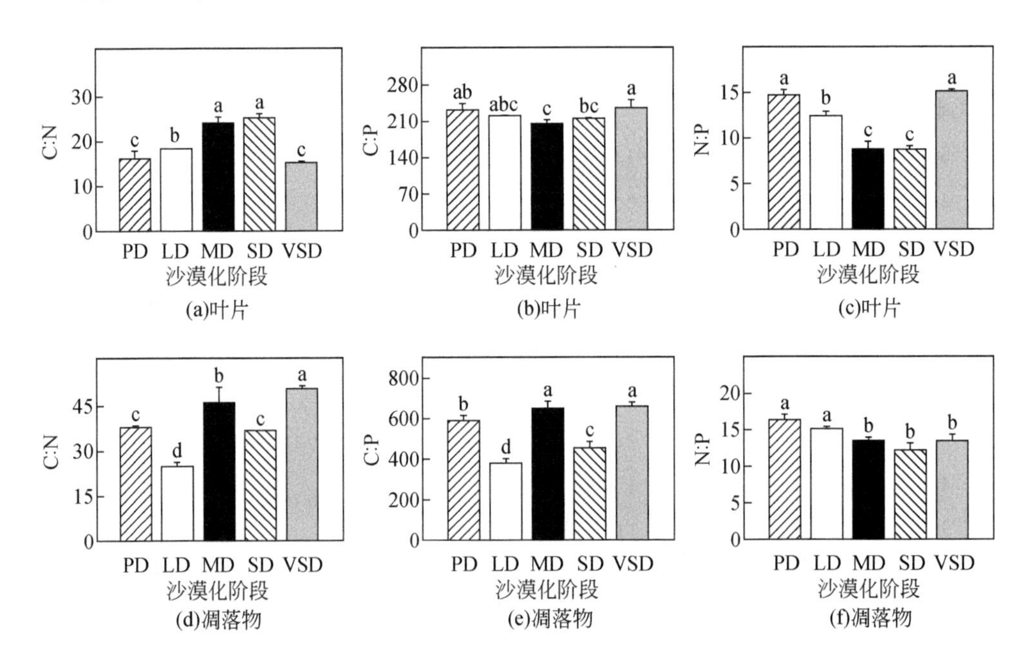

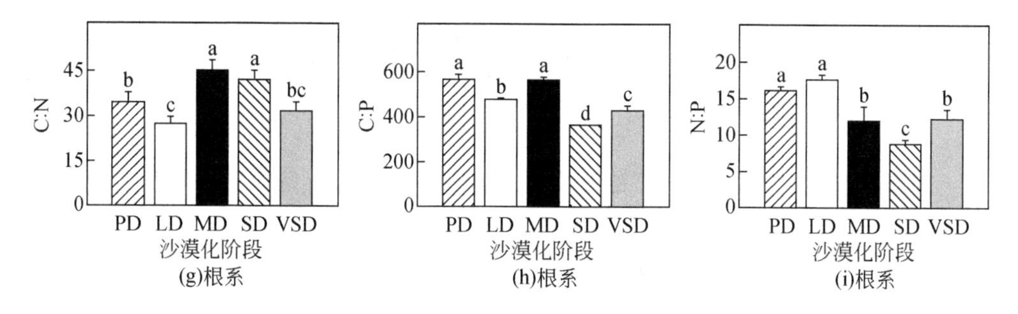

图9-2　荒漠草原沙漠化对植物C∶N∶P生态化学计量特征的影响

极度沙漠化阶段（流动沙地）植物叶片氮含量显著高于其他阶段，与沙漠化草地恢复过程中植物叶片含量变化特征相同（Zuo et al.，2016）。其主要原因是极度沙漠化阶段的优势植物沙蓬具有较高的氮含量（Zuo et al.，2016）。不同植物器官间C∶N∶P化学计量变化特征存在差异（Ågren，2008；Niklas and Cobb，2006）。与凋落物和植物根系相比，荒漠草原沙漠化所有阶段的植物叶片均具有较高的氮、磷含量，从而降低C∶N、C∶P以支持植物地上部的再生长。潜在沙漠化、轻度沙漠化和极度沙漠化阶段的植物叶片N∶P显著高于中度和重度沙漠化阶段。潜在沙漠化和轻度沙漠化阶段植物群落以豆科植物和其他固氮植物为主，而极度沙漠化阶段（流动沙地）植物群落以沙蓬为主。潜在沙漠化、轻度沙漠化和极度沙漠化阶段植物叶片氮含量显著高于中度和重度沙漠化阶段，而潜在沙漠化和轻度沙漠化阶段植物叶片磷含量低于其他阶段，因此潜在沙漠化、轻度沙漠化和极度沙漠化阶段植物叶片具有较高的N∶P。此外，荒漠草原沙漠化过程中植物叶片C∶P变异范围205～236，低于以相对富碳植物为食的草食动物有效生长所需的叶片C∶P阈值（250∶1）（Elser et al.，2000）。荒漠草原沙漠化过程中植物叶片C∶N（15.1～24.8）变化与中国三大草原植物叶片C∶N（17.9）基本一致（He et al.，2006）。本书研究中植物叶片碳含量（41.3%）、氮含量（2.24%）、C∶P（222）和N∶P（12）均低于黄土高原地区植物［碳含量（43.8%）、氮含量（2.41%）、C∶P（312）和N∶P（15.4）］（Zheng and Shangguan，2007）和全球尺度植物叶片C∶P（232）和N∶P（12.7）（Elser et al.，2000），而叶片磷含量（0.188%）高于黄土高原植物磷含量（0.16%）（Zheng and Shangguan，2007）。荒漠草原沙漠化过程中植物叶片C∶P和N∶P低于黄土高原地区植物的主要原因是，荒漠草原沙漠化过程中植物叶片碳、氮含量比黄土高原地区植物低，而植物叶片磷含量比黄土高原地区高。植物磷含量与土壤磷含量密切相关，高土壤磷含量导致高植物叶片磷含量（Han et al.，2005）。

9.1.2 荒漠草原沙漠化对土壤碳、氮、磷及生态化学计量特征的影响

随着沙漠化程度的加剧，荒漠草原土壤碳、氮、磷含量呈下降趋势，与科尔沁沙地的研究结果相似（Zuo et al., 2009），而且潜在沙漠化阶段的土壤碳、氮、磷含量显著高于其他沙漠化阶段（表 9-2，$P<0.05$）。从潜在沙漠化到极度沙漠化阶段，土壤碳和氮含量降低表明荒漠草原沙漠化导致土壤碳和氮含量的大量损失。随着荒漠草原沙漠化程度的加剧，植被盖度和生产力的降低必然导致土壤碳和氮的损失。由于沙漠化过程中荒漠草原土壤碳和氮的损失，温室气体从土壤向大气中释放（Duan et al., 2001）。荒漠草原土壤碳、氮、磷含量的变异范围分别为 0.08%～0.23%、0.006%～0.023%、0.036%～0.041%，分别为中国土壤碳、氮、磷含量（2.46%、0.19% 和 0.08%）的 5.7%、6.3% 和 48.0%（Tian et al., 2010）。

表 9-2　荒漠草原沙漠化对土壤碳、氮、磷含量及 C：N：P 化学计量特征的影响

沙漠化阶段	土壤 C/%	土壤 N/%	土壤 P/%	土壤 C：N	土壤 N：P	土壤 C：P
潜在沙漠化	0.23±0.01a	0.023±0.002a	0.041±0.001a	11.08±0.07a	0.48±0.07a	6.12±0.20a
轻度沙漠化	0.18±0.02b	0.015±0.001b	0.040±0.001a	11.22±1.89a	0.31±0.08b	4.34±0.31b
中度沙漠化	0.12±0.03c	0.009±0.001c	0.037±0.001b	10.85±0.04a	0.23±0.04c	2.90±0.39c
重度沙漠化	0.10±0.02cd	0.006±0.001d	0.037±0.001b	11.48±0.78a	0.16±0.02d	2.51±0.27c
极度沙漠化	0.08±0.02d	0.006±0.001d	0.036±0.002b	11.04±0.91a	0.18±0.02d	1.89±0.14d
P	<0.05	<0.01	<0.01	NS	<0.01	<0.01

注：NS 表示差异不显著

荒漠草原沙漠化显著降低了土壤 N：P 和 C：P（表 9-2，$P<0.05$），但是对土壤 C：N 没有显著影响。荒漠草原土壤 N：P 和 C：P 变异范围分别为 0.18～0.48、1.89～6.12，从潜在沙漠化阶段到极度沙漠化阶段，土壤 N：P 和 C：P 分别降低了 62.5% 和 69.1%。不同沙漠化阶段荒漠草原土壤 C：N 变化范围为 10.85～11.48。前人研究表明，荒漠草原沙漠化改变土壤养分（Lü et al., 2016; Lu et al., 2015; Zheng and Shangguan, 2007），进而改变土壤 C：N：P 化学计量特征（Tian et al., 2010; Zhang et al., 2017）。荒漠草原土壤 C：P（3.6）、N：P

(0.3) 和N含量低于全球和区域尺度土壤C:P (3.6)、N:P (0.3) 和N含量 (Tian et al., 2010; Cleveland and Liptzin, 2007)。荒漠草原土壤N:P和N含量低于全球和区域尺度，表明荒漠草原主要受氮的限制。荒漠草原土壤C:N值 (11.1) 与中国草地表层土壤C:N值相似 (Yang et al., 2014)，但低于全球 (Cleveland and Liptzin, 2007) 和中国 (Tian et al., 2010) 土壤C:N值。尽管土壤具有结构复杂性和空间异质性等特征，但是全球尺度不同生态系统土壤C:N值变异较小 (Cleveland and Liptzin, 2007)。相对稳定的土壤C:N值与化学计量学原理一致，即土壤有机物的形成需要氮和其他营养元素与碳形成相对固定的比例。

9.1.3 荒漠草原植物-土壤碳、氮、磷含量及化学计量的相关关系

荒漠草原植物氮、磷含量及C:N:P生态化学计量与土壤碳、氮、磷含量及C:N:P生态化学计量显著相关 (图9-3, $P<0.05$)。相关性分析表明凋落物氮和磷与土壤碳、氮、磷含量、土壤C:P和土壤N:P显著正相关。根系氮含量与土壤碳、氮含量及土壤C:P和土壤N:P显著正相关。土壤N:P和根系N:P分别与土壤C:P和根系C:P显著正相关，而与土壤C:N和根系C:N显著负相关。植物叶片N:P与土壤N:P呈显著正相关关系，结果与亚热带地区土壤N:P与植物N:P相关性关系相同 (Fan et al., 2015)。土壤养分有效性对植物养分的影响以及养分在土壤和植物间的重新分配是影响植物和土壤生态化学计量特征关系的主要机制 (Bui and Henderson, 2013; Townsend et al., 2007)。Fife等 (2008) 研究表明，不同物种具有相似的叶片氮和磷再分配规律。荒漠草原植物叶片、根系和土壤的N:P分别与植物叶片、根系和土壤的C:P显著正相关，而与植物叶片、根系和土壤的C:N显著负相关，与半干旱草地生态系统植物与土壤生态化学计量特征相关性结果相同 (Bell et al., 2014)。因此，荒漠草原植物与土壤的养分及生态化学计量密切相关。荒漠草原沙漠化过程中土壤养分的损失导致植物养分的降低。

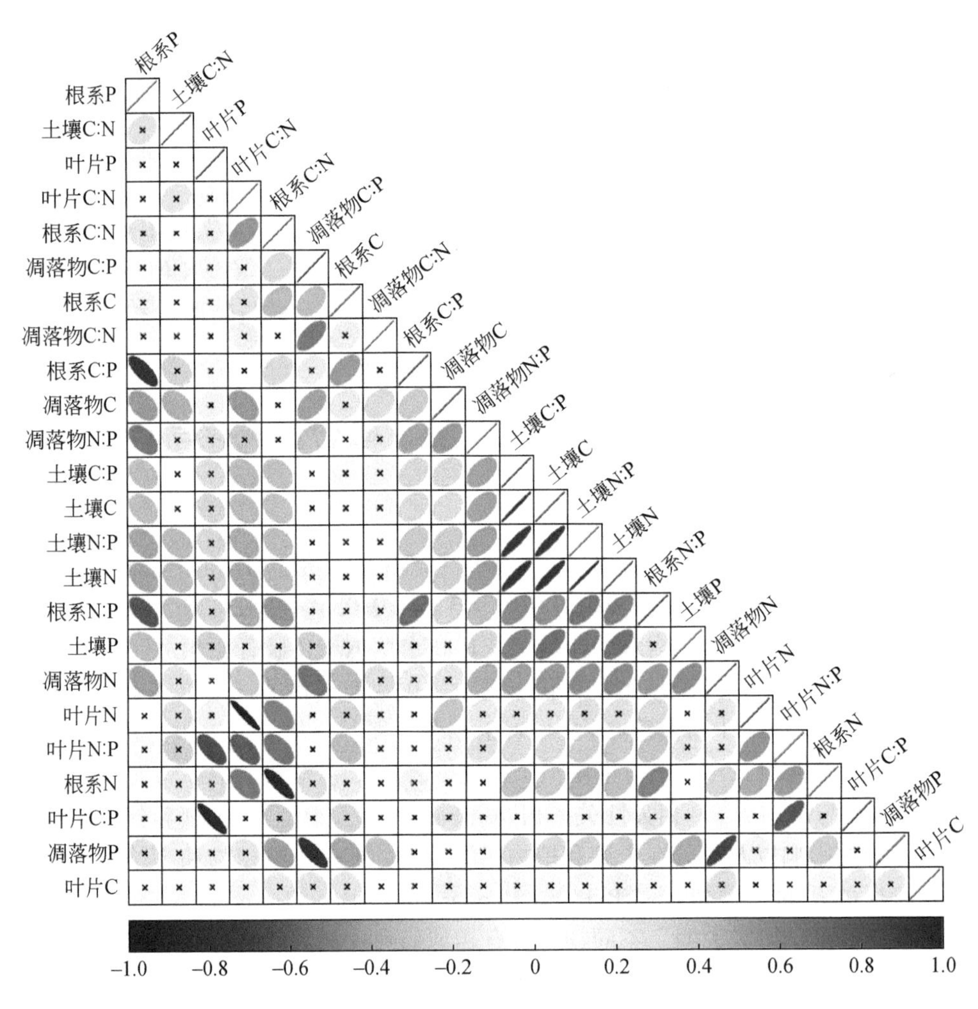

图 9-3　荒漠草原植物叶片、凋落物、土壤 C、N、P 含量及化学计量的关系（$n=15$）
‘ ’表示相关性不显著（$P>0.05$）；蓝色表示正相关，红色表示负相关

9.2　荒漠草原沙漠化对植物氮、磷利用效率和回收效率的影响

养分回收是指植物从衰老器官活化养分并重新分配到其他器官的过程，是植物保存养分的关键策略，也是生态系统生产力和养分循环的重要策略（Tully et al., 2013）。养分回收主要途径包括：养分从即将凋落的叶片转移到其他器官

(如茎或根)、养分从即将凋落的叶片转移到未凋落叶或新叶（Brant and Chen，2015)。生长在土壤贫瘠或恶劣环境中的植物在长期进化中形成了养分回收策略以解决自身养分不足。与生长在养分贫瘠土壤中的植物叶片相比，生长在养分丰富土壤中的植物叶片中大量的营养物质未被回收，仍留在衰老叶片中(Richardson et al.，2005)。在养分贫瘠的环境条件下，高养分回收效率降低了植物对环境养分的依赖（Wang et al.，2014)。植物养分回收能增强养分在植物体内的循环利用，减少植物对土壤养分的依赖程度，从而提高植物对环境的适应性。

荒漠草原沙漠化过程中，植物叶片对氮、磷的利用效率具有不同的变化趋势(图 9-4)。植物叶片对氮的利用效率随着沙漠化程度的加剧基本呈先增加后降低趋势，重度沙漠化阶段增加至 58.1，而极度沙漠化阶段降低至 35.8。中度沙漠化、重度沙漠化均与潜在沙漠化、轻度沙漠化和极度沙漠化之间差异显著，而极度沙漠化与轻度沙漠化、中度沙漠化和重度沙漠化之间差异显著。从潜在沙漠化到中度沙漠化阶段，植物叶片对磷的利用效率呈下降趋势（由 571.2 降至 507.1)；从中度沙漠化到极度沙漠化阶段，植物叶片对磷的利用效率呈增加趋势(由 507.1 增加至 522.3)。植物叶片对磷的利用效率高于对氮的利用效率。

植物叶片对氮、磷的回收效率随着沙漠化程度的增加基本呈先降低后增加趋势，轻度沙漠化植物叶片氮和磷回收效率最低（分别为 41.4% 和 49.2%)。极度沙漠化阶段植物叶片对氮的回收效率最高（74.4%)，而中度沙漠化植物叶片对磷的回收效率最高（70.5%)。潜在沙漠化、轻度沙漠化、中度沙漠化和重度沙漠化阶段植物叶片对氮的回收效率低于对磷的回收效率，而极度沙漠化植物叶片对氮的回收效率高于对磷的回收效率。极度沙漠化阶段相对养分回收效率>0，而潜在沙漠化、轻度沙漠化、中度沙漠化和重度沙漠化阶段相对养分回收效率<0。随着沙漠化程度的增加，相对养分回收效率呈先降低后增加趋势，中度沙漠化阶

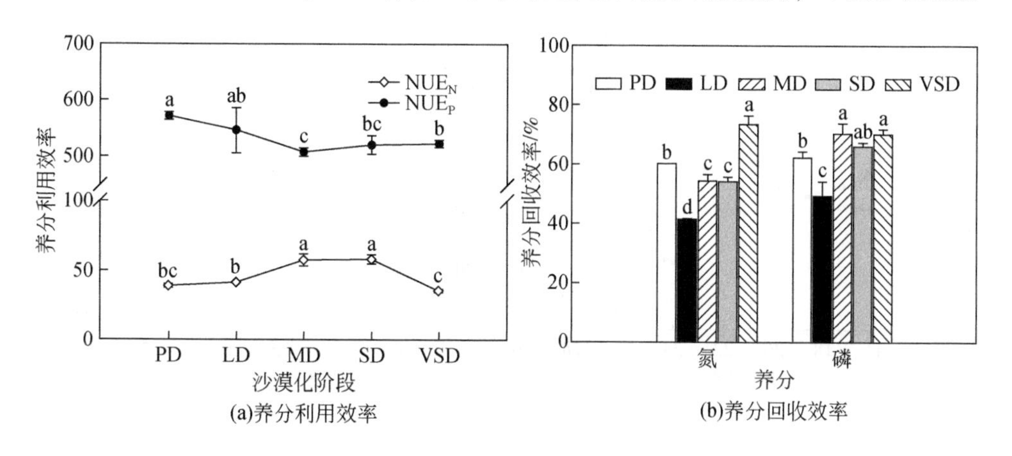

(a)养分利用效率

(b)养分回收效率

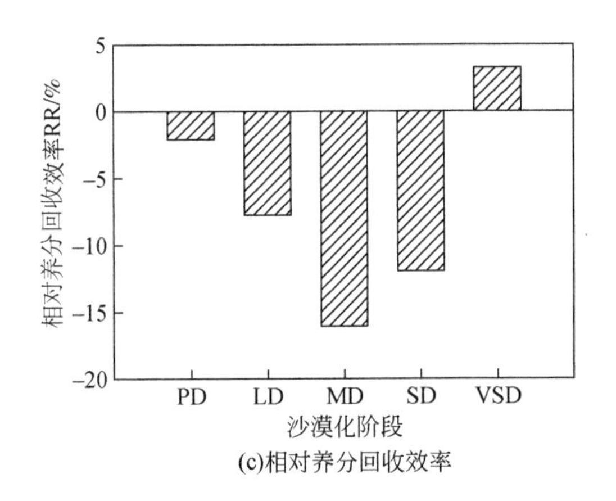

(c)相对养分回收效率

图 9-4　荒漠草原沙漠化对植物叶片氮、磷利用效率和回收效率的影响

不同小写字母代表不同沙漠化阶段之间的显著差异（P<0.05）

段最低，而极度沙漠化阶段最高［图 9-4（c）］。相对回收假说认为植物会回收更多氮（或磷），当其受到氮（或磷）限制的时候（R^2>0 或<0），在植物氮、磷不受限制或同时受限制的时候相对回收效率约为 0（$R^2\approx0$）（Han et al., 2013）。荒漠草原潜在沙漠化和极度沙漠化阶段植物受到氮、磷的共同限制，因此，相对养分回收效率接近 0。轻度沙漠化、中度沙漠化和重度沙漠化阶段植物受到氮限制，因此，相对养分回收效率<0。磷回收效率（PRE）与植物叶片磷含量显著正相关（图 9-5），而氮回收效率（NRE）和磷回收效率（PRE）与凋落物氮、磷含量显著负相关（图 9-6）。因此，养分回收效率与衰老器官的养分浓度关系更为密切。

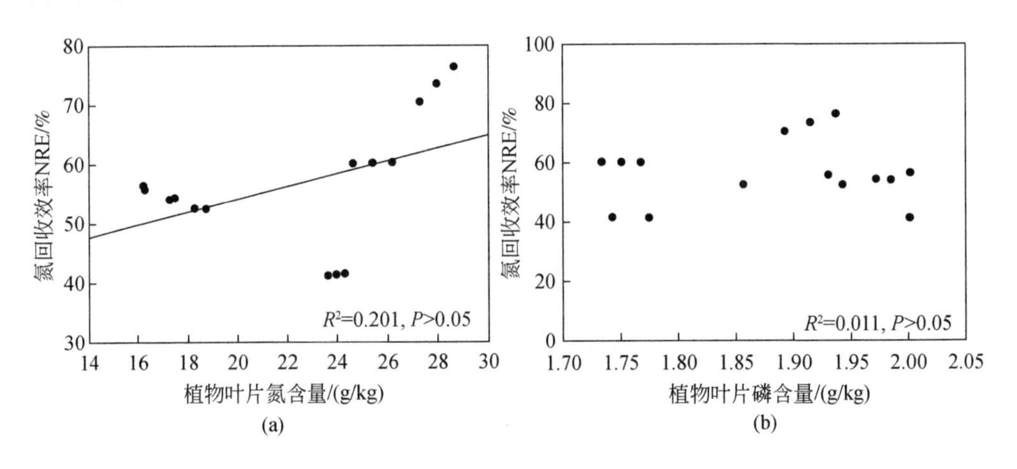

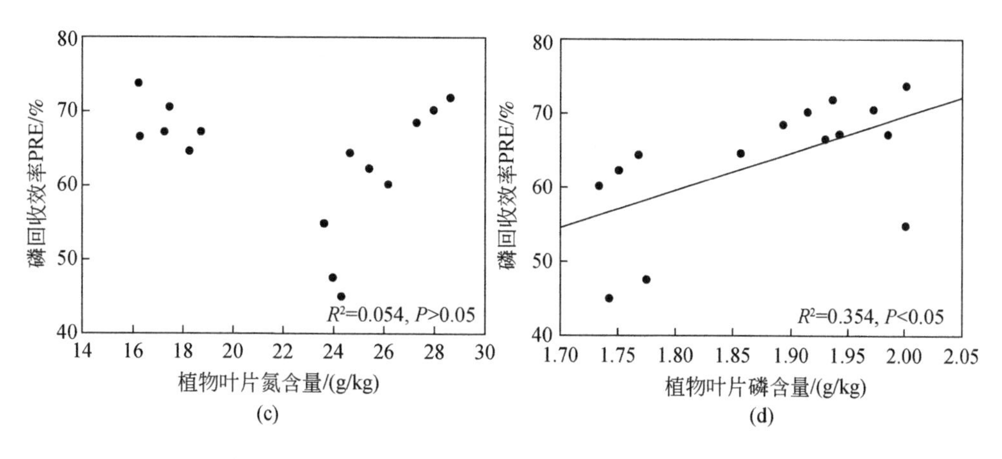

图 9-5 氮、磷回收效率（NRE、PRE）与植物叶片氮、磷含量的关系

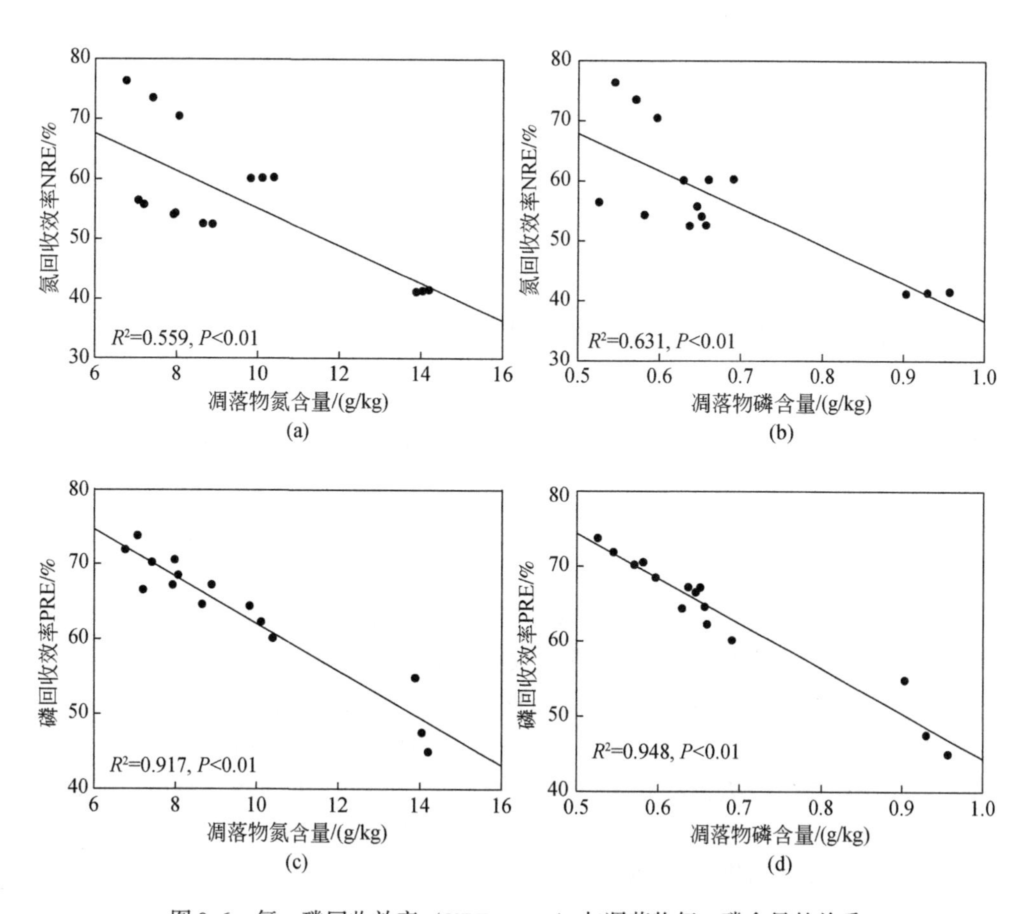

图 9-6 氮、磷回收效率（NRE、PRE）与凋落物氮、磷含量的关系

9.3 植物生态化学计量内稳性特征

化学计量内稳性是生物有机体在环境中元素组成发生变化的情况下保持体内元素组成相对稳定的能力（Sterner and Elser，2002）。通常用内稳性指数（H）表示生物有机体维持体内养分稳定性的能力。H的数值越大，则生物有机体维持自身内稳定状态的能力就越强（Sterner and Elser，2002）。内稳性指数受植物类型，地上、地下部分，发育阶段，植物的营养状况，以及N：P的影响。羊草地上部分内稳性高于其他植物，而地下部分内稳性则相对较低；羊草的地上部分内稳性随着生长发育有上升的趋势，而地下部分则有下降的趋势（Yu et al.，2011）。对闽江河口入侵种的研究表明，互花米草氮和N：P的内稳性均高于短叶茳芏的氮和N：P内稳性，而短叶茳芏磷的内稳性高于互花米草磷的内稳性（蒋利玲等，2017）。对豆科植物与非豆科植物在氮添加水平下的研究表明，豆科植物比非豆科植物具有更高的氮内稳性特征（Guo et al.，2017）。氮、磷含量较高和N：P值较小的物种的内稳性指数低，具有奢侈的养分利用策略，而内稳性高的植物具有较为保守的养分利用策略。高的内稳性和保守的养分利用策略可能是干旱贫瘠环境中物种生存的关键（庾强，2009）。不同营养元素的内稳性也存在差异，通常认为，氮的内稳性要强于磷的内稳性（Karimi and Folt，2006）。对美国C_4植物草原和内蒙古草原进行氮添加试验的相关研究表明，内稳性较高的植物的生物量仍处于较高水平，氮内稳性较高植物的多度降低，而氮内稳性较低植物的多度升高，因此通过氮的内稳性大小可以预测植物在氮添加水平下的变化趋势（Bai et al.，2010；Yu et al.，2015）。相关研究表明，草原优势植物的内稳性较高，在维持草原生态系统稳定方面起到重要作用，因此对于退化草原的恢复等有着重要意义（Li et al.，2016）。在生态系统的演替进程中，生态化学计量内稳性对种群的生存具有重要的作用。

用内稳性模型模拟发现，荒漠草原植物叶片氮含量和N：P均表现出显著的内稳性特征，而植物叶片磷含量表现出不显著的内稳性特征（图9-7）。植物叶片氮含量、磷含量及N：P的内稳性指数H的大小表现为：$H_N>H_{N:P}>H_P$，分别为7.08、3.57和1.09。H的类型可根据$H>4$为稳态型、$2<H<4$为弱稳态型、$4/3<H<2$为弱敏感型，以及$H<4/3$为敏感型来界定（Jonas et al.，2010）。根据内稳性大小的界定，H_N为稳态型，$H_{N:P}$为弱稳态型，而H_P为弱敏感型。随着荒漠草原土壤氮、磷含量的增加，植物叶片氮含量未出现大幅度变化，而植物叶片磷含量呈显著降低趋势，因此植物叶片氮含量具有较强的内稳性，而叶片磷含量内稳性弱。结果与内蒙古典型草原和黄土高原的研究结果相同（Yu et al.，2010；

海旭莹等，2020），但与中亚热带植物的研究结果相反（陈婵等，2019）。内蒙古典型草原、黄土高原和中亚热带植物的限制性养分元素不同，内蒙古典型草原和黄土高原植物主要受氮限制，而中亚热带植物主要受磷限制。中国土壤磷含量变异幅度较大，从湿润区向干旱、半干旱区呈增加趋势（汪涛等，2008），表明干旱、半干旱地区土壤具有相对较高的土壤磷含量。因此，内蒙古典型草原和黄土高原植物生长主要受氮限制，而受磷限制的作用较小。限制性养分元素假说（即限制性养分在植物体内的含量具有相对稳定性，对环境变化的响应也较为稳定）可以解释荒漠草原沙漠化过程中，植物氮含量没有随着土壤氮、磷含量的变化而呈大幅度变化的现象，表明随着荒漠草原沙漠化，在氮缺乏的土壤环境中，植物叶片氮含量具有较强的内稳性。

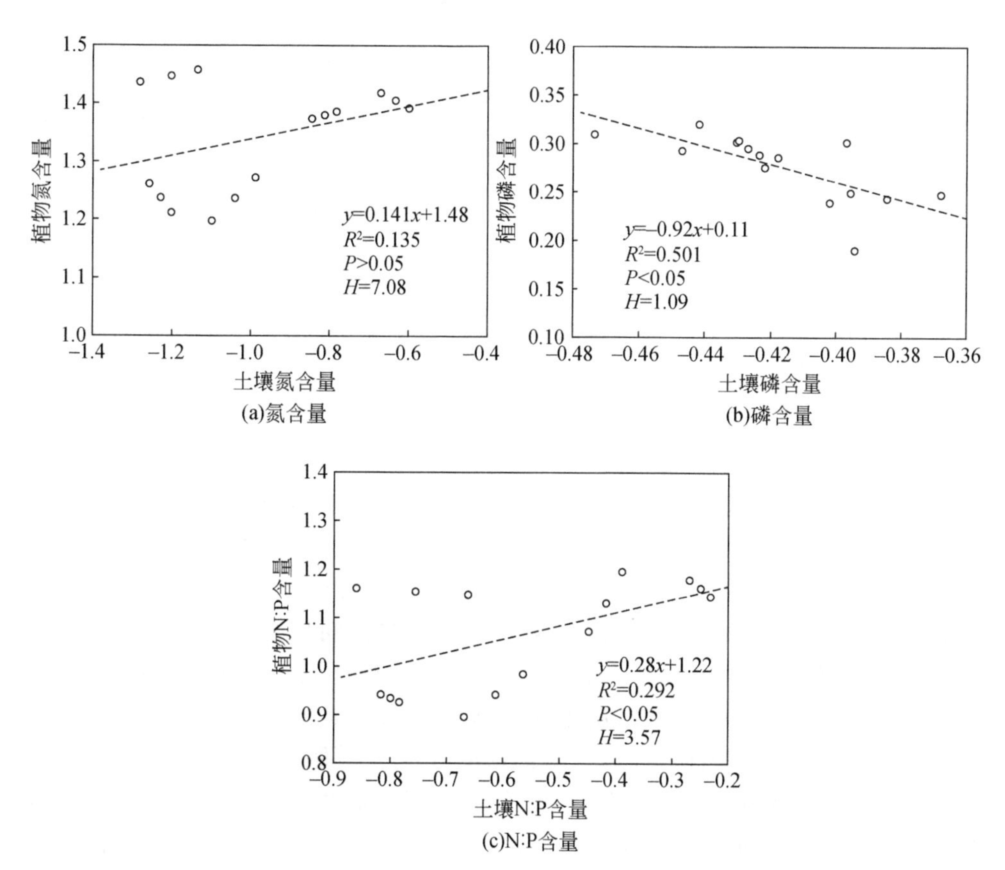

图 9-7　荒漠草原植物生态化学计量内稳性特征（Log 转换，$n=15$）

第10章　荒漠草原沙漠化对土壤-微生物-胞外酶生态化学计量特征的影响

草地是陆地生态系统重要的生态系统之一，对陆地生态系统的平衡与稳定以及人类经济的可持续发展具有重要贡献。我国草地类型丰富，分布广泛，约占我国土地总面积的42%，约占世界草地面积的1/8。随着气候变化和人类的开垦破坏，加之大部分草地处于生态脆弱地带上，我国乃至全球草地面临严重的退化问题。目前，我国约有60%的草地呈不同程度的退化趋势（李月芬等，2018），草地退化严重危及农牧业的发展以及生态系统的长期稳定。较其他生态系统而言，草地生态系统的生物地球化学循环较为独特，对人类干扰、气候变化等因素也更为敏感（齐玉春等，2015）。草地生态系统中，以碳、氮、磷元素循环作为生物地球化学研究的重要内容之一，通过元素迁移转化将生态系统中各机体有机结合在一起。

微生物是植物-土壤系统中生源要素迁移转化的引擎，主导着土壤有机质的降解和养分循环过程，进而影响植被生产力、群落动态及土壤生态系统结构与功能的形成（Ren et al., 2018）。土壤微生物受到土壤中多种环境因素的影响，但植被仍然是影响土壤微生物群落结构和组成的最重要因素。在植物-微生物-土壤系统中，微生物和植物对资源的需求是以土壤为平台，通过碳、氮、磷元素的动态交换达到并维持相对稳定的C：N：P生态化学计量。土壤微生物参与土壤中物质转化和养分循环的过程，不仅可以通过其生物量直接影响土壤养分的储量，也可以通过其代谢活性（如土壤胞外酶活性）间接影响土壤养分的转化（You et al., 2014）。土壤胞外酶是微生物分泌从土壤环境中获取能量和养分的特殊酶。β-1,4-葡萄糖苷酶（BG）、β-1,4-N-乙酰葡糖氨糖苷酶（NAG）、亮氨酸氨基肽酶（LAP）和酸性（或碱性）磷酸酶（AP）等胞外酶的活性与微生物代谢、养分生物循环密切相关。胞外酶的活性比例关系BG：(NAG+LAP)：AP或BG：NAG：AP表征胞外酶C：N：P生态化学计量，可以反映土壤微生物MBC：MBN：MBP与土壤C：N：P、微生物的同化之间的联系（Sinsabaugh et al., 2008）。因此，探讨C：N：P生态化学计量在植物-微生物-土壤系统中的变化格局及其相互作用，有助于深入理解生态系统碳、氮、磷平衡的内在机制和生态系统稳定性维持机制。

生态化学计量学是研究生态系统能量平衡和多重化学元素（主要是碳、氮、磷）平衡的科学（Sterner and Elser, 2002）。生态化学计量学能揭示生态系统各组分（植物、凋落物和土壤）养分比例的调控机制，认识养分比例在生态系统的过程和功能中的作用（Yu et al., 2010；王绍强和于贵瑞, 2008）。植物和土壤微生物之间以土壤为平台，以凋落物及其分解过程为媒介，通过动态交换维持相对平衡的 C∶N∶P 生态化学计量，形成植物–凋落物–土壤连续体（Fan et al., 2016；Pan et al., 2016）。国内外学者从全球尺度和区域尺度探讨土壤 C∶N∶P 生态化学计量变异特征（Tian et al., 2010；Cleveland and Liptzin, 2007），大尺度上土壤 C∶N∶P 生态化学计量在不同生态系统间具有显著的变异性。土壤 C∶N∶P 随生物区系不同有很大的变异性，森林和草地土壤 C∶N∶P 之间存在显著差异，森林土壤 C∶N∶P 显著高于草地（Tischer et al., 2014）。植物氮、磷生态化学计量特征与植物特性之间的关系解释了植物群落的功能差异及其对环境变化的适应性，对评定氮、磷对陆地生态系统初级生产力的限制作用具有重要意义（刘超等, 2012）。凋落物生态化学计量调控凋落物的分解能力，凋落物的分解速度与其 C∶N 呈负相关关系（贺金生和韩兴国, 2010）。当凋落物中氮、磷不足时，土壤微生物从周围环境中固定氮、磷以维持自身的生态化学计量平衡（Manzoni et al., 2010）。植物和凋落物 C∶N∶P 生态化学计量的差异反映了植物叶片的养分回收效率，而植物、凋落物和土壤 C∶N∶P 生态化学计量的差异反映土壤微生物和植物为维持生态系统平衡面临的养分竞争。因此，应将生态化学计量学和土壤微生物生态学相结合来探讨植物–凋落物–土壤连续体中 C∶N∶P 生态化学计量的相互转化及其内在机制。

土壤微生物参与土壤有机质分解、腐殖质形成、土壤养分转化和循环等过程。土壤微生物 MBC∶MBN∶MBP 受土壤养分资源、气候因子、土壤 pH 值等环境因子和微生物群落结构变化的影响（Li et al., 2012；Zhou and Wang, 2015；Zechmeister-Boltenstern et al., 2015；Mooshammer et al., 2014；Cleveland and Liptzin, 2007）。土壤微生物生物量碳磷比的比值（MBC∶MBP）可作为衡量微生物分解土壤有机质释放磷或从土壤中吸收固持磷潜力的一种指标；MBC∶MBP 小说明微生物在矿化土壤有机质中释放磷的潜力较大，MBC∶MBP 大则说明土壤微生物对土壤速效磷有同化趋势，具有较强的固磷潜力（彭佩钦等, 2006）。Cleveland 和 Liptzin（2007）整合全球数据时发现，陆地生态系统土壤微生物生物量碳、氮、磷生态化学计量在资源不受限制时存在类似于海洋浮游植物的雷德菲尔德化学计量比（Redfield ratio），即土壤微生物 MBC∶MBN∶MBP 具有内稳性。全球土壤微生物群落格局整合分析表明，真菌和细菌比例随着土壤 C∶N 的增加而增加（Fierer et al., 2009），而真菌相对于细菌来说具有更高的 MBC∶MBN

(Fanin et al., 2013)；土壤 C∶N 的改变导致微生物群落结构的变化会伴随着微生物 MBC∶MBN∶MBP 的变化。目前，关于土壤微生物 MBC∶MBN∶MBP 与土壤 C∶N∶P 之间的关系仍没有定论。中国森林土壤微生物量碳氮格局整合分析表明，土壤微生物 MBC∶MBN 随着土壤C∶N的增加呈减小趋势（Zhou and Wang, 2015），而亚热带和喀斯特地区土壤微生物 MBC∶MBN 随着土壤 C∶N 的增加而显著增加（Hu N et al., 2016; Li et al., 2012）；也有研究认为土壤微生物 MBC∶MBN 变异性很小（Makino et al., 2003）。亚热带地区土壤微生物 MBC∶MBP 随着土壤 C∶P 的增加而显著增加，而土壤微生物 MBN∶MBP 随着土壤 N∶P 的增加呈减小趋势（Li et al., 2012）。由于土壤微生物数量、群落组成以及代谢活动的复杂性，土壤微生物群落结构、生物量 C∶N∶P 与土壤 C∶N∶P 之间的关系仍不明确。因此，土壤微生物 MBC∶MBN∶MBP 与土壤 C∶N∶P 是否存在协变关系，土壤微生物生态化学计量与土壤生态化学计量关联性和强度还需要进一步验证。

土壤胞外酶是土壤微生物群落活动产生的特殊酶，也是土壤有机质分解的主要介质。作为生态系统的主要生物催化剂，土壤胞外酶因其对外界环境的敏感性极强，既要承担土壤有机体的代谢活动，又要驱动土壤物质循环和能流通过程(Badiane et al., 2001)。多数胞外酶通过微生物响应环境条件的变化而被表达、释放到土壤中，另一些则是通过细胞溶解进入土壤，微生物在代谢过程中通过和胞外酶之间建立的养分元素、能量物质传输在土壤、植被和大气间完成物质能量循环过程（许森平等，2018）。土壤胞外酶将动植物残体、枯落物等分解为活性物质，有助于微生物自身的吸收与同化（Sinsabaugh et al., 2008），土壤微生物也可通过胞外酶将环境资源中的有机态物质转化为无机态，改变生态系统中碳、氮、磷的比例关系（Waring et al., 2014），土壤微生物和胞外酶的相互关系对土壤碳、氮、磷等养分元素的吸收利用发挥调节作用（Burns and Dick, 2002）。土壤微生物对土壤有机质的分解，以及对 N、P 等养分元素的吸收利用受到土壤胞外酶的调节（Burns and Dick, 2002）。用于获取 C、N、P 的主要土壤胞外酶分别为 β-1,4-葡萄糖苷酶（BG）、β-1,4-N-乙酰葡糖氨糖苷酶（NAG）、亮氨酸氨基肽酶（LAP）和酸性（或碱性）磷酸酶（AP）。胞外酶的比例关系 BG∶（NAG+LAP）∶AP 或 BG∶NAG∶AP 被称为"胞外酶酶生态化学计量"，可以反映土壤微生物碳、氮、磷养分资源需求状况（Moorhead et al., 2016; Peng and Wang, 2016）。胞外酶活性的比值能够反映微生物 MBC∶MBN∶MBP 与土壤 C∶N∶P 以及与微生物的同化和生长效率之间的联系。有关学者整合全球（Sinsabaugh et al., 2008）和热带地区（Waring et al., 2014）土壤胞外酶生态化学计量发现，全球尺度上，BG∶(NAG+LAP)∶AP 大体呈现 1∶1∶1（Sinsabaugh et al., 2010）；而受磷限制的热带地区的 BG∶AP 和 NAG∶AP 显著低于温带地区（Peng and

Wang, 2016)，并且风化程度高的土壤具有低的 BG：AP 和 NAG：AP（Waring et al., 2014）。土壤微生物对碳和氮的获取通过吸收氨基酸和氨基糖来获取；而土壤微生物对磷的获取是先将有机磷通过磷酸酶水解成无机磷来获取。土壤微生物对碳、氮、磷获取方式的差异导致 BG：AP 和 NAG：AP 具有环境变异性，而 BG：NAG 更加保守（Waring et al., 2014）。受氮限制时，土壤微生物通常不会消耗自身氮素而产生更多的与氮获取相关的胞外酶（Sinsabaugh and Follstad Shah, 2012）。尽管目前关于土壤胞外酶对土壤养分变异的适应机制的认识已经取得很大进展，然而，由于土壤养分状况、气候条件、土壤质地等众多因素的影响，不同区域和不同生态系统类型之间土壤胞外酶对土壤养分变异的适应机制仍然存在很大争议（Peng and Wang, 2016；Waring et al., 2014），对土壤胞外酶解释土壤微生物对氮的获取和利用机制仍然很不清楚。

土壤微生物碳素利用效率与陆地生态系统碳循环密切相关（Mooshammer et al., 2014）。近年来，土壤微生物碳素利用效率备受关注（Sinsabaugh et al., 2016；Manzoni et al., 2012），而对土壤微生物氮素和碳素利用效率认识不足。氮添加引起土壤微生物活性的改变，导致土壤碳循环的改变（Mooshammer et al., 2014），土壤微生物群落可以改变碳素和氮素利用效率适应土壤养分的不平衡（Sinsabaugh et al., 2015）。元素比率阈值整合了土壤微生物量 MBC：MBN：MBP、胞外酶生态化学计量 BG：（NAG+LAP）：AP，以及元素利用效率对土壤 C：N：P 的适应策略（Sinsabaugh and Follstad Shah, 2012）。元素比率阈值为土壤微生物对土壤 C：*X*（*X* 指 N 或 P）所能承受的限度。当土壤 C：*X* 超过元素比率阈值，土壤微生物受养分限制，使土壤微生物碳素利用效率降低，N 或 P 养分利用效率增加；当土壤 C：*X* 低于元素比率阈值，土壤微生物受到能量（C）限制，使土壤微生物碳素利用效率增加，而养分利用效率会降低（Mooshammer et al., 2014）。土壤微生物通过调整自身生态化学计量特征、胞外酶生态化学计量特征和元素（C、N、P）利用效率等来适应土壤养分及其生态化学计量的变异（图 10-1）。

荒漠草原是草原向荒漠过渡的旱生化草地生态系统，是干旱、半干旱地区陆地生态系统的主体部分（韩国栋等, 2007）。近年来，由于人类对草地资源的不合理利用（过度放牧、开垦）以及气候变化（干旱等极端气候），荒漠草原大面积退化和生态系统服务功能下降（白永飞等, 2014），制约着我国北方及其周边地区的生态安全和区域可持续发展。因此，荒漠草原生态系统的退化机理及退化草地恢复途径的研究是国家在干旱、半干旱地区退化生态系统恢复与重建中的重大科技需求。目前，关于草地生态系统 C：N：P 生态化学计量特征的研究主要集中在植物和土壤方面。科尔沁草地从轻度沙漠化发展至重度沙漠化，地上植被

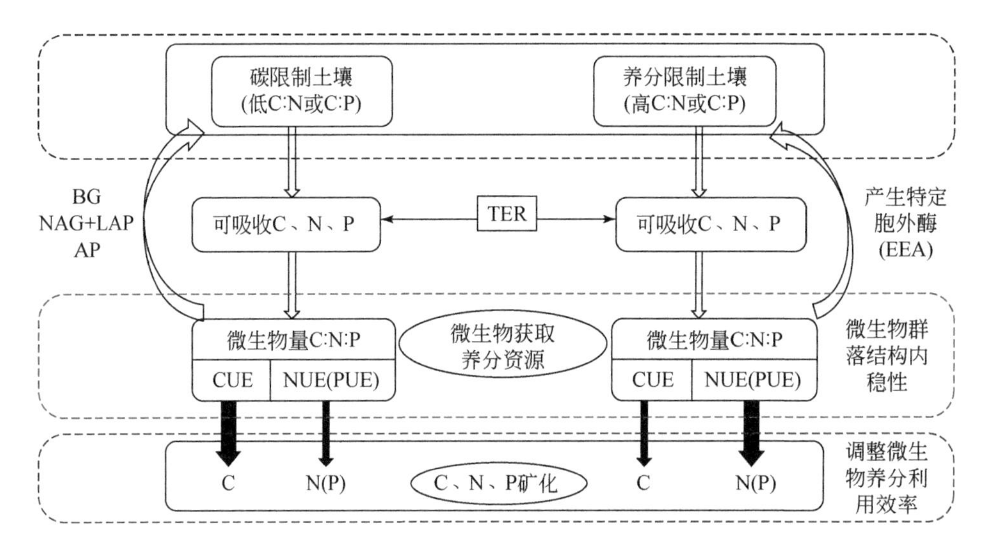

图 10-1　土壤微生物对土壤养分及生态化学计量变异的响应机制
(Mooshammer et al., 2014；周正虎和王传宽，2016b)

C∶X：土壤碳和养分（氮和磷）比；BG：β-1,4-葡萄糖苷酶；NAG：β-1,4-N-乙酰葡糖氨糖苷酶；LAP：亮氨酸氨基肽酶；AP：酸性（或碱性）磷酸酶；TER：元素比率阈值；CUE：碳素利用效率；NUE：氮素利用效率；PUE：磷素利用效率；EEA：土壤胞外酶

和土壤的有机碳含量分别下降了 91% 和 90%，全氮含量也下降了 87% 和 83%（李玉强等，2006）。对退化高寒草地的研究发现，轻度退化草地的土壤 C∶N、土壤 C∶P 和土壤 N∶P 均高于中度和重度退化草地，表明轻度退化草地土壤有机碳较为丰富（李海云等，2018）。土壤微生物和胞外酶对生态系统的生物地球化学循环过程发挥重要作用，目前关于草地退化过程中土壤-微生物-胞外酶 C∶N∶P 生态化学计量特征的研究相对缺乏。因此，本章研究荒漠草原沙漠化对植物、土壤、土壤微生物和胞外酶 C∶N∶P 生态化学计量特征的影响，探讨荒漠草原植物、土壤和土壤微生物量 C∶N∶P 生态化学计量的关系及土壤微生物通过调整其生物量 MBC∶MBN∶MBP 生态化学计量和胞外酶生态化学计量特征对土壤养分资源改变的适应对策，揭示荒漠草原植物-微生物-土壤生态化学计量对沙漠化的响应机制，有助于深刻认识退化荒漠草原生态系统恢复过程中植物-微生物-土壤碳、氮、磷动态平衡与维持机制，为荒漠草原生态系统稳定性和可持续发展提供科学依据。

土壤微生物生物量碳、氮、磷含量测定（张利青等，2012）：采用氯仿熏蒸-K_2SO_4浸提法测定土壤微生物生物量碳、氮含量，新鲜土壤经氯仿熏蒸处理，熏蒸后用硫酸钾浸提，采用全自动有机碳分析仪（Vario TOC，Elementar，德国）

测定微生物生物量碳，采用全自动凯氏定氮仪（K9840，海能仪器股份有限公司，中国）测定微生物生物量氮；采用氯仿熏蒸-$NaHCO_3$ 提取-Pi 测定土壤微生物生物量磷。

土壤胞外酶活性测定：β-1，4-葡萄糖苷酶（BG）、β-1，4-乙酰基氨基葡萄糖苷酶（NAG）和碱性磷酸酶（AP）的活性采用 96 微孔酶标板荧光分析法（Bell et al.，2013）。具体如下：称取 2.75g 新鲜土壤样品于三角瓶中，加入 91mL 缓冲液（pH 根据所测土壤样品调节），摇床振荡 200 ~ 220r，振荡 30min。接种 250μL 浓度为 200μM 的荧光标记的碳、氮、磷基质液到深孔板中作为底物板。接种 250μL 不同浓度的 MUB（4-甲基伞形酮）于深孔板作为标线板。吸取 800μL 土壤悬液到 96 孔板中，所有样品加完以后用不干胶封口膜将深孔板密封，将深孔板反复倒置摇晃混匀。所有深孔板放置在 25℃ 培养箱中避光培养 4h。培养结束后深孔板于 4℃、4800r/min 离心 3min 后吸取 200μL 上清液。在 365nm 波长处激发，450nm 波长处检测荧光。

土壤微生物生物量碳、氮、磷含量的计算公式如下。

土壤微生物生物量碳（MBC）和微生物生物量氮（MBN）：

$$\mathrm{MBC}=(F-uF)/K_c \tag{10-1}$$

$$\mathrm{MBN}=(F-uF)/K_c \tag{10-2}$$

式中，F 为熏蒸土壤 K_2SO_4 浸提液中有机碳或氮含量；uF 为未熏蒸土壤 K_2SO_4 浸提液中有机碳或氮含量；K_c 为转换系数。土壤微生物生物量碳、氮的转换系数均为 0.45。

土壤微生物生物量磷（MBP）：

$$\mathrm{MBP}=E_c/0.4\times R \tag{10-3}$$

式中，E_c 为熏蒸土壤 $NaHCO_3$ 提取液中无机磷含量与未熏蒸土壤 $NaHCO_3$ 提取液中无机磷含量差值；0.4 为浸提液微生物生物量磷占总微生物生物量磷的比例；R 为加入无机磷的回收率。

土壤胞外酶活性计算公式（Bell et al.，2013）：

$$\mathrm{EA}=\frac{\mathrm{SEC}\times 91\times 0.8\times 1000}{\mathrm{Time}\times \mathrm{Soil}} \tag{10-4}$$

$$\mathrm{SEC}=\frac{\text{SFR}-\text{Intercept from MUB standard curve}}{\text{slop from MUB standard curve}} \tag{10-5}$$

式中，EA 为酶活性［nmol/(h · g)］；SEC 为土壤样品酶浓度；SFR 为土壤样品荧光原始值；Time 为培养时间（h）；Soil 为土壤干重（g）；0.8 为土壤悬液 0.8mL；91 为缓冲液 91mL。

土壤胞外酶生态化学计量计算公式（Sinsabaugh et al.，2008）：

$$\mathrm{EEA}_{C:N}=\mathrm{BG}/\mathrm{NAG} \tag{10-6}$$

$$EEA_{C:P} = BG/AP \tag{10-7}$$

$$EEA_{N:P} = NAG/AP \tag{10-8}$$

式中，EEA 为土壤胞外酶活性；BG 为 β-葡萄糖苷酶；NAG 为 N-乙酰氨基葡萄糖苷酶；AP 为磷酸酶。

土壤胞外酶 LAP+NAG 或 NAG 均可反映土壤微生物氮养分资源的需求状况，且 BG：(NAG+LAP)：AP 或 BG：NAG：AP 均可表示土壤胞外酶生态化学计量关系（Waring et al.，2014；Sinsabaugh and Follstad Shah，2012；Sinsabaugh et al.，2008），因此本书研究只测定 NAG，土壤胞外酶生态化学计量采用 BG：NAG：AP 表示。

土壤微生物熵的计算公式：

$$q_{MBC} = MBC/SOC \tag{10-9}$$

$$q_{MBN} = MBN/TN \tag{10-10}$$

$$q_{MBP} = MBP/TP \tag{10-11}$$

式中，q_{MBC}、q_{MBN}、q_{MBP}为微生物碳、微生物氮、微生物磷的微生物熵；MBC 为微生物生物量碳；MBN 为微生物生物量氮；MBP 为微生物生物量磷；SOC 为土壤有机碳；TN 为土壤全氮；TP 为土壤全磷。

土壤–微生物生态化学计量不平衡性的计算公式：

$$C:N_{imb} = \frac{C:N_{soil}}{C:N_{mic}} \tag{10-12}$$

$$C:P_{imb} = \frac{C:P_{soil}}{C:P_{mic}} \tag{10-13}$$

$$N:P_{imb} = \frac{N:P_{soil}}{N:P_{mic}} \tag{10-14}$$

式中，$C:N_{imb}$、$C:P_{imb}$和 $N:P_{imb}$为土壤–微生物化学计量不平衡性；$C:N_{soil}$为土壤碳氮比；$C:N_{mic}$为土壤微生物生物量碳氮比；$C:P_{soil}$为土壤碳磷比；$C:P_{mic}$为土壤微生物生物量碳磷比；$N:P_{soil}$为土壤氮磷比；$N:P_{mic}$为土壤微生物生物量氮磷比。

土壤微生物养分利用效率的计算公式（Sinsabaugh et al.，2016）：

$$CUE_{C:X} = CUE_{max}[S_{C:X}/(S_{C:X}+K_X)] \text{其中} S_{C:X} = (1/EEA_{C:X})(B_{C:X}/L_{C:X}) \tag{10-15}$$

$$XUE_{X:C} = XUE_{max}[S_{X:C}/(S_{X:C}+K_C)] \text{其中} S_{X:C} = (1-EEA_{X:C})(B_{X:C}/L_{X:C}) \tag{10-16}$$

式中，X 为 N 或 P，K_X和 K_C为半饱和常数，$K_X = 0.5$，$K_C = 0.5$；CUE_{max}为碳供给微生物生长能量的上限，$CUE_{max} = 0.6$；XUE_{max}为氮、磷供给微生物生长能量的

上限；$XUE_{max}=1.0$；$S_{C:X}$为微生物生物量 C∶N 或者 C∶P、胞外酶活性和土壤 C∶N或者土壤 C∶P 的比值；$B_{C:X}$为微生物生物量 C∶N 或微生物生物量 C∶P；$L_{C:X}$为土壤 C∶N 或者土壤 C∶P。

10.1 荒漠草原沙漠化对土壤养分及土壤 C∶N∶P 生态化学计量的影响

土壤系统承载着植物、微生物和土壤动物等的生命活动。土壤速效养分是土壤肥力的重要物质基础，是能直接或经转化后被植物根系等吸收的矿质营养成分，其含量的高低显著影响土壤质量（杨宁等，2014）。土壤速效氮包含硝态氮、铵态氮和碱解氮，易被植物吸收利用，其中硝态氮和铵态氮是土壤速效氮的主要存在形式，也是大多数植物从土壤中获取所需氮的主要形态；土壤速效磷是土壤中可被植物吸收利用的磷的总称，是评价土壤磷素养分供应水平高低的重要指标。碳、氮、磷是土壤内占比最大的养分元素，其含量的变化可指示土壤肥力保持状况，在探究对土壤生产力起限制作用的养分元素平衡过程中发挥着重要作用（叶春等，2016）。土壤中氮、磷元素是植物生长所必需的矿质营养，也是生态系统中常见的限制元素，两者在功能上相互作用。土壤 C∶N∶P 生态化学计量是土壤有机碳和全氮、全磷的比值，综合了生态系统功能的变异性且易于测量，能够反映土壤内部碳、氮、磷养分循环，有助于确定生态过程对全球气候变化的响应（程滨等，2010）。以往研究发现，土壤 C∶N∶P 生态化学计量有类似海洋浮游植物（106∶16∶1）的恒定比值，即 186∶13∶1（Cleveland and Liptzin，2007），但中国地域广阔，资源丰富，土壤具有强烈的空间异质性。Tian 等（2010）对中国陆地进行土壤 C∶N∶P 生态化学计量的研究，结果表明中国湿润温带土壤明显较热带、亚热带地区的红壤、黄土壤的 C∶N 低，中国极寒草原的 C∶N∶P 值明显高于温带沙漠土壤，可见对土壤 C∶N∶P 生态化学计量的研究结果并不一致，因不同地域、不同土层以及不同的生态系统而有所差异，进而对评价土壤质量以及明确土壤养分循环产生不同的影响。

10.1.1 荒漠草原不同沙漠化阶段土壤有机碳、全氮、全磷含量分布特征

荒漠草原沙漠化显著影响土壤有机碳、全氮、全磷含量（表 10-1）。随着荒漠草原沙漠化程度的不断加剧，土壤有机碳、全氮、全磷含量均呈降低趋势。潜在沙漠化土壤有机碳含量与重度沙漠化和极度沙漠化差异显著（$P<0.05$），轻度沙漠化、重度沙漠化和极度沙漠化土壤有机碳含量分别比潜在沙漠化降低了

15.2%、47.0%和52.1%。潜在沙漠化土壤全氮含量显著高于其他沙漠化阶段（$P<0.05$），极度沙漠化较重度沙漠化土壤全氮含量降低了20.0%。潜在沙漠化和轻度沙漠化土壤全磷含量显著高于重度沙漠化和极度沙漠化。潜在沙漠化土壤全磷含量分别是轻度沙漠化、重度沙漠化和极度沙漠化的1.04倍、1.33倍和1.41倍。

表10-1　荒漠草原沙漠化对土壤有机碳、全氮、全磷变化特征的影响　（单位:%）

沙漠化阶段	土壤有机碳	土壤全氮	土壤全磷
潜在沙漠化	0.315±0.021a	0.024±0.003a	0.024±0.001a
轻度沙漠化	0.267±0.035a	0.018±0.001b	0.023±0.001a
重度沙漠化	0.167±0.015b	0.010±0.001c	0.018±0.001b
极度沙漠化	0.151±0.013b	0.008±0.001c	0.017±0.001b

注：不同小写字母表示不同沙漠化阶段的差异显著性（$P<0.05$）

土壤是植物生长发育的重要基质，其养分含量对于评价土壤质量状况至关重要（徐阳春等，2002）。土壤有机碳、全氮、全磷含量随着荒漠草原沙漠化程度加剧的变化趋势，与研究高寒草甸退化过程中土壤有机碳、全氮、全磷含量逐渐降低的趋势一致（罗亚勇等，2012），表明荒漠草原沙漠化对土壤养分含量的积累有负效应，原因可能是随着荒漠草原沙漠化的加剧，中亚白草、赖草、牛枝子等优势植物逐渐减少，草地生物多样性降低，植被盖度、生物量、枯落物以及微生物活动均趋于减少（Zhang and Mcbean，2016），影响了土壤有机质的积累。其中，土壤氮主要来自土壤有机质；土壤有机碳主要来源于植物凋落物和根系有机碳等（余健等，2014）；土壤磷与土壤有机碳、氮不同，土壤磷主要来自岩石风化，其含量高低更多取决于土壤质地特征（Chen and Li，2003），且随着荒漠草原的沙漠化的不断加剧，土壤选择性风蚀富含养分的土壤细颗粒，导致土壤的粗化、沙质化（赵丽莉等，2013），使得土壤磷含量下降，此外磷元素还可能由于牲畜的采食而移出草地生态系统。土壤有机碳、全氮、全磷含量的下降表明荒漠草原沙漠化过程中土壤内的养分积累和能量循环受到限制。

10.1.2　荒漠草原不同沙漠化阶段土壤速效养分含量分布特征

荒漠草原沙漠化对土壤碱解氮、铵态氮和硝态氮含量有显著影响（$P<0.05$），而对土壤速效磷的影响不显著（图10-2）。土壤碱解氮含量随着荒漠草原沙漠化的加剧呈递减趋势，但潜在沙漠化和轻度沙漠化、重度沙漠化和极度沙漠化差异均不显著。轻度沙漠化、重度沙漠化和极度沙漠化土壤碱解氮分别比潜在沙漠化降低了12.0%、50.1%和54.4%。荒漠草原沙漠化过程中土壤速效磷的变化趋势

和土壤碱解氮一致，呈递减趋势，但降低幅度较小。随着荒漠草原沙漠化程度的加剧，土壤铵态氮含量也趋于减少，但轻度沙漠化、重度沙漠化和极度沙漠化差异性不显著。与潜在沙漠化相比，轻度沙漠化、重度沙漠化和极度沙漠化土壤铵态氮分别降低 15.5%、16.8% 和 30.0%。潜在沙漠化土壤硝态氮和极度沙漠化土壤硝态氮存在显著差异（$P=0.021$），但潜在沙漠化土壤硝态氮和轻度沙漠化、重度沙漠化土壤硝态氮差异不显著。与潜在沙漠化相比，轻度沙漠化、重度沙漠化和极度沙漠化土壤硝态氮分别降低了 14.3%、18.6% 和 41.5%。

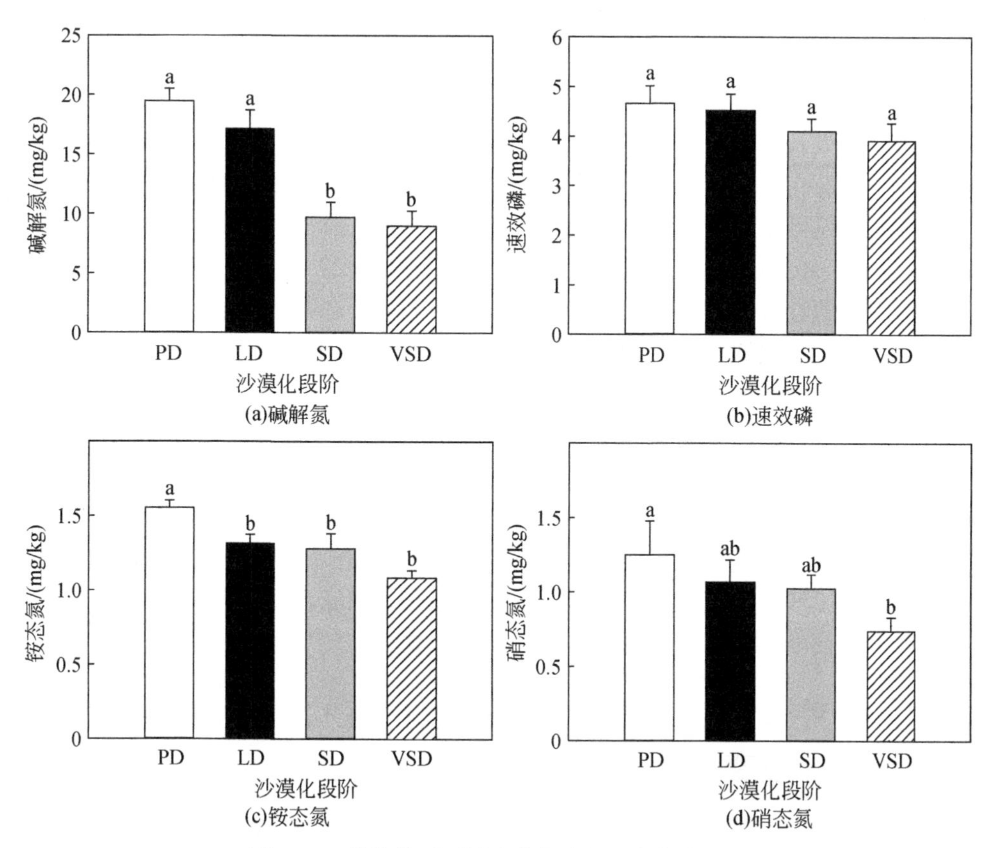

图 10-2 荒漠草原不同沙漠化阶段土壤养分特征

PD：潜在沙漠化；LD：轻度沙漠化；SD：重度沙漠化；VSD：极度沙漠化。
不同小写字母表示不同沙漠化阶段的差异显著性（$P<0.05$）

荒漠草原沙漠化导致草地土壤持续恶化，严重影响地上植被生物量、微生物种类以及一些土壤生物的生命活动。荒漠草原沙漠化导致土壤养分含量下降、土壤养分的可利用性和有效性降低（刘丽丹等，2014）。土壤养分有效性依赖于土壤中发生的各种生物化学过程，并可以反映土壤中养分的转化与供应能力（王延平等, 2013)。草地生态系统中，碱解氮是初级生产力重要的限制养分（Vitousek and Howarth, 1991)。碱解氮能够较准确地反映出土壤氮素高低以及供氮状况，同时作为衡量土壤氮素水平的重要指标。本研究中，随着草地沙漠化程度的加剧，碱解氮含量逐渐减少，这与退化高寒草甸和川西北亚高山草地土壤碱解氮含量变化规律一致（曹丽花等, 2011；干友民等, 2005b)，但袁知洋等（2015）研究表明，草甸退化程度对碱解氮含量的影响并不显著。曹丽花等（2011）研究表明，土壤有机质含量越高，土壤碱解氮含量也越高。随着草地沙漠化的加剧，碱解氮含量呈减少趋势与土壤有机质的输入有很大关系。土壤速效磷含量主要是当季植物吸收的磷量，在一定程度上反映了土壤中磷素的储量和供应能力（Sims et al., 2000)。荒漠草原沙漠化过程中土壤速效磷含量逐渐降低的趋势与刘兵(2007)、干友民等（2005b）研究结果一致，但是本研究中降低幅度不明显，原因可能是从潜在沙漠化到极度沙漠化阶段，植物种类的明显减少降低了对土壤磷素的摄取；还可能与该荒漠草原土壤母质、土壤有机质含量以及该地区环境气候有关。土壤中铵态氮和硝态氮是速效氮的主要存在形态，能够直接被植物吸收。本研究中，随着荒漠草原沙漠化程度的加剧，土壤铵态氮和碱解氮含量均呈逐渐降低的趋势，与颜淑云等（2010）研究中玛曲高寒草地不同退化程度的土壤铵态氮及硝态氮含量特征基本一致，但喀斯特山原红壤退化过程中显示土壤硝态氮含量有增加趋势（许路艳等, 2016)。荒漠草原退化过程中，首先，植被退化明显加剧，导致植物对铵态氮和硝态氮的吸收利用受到阻碍，影响土壤内氮素的储存；其次，由于土壤铵态氮和硝态氮主要来源于土壤有机氮的氨化和硝化作用，有机氮的氨化和硝化作用均受土壤微生物的矿化作用（颜淑云等, 2010)，因此随着荒漠草原沙漠化程度的加剧，土壤铵态氮和硝态氮含量逐渐降低还受土壤微生物种类以及土壤有机质含量等多种因素的影响。

10.1.3 荒漠草原不同沙漠化阶段土壤 C：N：P 生态化学计量变化特征

荒漠草原沙漠化显著影响土壤 N：P（$P<0.05$)，但对土壤 C：N 和 C：P 没有显著影响（表 10-2)。随着荒漠草原沙漠化程度的不断加剧，土壤 C：N 呈增加趋势，而土壤 C：P 和土壤 N：P 总体呈降低趋势。荒漠草原不同沙漠化阶段土壤 C：N 差异不显著，轻度沙漠化、重度沙漠化和极度沙漠化土壤 C：N分别比潜在沙漠化增加了 21.9%、32.8% 和 33.8%。荒漠草原各沙漠化阶段土壤 C：P 差异不显著，土壤 N：P 差异显著（$P<0.05$)。从潜在沙漠化到轻度沙漠化，土壤 N：P 降低了 22.8%；从潜在沙漠化到极度沙漠化，土壤 N：P 降低了 48.5%。

表 10-2　荒漠草原沙漠化对土壤 C∶N∶P 化学计量特征的影响

沙漠化阶段	土壤 C∶N	土壤 C∶P	土壤 N∶P
潜在沙漠化	11.76±1.75a	11.52±1.85a	1.01±0.05a
轻度沙漠化	14.34±1.89a	11.01±1.49a	0.78±0.02b
重度沙漠化	15.62±1.48a	8.97±0.74a	0.50±0.06c
极度沙漠化	15.73±2.35a	7.96±1.24a	0.52±0.02c

注：不同小写字母表示不同沙漠化阶段的差异显著性（$P<0.05$）

土壤 C∶N∶P 可以反映土壤内碳、氮、磷养分循环，也可以衡量土壤有机质和土壤养分平衡状况（Tian et al., 2010）。随着荒漠草原沙漠化的不断加剧，土壤 C∶N 呈逐渐增加的趋势，土壤 C∶P 和 N∶P 总体呈降低趋势。其中，荒漠草原土壤 C∶N 变化趋势与高寒草甸土壤 C∶N 随着沙漠化程度加剧逐渐降低的趋势相反，表明不同草地生态系统土壤 C∶N 存在较大的异质性（罗亚勇等，2012）。Chapin 等（2011）研究表明，土壤 C∶N 与土壤有机质分解速度成反比关系，土壤 C∶N 较高时，氮素相对充足，用来满足微生物的生长代谢；土壤 C∶N较低时，满足微生物生长之余的氮素就会释放到土壤中。本研究区潜在沙漠化阶段土壤 C∶N 最低，说明潜在沙漠化阶段土壤有机质分解速度最高，土壤氮素相对充足。土壤 C∶P 和土壤 N∶P 随草地沙漠化不断加剧呈降低的趋势，荒漠草原沙漠化过程中，土壤碳和氮的变化比磷的变化更加敏感。另外，本研究中土壤 C∶P 的平均值低于全国水平土壤 C∶P 值（25.77）（Tian et al., 2010），参考全国第二次土壤普查养分分级标准发现，本研究区土壤有机碳的平均含量 0.225% 处于土壤有机碳含量极缺乏阶段（程欢等，2018），土壤磷平均含量 0.021% 也明显低于全国水平 0.056%，而土壤有机碳含量相对土壤磷含量降低更严重，进而导致土壤 C∶P 值偏低。潜在沙漠化土壤 N∶P 高于其他沙漠化阶段，表明轻度沙漠化、重度沙漠化和极度沙漠化土壤氮元素供应相对较弱，并有可能成为此阶段植被生长的限制元素。

10.1.4　荒漠草原土壤速效养分与土壤 C∶N∶P 生态化学计量的关系

荒漠草原不同沙漠化阶段土壤速效养分和土壤有机碳、全氮、全磷及其生态化学计量的相关分析表明（表 10-3），土壤碱解氮和铵态氮与土壤有机碳、全氮、全磷以及土壤 C∶P、N∶P 极显著正相关（$P<0.01$），与土壤 C∶N 极显著负相关（$P<0.01$）；土壤速效磷与土壤有机碳、全氮、全磷显著正相关（$P<0.05$），而与土壤 C∶N∶P 生态化学计量无显著相关性；土壤硝态氮与土壤有机碳、全氮

显著正相关，与土壤 C：P、N：P 极显著正相关（$P<0.01$），但与土壤全磷和土壤 C：N 无相关关系。土壤碱解氮、铵态氮、速效磷和硝态氮对土壤有机碳、全氮、全磷以及 C：P、N：P 具有正效应，而对土壤 C：N 具有负效应。

表 10-3 土壤速效养分和土壤碳、氮、磷及其化学计量的相关分析

变量	土壤有机碳	土壤全氮	土壤全磷	土壤 C：N	土壤 C：P	土壤 N：P
土壤碱解氮	0.933 **	0.929 **	0.885 **	−0.777 **	0.832 **	0.917 **
土壤速效磷	0.604 *	0.642 *	0.712 **	−0.522	0.422	0.533
土壤铵态氮	0.760 **	0.817 **	0.753 **	−0.756 **	0.637 *	0.819 **
土壤硝态氮	0.584 *	0.643 *	0.497	−0.400	0.711 **	0.716 **

注：* 表示 $P<0.1$；** 表示 $P<0.05$

从土壤速效养分与土壤有机碳、全氮、全磷及其生态化学计量的相关性（表 10-3）可以看出，荒漠草原土壤全氮含量与硝态氮、铵态氮、碱解氮显著正相关，沈芳芳等（2018）研究发现，氮沉降时间越久，土壤速效氮的含量越高，两者具有正相关关系，这与本研究结果相似，表明土壤全氮含量对硝态氮、铵态氮的影响存在累积性效应；土壤全氮与速效磷显著正相关，可能是由于土壤全氮含量的变化导致土壤速效氮以及土壤磷酸酶活性发生相应变化，进而会影响速效磷含量（裴广廷等，2013），同样土壤有机碳和全磷含量与土壤速效养分正相关，这些相关性说明土壤内养分含量之间密切联系，相互作用。土壤 C：N 与土壤速效养分均为负相关，其中与碱解氮和铵态氮极显著负相关，土壤 C：N 值的高低直接影响土壤养分的积累，比值越高越不利于养分的积累。

10.2 荒漠草地沙漠化对土壤微生物及胞外酶 C：N：P 生态化学计量的影响

土壤微生物是土壤生态系统的重要组成部分，参与土壤有机质分解、腐殖质形成、土壤养分转化和循环等过程。土壤胞外酶是微生物分泌到土壤中并从中获取能量和养分的特殊酶，对土壤微生物分解有机质以及对微生物吸收利用土壤碳、氮、磷等养分元素发挥调节作用（Burns and Dick，2002）。土壤胞外酶活性的高低能够反映土壤中进行的各种生物化学过程的动向、强度以及土壤生物的活性等（荣勤雷等，2014；郝慧荣等，2008）。土壤胞外酶参与土壤有机质的分解，释放出植物与微生物所需的能量和矿质营养是土壤有机质分解的关键（Yao et al.，2006）。土壤胞外酶在生态系统物质循环和能量流动中扮演着重要的角色。β-1，4-葡萄糖苷酶（BG）主要用于获取碳；β-1，4-N-乙酰葡糖氨糖苷酶

(NAG) 和亮氨酸氨基肽酶 (LAP) 主要用于获取氮；酸性 (或碱性) 磷酸酶 (AP) 主要用于获取磷。Sinsabaugh 等 (2010) 提出“生态酶化学计量”概念，即胞外酶的比例关系 BG：(NAG+LAP)：AP 或 BG：NAG：AP，可以反映土壤微生物生物量碳、氮、磷养分资源需求状况 (Moorhead et al., 2016; Peng and Wang, 2016)。土壤微生物和胞外酶生态化学计量受土壤碳、氮、磷资源有效性的调控，可以为探讨土壤养分限制提供有价值的信息 (Sinsabaugh and Follstad Shah, 2012; Sinsabaugh et al., 2008)。土壤胞外酶在有机碳、全氮和全磷矿化过程中的相对活性揭示了化学计量和能量约束对微生物生物量生长的影响。因此，研究土壤微生物和胞外酶生态化学计量有助于深入了解土壤微生物在草地生态系统结构和功能、演替及恢复过程中的作用。

10.2.1 荒漠草原沙漠化对土壤微生物生物量碳、氮、磷的影响

荒漠草地沙漠化对土壤微生物生物量碳、土壤微生物生物量氮影响显著 ($P<0.05$)，而对土壤微生物生物量磷无显著影响 (表 10-4)。随着草地沙漠化程度的不断加剧，土壤微生物生物量碳、氮、磷均表现为潜在沙漠化>轻度沙漠化>重度沙漠化>极度沙漠化。荒漠草原沙漠化过程中，轻度沙漠化、重度沙漠化和极度沙漠化土壤微生物生物量碳显著低于潜在沙漠化 ($P<0.05$)，分别比潜在沙漠化降低了 27.1%、31.0% 和 46.1%。潜在沙漠化土壤微生物生物量氮分别是轻度沙漠化、重度沙漠化和极度沙漠化的 1.6、2.7 和 5.2 倍。荒漠草原不同沙漠化阶段土壤微生物生物量磷无显著差异。

表 10-4 土壤微生物生物量的变化特征 (单位：mg/kg)

沙漠化阶段	微生物生物量碳	微生物生物量氮	微生物生物量磷
潜在沙漠化	47.51±2.81a	1.46±0.33a	1.00±0.11a
轻度沙漠化	34.63±2.95b	0.92±0.15ab	0.88±0.14a
重度沙漠化	32.78±3.54b	0.54±0.12bc	0.78±0.12a
极度沙漠化	25.60±2.83b	0.28±0.06c	0.70±0.06a

注：不同小写字母表示不同沙漠化阶段的差异显著性 ($P<0.05$)

土壤微生物生物量常被作为植物所需营养元素的转化因子和资源库，是土壤发育状况和养分循环的一项主要指标 (刘作云和杨宁，2014)。土壤微生物生物量的积累与土壤在发育过程中有机质的积累密切相关。从潜在沙漠化退化至极度沙漠化，草地群落结构逐渐趋于简单化，均匀度也降低，群落优势种种类逐渐趋向单一，地表植被覆盖度逐渐减小 (唐庄生等，2016)，造成土壤养分流失、有机质的积累受损。本研究中，随着荒漠草原沙漠化程度的加剧，土壤微生物生物

量碳、氮、磷均呈逐渐降低的趋势，这与高寒草地退化过程中土壤微生物生物量逐渐降低的趋势一致（蒋永梅等，2017），表明草地沙漠化使得土壤结构受到严重破坏，土壤中有机质的含量和活性降低（彭佩钦等，2006）。土壤微生物生物量碳的高低反映了土壤有机碳库的大小，可见本研究区土壤有机碳库逐渐减小，土壤质量在持续下降。土壤微生物生物量氮对土壤氮素的循环和转化有重要贡献，是土壤氮素的重要储备库（Schnürer and Rosswall，1987）。荒漠草原沙漠化过程中，土壤微生物生物量氮不断降低，表明草地沙漠化过程中土壤微生物生物量氮对土壤氮素的矿化与固持作用不断减弱。也有研究表明，放牧强度的增加会显著降低土壤微生物生物量氮的含量（宋俊峰等，2008），本研究区过度放牧和人类过度干扰也是造成荒漠草原沙漠化的重要原因，说明表层土壤的活动对土壤微生物生物量氮产生显著影响。相对而言，土壤微生物生物量磷比微生物生物量碳、氮的周转速度快，在土壤磷素循环与转化中起着重要的调节作用（何振立，1997），土壤微生物生物量磷是土壤有机磷的一部分，且活性较强，容易矿化为植物可利用的有效磷（张成霞和南志标，2010b）。本研究中，随着草地沙漠化的加重，土壤微生物生物量磷呈降低趋势，原因可能与沙漠化过程中植被的变化、土壤养分的丢失等密不可分。另外，孙维和赵吉（2002）研究发现内蒙古4种不同草原类型土壤微生物生物量变化为大针茅草原>羊草草原>退化冷蒿草原>沙地稀树草原，表明不同土壤类型及不同植被类型的草原，其微生物的活性及生物量含量也不相同。荒漠草原沙漠化过程中，植被种类、土壤理化性质及微生物活性等均会发生变化，使得土壤表土侵蚀严重，土壤有机物质矿化加剧，此外气候条件、微生物群落结构等都可能是导致土壤微生物生物量下降的原因。

10.2.2 荒漠草原沙漠化对土壤胞外酶活性的影响

土壤胞外酶由微生物群落产生，主要参与土壤内部物质分解。不同沙漠化阶段荒漠草原的土壤胞外酶活性（β-1，4-葡萄糖苷酶、β-1，4-乙酰基氨基葡萄糖苷酶、磷酸酶）存在显著差异（$F_{BG}=27.300$，$P_{BG}=0.000$；$F_{NAG}=4.426$，$P_{NAG}=0.010$；$F_{AP}=58.363$，$P_{AP}=0.000$）（表10-5）。土壤胞外酶活性随着沙漠化程度的加剧呈下降趋势。潜在沙漠化土壤β-1，4-葡萄糖苷酶活性与轻度沙漠化差异不显著，但与重度沙漠化和极度沙漠化差异性显著（$P=0.000$）。重度沙漠化和极度沙漠化土壤β-1，4-葡萄糖苷酶活性较潜在沙漠化下降幅度明显，分别下降了42.2%和78.9%。极度沙漠化土壤β-1，4-乙酰基氨基葡萄糖苷酶活性最低，且与潜在沙漠化、轻度沙漠化和重度沙漠化差异显著，但土壤β-1，4-乙酰基氨基葡萄糖苷酶活性在潜在沙漠化、轻度沙漠化、重度沙漠化差异不显著。土壤磷酸酶活性在潜在沙漠化、轻度沙漠化、重度沙漠化和极度沙漠化存在显著性差异（P=0.000），与潜在沙漠化土壤磷酸酶活性相比，轻度沙漠化、重度沙漠化和极度沙漠化分别降低了 21.3%、48.6% 和 68.4%。

表 10-5　不同沙漠化阶段土壤胞外酶活性　［单位：nmol/(g·h)］

沙漠化阶段	β-1，4-葡萄糖苷酶（BG）	β-1，4-乙酰基氨基葡萄糖苷酶（NAG）	磷酸酶（AP）
潜在沙漠化	102.70±9.38a	5.14±0.68a	81.57±5.67a
轻度沙漠化	83.70±6.34a	5.03±0.65a	64.23±1.70b
重度沙漠化	59.34±5.78b	4.37±0.44a	41.91±1.73c
极度沙漠化	21.67±4.20c	2.64±0.36b	25.80±1.78d

注：小写字母表示同一列数值在 0.05 水平上存在显著性差异（P<0.05）

土壤胞外酶对生物与非生物环境的变化十分敏感，是土壤系统的物质循环与能量转换的积极参与者，也常被作为判定土壤质量的重要指标（李俊华等，2011）。本研究发现，随着荒漠草原沙漠化程度的加剧，β-1，4-葡萄糖苷酶、β-1，4-乙酰基氨基葡萄糖苷酶以及磷酸酶活性均呈现逐渐降低的趋势。土壤胞外酶活性受荒漠草原沙漠化的显著影响，与衡阳紫色土丘陵坡地不同恢复阶段土壤胞外酶活性特征的研究结果基本一致（杨宁等，2014）。大多数土壤胞外酶主要产生于土壤微生物、植物根际土壤微生物，通过土壤微生物响应环境将胞外酶释放到土壤中，另一些是经细胞溶解后进入土壤（Burns and Dick，2002）。王延平等（2013）研究表明，植物根际的生物活性物质和枯落物等残体使土壤微生物的生长和繁殖受到抑制时，其体内胞外酶的产出就会减少，从而降低土壤胞外酶活性。随着荒漠草原沙漠化的加剧，植物群落结构逐渐由复杂到简单，植被盖度显著降低（唐庄生等，2016），导致地上植物枯落物减少，土壤有机质的输入能力下降，进而影响根际土壤微生物的群落结构、生长数量和生存状况。这表明本研究中荒漠草原沙漠化过程中地上植被和地下土壤微生物变化可能是土壤胞外酶活性降低的原因之一。地形、植物物种和土壤属性共同解释了土壤胞外酶活性变化的 55.3%，但最主要控制因子为土壤属性，其对土壤胞外酶活性变化解释量为 44.2%（罗攀等，2017）。呼伦贝尔草地和松嫩草地土壤物理（土壤水分、土壤黏粉粒）和化学性状（土壤有机质、土壤有机碳、全氮、全磷、碱解氮、速效磷）随着沙漠化程度的加剧逐渐降低（王进等，2011）。草地沙漠化过程中，植被覆盖度下降，表层土壤很不稳定，容易产生风蚀，导致不能为产生胞外酶的土壤微生物创造适宜条件，从而使土壤胞外酶活性受到程度不一的影响。

10.2.3 荒漠草原不同沙漠化阶段土壤 MBC：MBN：MBP 生态化学计量特征

随着荒漠草原沙漠化程度的不断加剧，不同沙漠化阶段土壤 MBN：MBP 差异显著（$P<0.05$），且沙漠化对土壤 MBC：MBN 和土壤 MBC：MBP 影响不显著（图 10-3）。土壤 MBC：MBN 在荒漠草原沙漠化过程中呈先减少后增加的趋势，而土壤 MBC：MBP 和 MBN：MBP 均呈逐渐降低的趋势。与潜在沙漠化相比，轻度沙漠化和重度沙漠化土壤 MBC：MBN 分别降低了 40.5% 和 6.3%，而极度沙漠化增加了 10.2%。极度沙漠化土壤 MBC：MBP 较潜在沙漠化下降了 30.0%。与潜在沙漠化相比，轻度沙漠化、重度沙漠化和极度沙漠化土壤 MBN：MBP 分别降低了 37.6%、46.6% 和 82.6%。

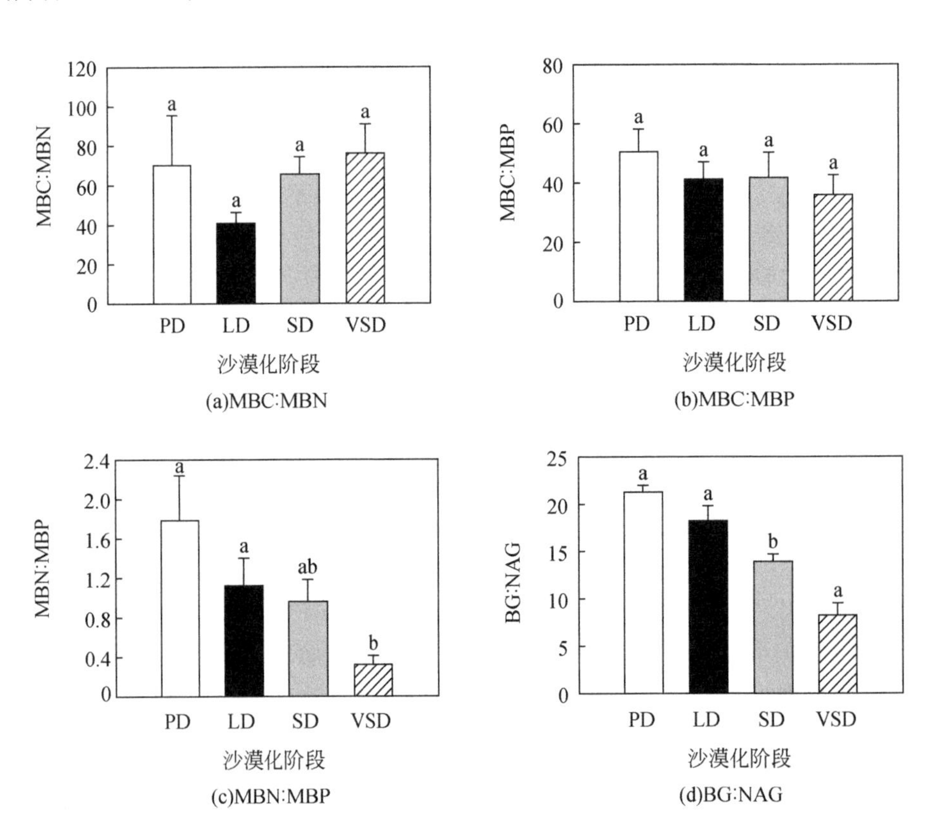

(a)MBC:MBN (b)MBC:MBP (c)MBN:MBP (d)BG:NAG

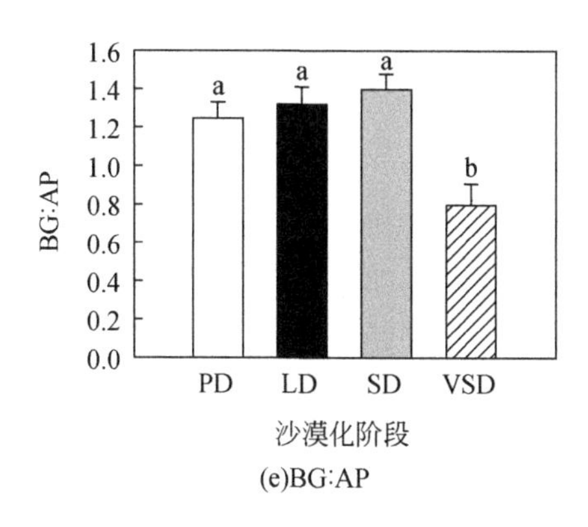

(e)BG:AP

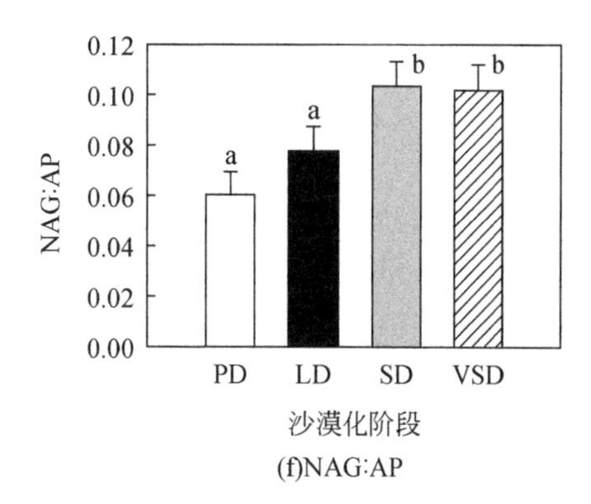

(f)NAG:AP

图 10-3　土壤微生物及土壤胞外酶 C：N：P 生态化学计量特征

PD：潜在沙漠化；LD：轻度沙漠化；SD：重度沙漠化；VSD：极度沙漠化。
不同小写字母表示阶段的差异显著性（$P<0.05$）

土壤微生物作为草地土壤中最活跃的营养库，其生态化学计量对于探究草地生态系统限制性养分具有重要意义。本研究中土壤 MBC：MBN 平均值高于中国土壤 MBC：MBN 平均值（7.6），而土壤 MBN：MBP 平均值低于中国土壤 MBN：MBP 的平均值（5.6）（Xu and Post，2013），其主要原因可能是荒漠草原土壤微生物氮含量较低；土壤 MBC：MBP 与全球土壤 MBC：MBP 的平均值（42.4）接近（Xu and Post，2013）。随着荒漠草原沙漠化程度的不断加剧，土壤 MBC：MBP 和 MBN：MBP 均表现出逐渐降低趋势，这可能与荒漠草原沙漠化过程中生物多样性的降低以及植被变化有关，而土壤 MBN：MBP 值的降低也有可能是由微生物的生长需要更多富含磷元素的核糖体 RNA（Elser et al.，2003）。王宝荣等（2018）研究黄土丘陵区关于土壤微生物生态化学计量的影响因素时发现，植被类型的变化会显著影响土壤 MBC：MBN 和 MBC：MBP。本研究区随着荒漠草原的不断沙化，优势草本植物相继退化，而沙蓬和白刺等沙生植物出现，使得土壤微生物生物量发生变化。此外 Cleveland 和 Liptzin（2007）也认为不同植物种可能导致凋落物质量和数量以及微生物群落组成的改变，进而会影响土壤微生物生态化学计量。土壤 MBC：MBP 可作为土壤中微生物吸收固持磷潜力的指标，土壤 MBC：MBP 一般在 7～30。土壤 MBC：MBP 值低表明微生物在矿化土壤有机质中释放磷的潜力较大，土壤 MBC：MBP 值高则表明土壤微生物对土壤有效磷有同化趋势，且微生物与植物竞争吸收土壤速效磷，固磷能力较强（彭佩钦等，2006）。本研究中荒漠草原 MBC：MBP 值在 35.25～50.39，表明微生物和荒漠草原植被竞争土壤速效磷，导致荒漠草原植被对土壤磷的利用率降低。

10.2.4 荒漠草原不同沙漠化阶段土壤胞外酶 C∶N∶P 生态化学计量特征

荒漠草原沙漠化对胞外酶 BG∶NAG（C∶N）和胞外酶 NAG∶AP（N∶P）影响显著（$P<0.05$），而对胞外酶 BG∶AP（C∶P）的影响不显著（图 10-3）。随着荒漠草原沙漠化程度的加剧，胞外酶 BG∶NAG（C∶N）呈降低趋势，而胞外酶 NAG∶AP（N∶P）呈增加趋势。与潜在沙漠化相比，轻度沙漠化、重度沙漠化和极度沙漠化胞外酶 BG∶NAG（C∶N）分别降低 14.7%、34.7% 和 60.6%。潜在沙漠化到轻度沙漠化、重度沙漠化和极度沙漠化胞外酶 NAG∶AP（N∶P）分别增加了 30.0%、71.6% 和 70.0%。胞外酶 BG∶AP（C∶P）在荒漠草原各沙漠化阶段整体表现为先上升后下降趋势。

土壤胞外酶活性可以反映微生物生长和代谢过程的能量限制，并与土壤碳、氮、磷分解密切相关（王冰冰等，2015）。而不同土壤胞外酶活性的比值又与养分浓度或者土壤 C∶N∶P 值密切相关，用于评价土壤微生物生物量碳、氮、磷养分资源的需求状况（Schimel and Weintraub，2003）。有研究发现土壤磷的有效性与土壤磷酸酶呈负相关关系，而土壤氮对微生物产生磷酸酶有促进作用（Allison et al.，2007；Olander and Vitousek，2000）。本研究中，从潜在沙漠化退化至轻度沙漠化过程中，胞外酶 BG∶NAG（C∶N）逐渐降低，而胞外酶 BG∶AP（C∶P）、NAG∶AP（N∶P）基本表现为上升趋势，土壤微生物降低了对磷酸酶活性的投资，表明本研究区土壤微生物的生长受碳、氮限制较为突出。另外，胞外酶 BG∶NAG（C∶N）不断下降也可能与荒漠草原沙漠化过程中土壤养分含量的降低以及植被变化等有关。潜在沙漠化高的胞外酶 BG∶NAG（C∶N）、BG∶AP（C∶P）反映出潜在沙漠化土壤微生物氮、磷功能的发挥相对较差；而重度沙漠化较高的胞外酶 NAG∶AP（N∶P），表明重度沙漠化土壤微生物氮资源功能发挥较好。

10.3 沙漠化对土壤微生物熵及土壤–微生物生态化学计量不平衡性的影响

微生物熵是土壤微生物生物量碳、氮、磷占土壤有机碳、全氮、全磷含量的比例，受土壤有机质质量和数量的影响较大，主要用来监测土壤有机质和指示单位资源所能支持的微生物生物量（Srivastava and Singh，1991）。Jia 等（2005）研究发现 q_{MBC} 会随着植被恢复年限的增加呈先下降后升高趋势，而在退化喀斯特地区，随着植被恢复的时间梯度 q_{MBC} 明显上升且在不同季节变化差异显著（魏媛等, 2009), 表明微生物熵的变化在不同生态系统存在差异。陈璟和杨宁 (2012) 研究发现, 紫色土丘陵地自然恢复过程中微生物熵随着植被的恢复降低, 但周正虎和王传宽 (2016a) 整合不同生态系统发现土壤微生物熵会随着生态系统演替进程显著增加。此外也有大量研究相继报道了生态系统演替过程中 q_{MBC} 的时间格局, 但尚未得出一致的结论。土壤微生物 MBC : MBN : MBP 生态化学计量特征能够提升对土壤微生物生态过程和机理的认识。土壤–微生物化学计量不平衡性是用来衡量土壤微生物与资源化学组成的差异性, 有助于明确土壤与微生物的养分动态平衡状态。已有研究表明, 土壤微生物熵随土壤 C : N 的变化而变化 (Anderson and Domsch, 1990); 周正虎和王传宽 (2016a) 整合分析发现微生物熵也会随土壤 C : N : P 化学计量不平衡性的增加而降低, 因此探索土壤–微生物 C : N : P 生态化学计量和微生物熵在生态系统演替过程中的耦合作用有利于进一步明确生态系统演替过程中微生物生物量和微生物熵的普适性动态。

10.3.1 土壤微生物熵及土壤–微生物化学计量不平衡性特征

荒漠草原沙漠化显著影响土壤微生物熵 q_{MBN}, 而对土壤微生物熵 q_{MBC} 和 q_{MBP} 没有显著影响。随着荒漠草原沙漠化程度的不断加剧, 土壤微生物熵 q_{MBC}、q_{MBN}、q_{MBP} 均呈逐渐降低的趋势 (表 10-6)。轻度沙漠化、重度沙漠化和极度沙漠化土壤 q_{MBN} 比潜在沙漠化分别降低了 24.5%、30.1% 和 47.5%。荒漠草原沙漠化过程中土壤–微生物 ($C:N_{imb}$、$C:P_{imb}$) 化学计量不平衡性均表现为差异不显著, 而土壤–微生物 $N:P_{imb}$ 生态化学计量不平衡性差异显著 ($P<0.05$)。

表 10-6 荒漠草原沙漠化对土壤微生物熵及土壤–微生物生态化学计量不平衡性的影响

沙漠化阶段	土壤微生物熵 (碳) q_{MBC}	土壤微生物熵 (氮) q_{MBN}	土壤微生物熵 (磷) q_{MBP}	C : N 生态化学计量不平衡性 $C:N_{imb}$	C : P 生态化学计量不平衡性 $C:P_{imb}$	N : P 生态化学计量不平衡性 $N:P_{imb}$
潜在沙漠化	19.47±1.78a	7.22±1.04a	4.14±0.55a	0.26±0.07a	0.28±0.05a	0.55±0.11a
轻度沙漠化	18.67±2.72a	5.45±0.88ab	4.02±0.52a	0.29±0.04a	0.30±0.07a	0.78±0.18ab
重度沙漠化	17.50±2.34a	5.05±1.10ab	3.81±0.58a	0.29±0.05a	0.29±0.05a	0.80±0.25b
极度沙漠化	16.45±2.12a	3.79±0.59b	3.75±0.23a	0.29±0.05a	0.30±0.04a	1.22±0.19c

土壤微生物熵主要受土壤有机质的数量和质量的影响, 能够监测土壤有机质以及土壤微生物生物量的状况 (Srivastava and Singh, 1991), 同时也可以指示土壤养分向微生物生物量转化速度的快慢。本研究中, 随着荒漠草原沙漠化的不断加剧, 土壤微生物熵 (q_{MBC}、q_{MBN}、q_{MBP}) 均表现为降低的趋势, 这与以往研究

土壤微生物熵的变化的结果基本一致（薛萓等，2007；杨宁等，2014）。周正虎和王传宽（2016a）整合19个生态演替过程中土壤微生物熵的变化，发现土壤q_{MBC}、q_{MBN}、q_{MBP}在84%的生态演替序列表现出随着生态演替进程而增加的趋势，表明土壤微生物熵的变异很大程度上可以反映土壤质量的演变。荒漠草原沙漠化过程中，随着中亚百草、苦豆子和赖草等一些优势种的不断消失，不仅植被多样性、盖度降低了，土壤微生物的生存条件也受到影响，其次植被盖度的降低使得枯落物随之减少，导致土壤有机质的数量和质量相对减弱，从而使微生物熵受到影响。另外，本研究中草地不同沙漠化阶段土壤微生物熵（q_{MBC}、q_{MBN}）相对偏高，而q_{MBP}值较低，与黄土高原土壤微生物熵值结果一致（薛萓等，2007），表明该地区土壤有机碳和土壤氮素相对贫瘠，土壤微生物代谢快，而要维持地上生物生长需要的碳源、氮源以及其他营养物质，就需要提高微生物生物量在有机碳和全氮中的比例来维持较高的物质代谢能力。随着荒漠草原沙漠化程度的加重，土壤微生物生物量和微生物活性下降，植被生产力明显降低，使得植被生长所需的碳源、氮素等相对降低，进而导致用来维持有机物代谢和物质循环的土壤微生物熵趋于降低，表明荒漠草原沙漠化过程中土壤养分积累出现负增长。也有研究表明，土壤q_{MBC}值越高，土壤有机碳的活性程度越高，土壤中有机碳向微生物生物量转化的速度越快（Singh et al., 1989）。草地沙漠化初期，随着草地植被凋落物和死亡根系等在草地逐渐聚集并分解，有机质积累速率逐渐加快，微生物熵值较大；而随着草地沙漠化加剧，草地的养分归还变慢且严重降低，导致土壤微生物熵在逐渐降低。同时，这种变化机理也符合宏观生态系统演替理论，即单位资源所能支持的微生物生物量随着演替进程而增加。土壤-微生物C：N：P生态化学计量不平衡性用来指示微生物的化学组成和土壤资源化学组成的差异性，且生态化学计量不平衡性值越小，表明土壤的质量状况越好，微生物的生长利用效率也越高（Mooshammer et al., 2014）。本研究中，随着荒漠草原沙漠化的不断加剧，土壤-微生物C：N_{imb}、C：P_{imb}基本表现为上升趋势，N：P_{imb}上升明显且在极度沙漠化阶段存在最大值，与前人结果一致，表明荒漠草原沙漠化过程中，土壤质量越来越差，微生物的生长效率明显下降。

10.3.2 土壤微生物生物量与土壤-微生物化学计量不平衡性的耦合关系

土壤微生物生物量与土壤-微生物生态化学计量不平衡性（C：N_{imb}、C：P_{imb}、N：P_{imb}）的相关分析表明（表10-7），土壤微生物生物量碳与微生物生物量氮、磷显著正相关（$P<0.05$）；微生物生物量氮与土壤C：N_{imb}极显著正相关（$P<0.01$），与N：P_{imb}显著负相关（$P<0.05$）；土壤微生物生物量磷与土壤-微

生物 C∶P_{imb}显著正相关（P<0.05）。整体上，土壤微生物生物量碳、氮对土壤微生物生物量磷、土壤–微生物 C∶N_{imb}具有正效应，对 C∶P_{imb}、N∶P_{imb}均有负效应；土壤微生物磷对土壤–微生物（C∶N_{imb}、C∶P_{imb}、N∶P_{imb}）均有正效应。土壤–微生物 C∶N_{imb}与 C∶P_{imb}、N∶P_{imb}均呈负相关关系。

表 10-7　土壤微生物生物量与土壤–微生物化学计量不平衡性的相关性

项目	MBC	MBN	MBP	C∶N_{imb}	C∶P_{imb}	N∶P_{imb}
MBC	1	0.542 **	0.405 *	0.047	−0.335	−0.385
MBN		1	0.346	0.493 **	−0.048	−0.510 *
MBP			1	0.180	0.399 *	0.345
C∶N_{imb}				1	−0.128	−0.569 *
C∶P_{imb}					1	0.328
N∶P_{imb}						1

注：MBC 为微生物生物量碳；MBN 为微生物生物量氮；MBP 为微生物生物量磷。C∶N_{imb}为 C∶N 生态化学计量不平衡性；C∶P_{imb}为 C∶P 生态化学计量不平衡性；N∶P_{imb}为 N∶P 生态化学计量不平衡性

* P<0.1；** P<0.05

相关分析表明，荒漠草原沙漠化过程中，土壤微生物生物量（碳、氮、磷）与土壤–微生物生态化学计量不平衡性的关系密切，面对土壤–微生物生态化学计量不平衡性的变异性，微生物会通过调节自身生物量进行适应。荒漠草原微生物生物量碳与微生物生物量氮极显著正相关，这与黄土丘陵地区和若尔盖沙化草地的研究结果一致（胡婵娟等，2014；仲波等，2017），表明土壤微生物生物量碳、氮对荒漠草原沙漠化的响应较为一致，且相互之间影响密切，主要原因可能是土壤微生物生物量碳、氮均来自土壤有机质的直接转化，土壤有机碳、氮的转化速率及分解量对微生物生物量碳、氮产生了定量的影响。土壤微生物生物量碳、微生物生物量氮与 C∶P_{imb}、N∶P_{imb}均呈负相关，可看出土壤微生物生物量碳、氮变异引起微生物生物量 C∶N 发生变化，进而导致土壤微生物生态化学计量不平衡性增加。随着荒漠草原沙漠化的不断加剧，土壤微生物对土壤资源的利用效率降低，微生物自身的生长代谢也随之减慢。土壤微生物磷与 C∶N_{imb}、C∶P_{imb}、N∶P_{imb}呈正相关，很大程度上是由于荒漠草原土壤磷含量变化不大。

10.3.3　荒漠草原土壤微生物熵对土壤–微生物 C∶N∶P 生态化学计量变化的响应

对土壤微生物熵与土壤–微生物 C∶N∶P 化学计量及土壤–微生物 C∶N∶P 生态化学计量不平衡性关系的 RDA 排序分析表明（图 10-4），第一典型轴（F=

16.44，P=0.03）和所有典型轴（F=2.79，P=0.01）在统计学上达到显著水平，说明排序分析能够较好地反映土壤微生物熵与土壤C：N：P生态化学计量及C：N：P生态化学计量不平衡性的关系，前两个排序轴累计解释了43.0%的土壤微生物熵的变异。图10-4可以看出，土壤q_{MBC}与MBC：MBN、MBC：MBP、MBN：MBP和C：N_{imb}表现为正相关关系，而与$Soil_{C:N}$、$Soil_{N:P}$、$Soil_{C:P}$和C：P_{imb}、N：P_{imb}呈负相关关系；土壤q_{MBN}与MBN：MBP、MBC：MBP、$Soil_{N:P}$、$Soil_{C:P}$、C：N_{imb}呈正相关关系，与MBN：MBP关系最密切；土壤q_{MBP}与MBC：MBN、$Soil_{C:P}$、$Soil_{C:N}$、C：P_{imb}、N：P_{imb}正相关，C：P_{imb}、N：P_{imb}对q_{MBP}的影响较其他指标大。

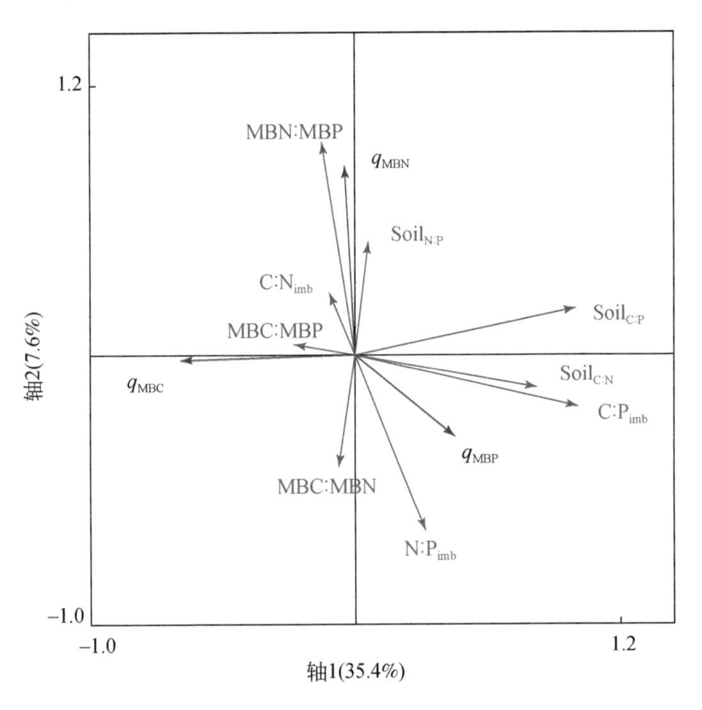

图10-4　土壤微生物熵和土壤-微生物C：N：P化学计量关系的RDA排序图

q_{MBC}：土壤微生物熵（碳）；q_{MBN}，土壤微生物熵（氮）；q_{MBP}，土壤微生物熵（磷）；$Soil_{C:N}$，土壤碳氮比；$Soil_{C:P}$，土壤碳磷比；$Soil_{N:P}$，土壤氮磷比；MBC：MBN，微生物生物量碳氮比；MBC：MBP，微生物生物量碳磷比；MBN：MBP，微生物生物量氮磷比；C：N_{imb}，C：N生态化学计量不平衡性；C：P_{imb}，C：P生态化学计量不平衡性；N：P_{imb}，N：P生态化学计量不平衡性

荒漠草原沙漠化过程中，土壤-微生物生态化学计量及其生态化学计量不平衡性对土壤微生物熵的影响不同。Zhou和Wang（2015）整合不同生态系统中影响土壤q_{MBC}变异的结果发现，q_{MBC}与C：N、C：P、N：P均为负相关关系；Xu

等（2014）模型分析也显示 q_{MBC}会随着土壤 C：N 的增加而显著减小，这种负相关关系主要是由于土壤微生物的生长代谢需要土壤碳、氮、磷养分的协调供应。本研究中，土壤微生物熵（q_{MBC}）与土壤-微生物 C：N：P 生态化学计量（$Soil_{C:N}$、$Soil_{N:P}$、$Soil_{C:P}$和 MBC：MBN、MBC：MBP、MBN：MBP）以及土壤-微生物生态化学计量不平衡性（$C:N_{imb}$、$C:P_{imb}$、$N:P_{imb}$）的 RDA 分析也证实了土壤 C：N、C：P、N：P 与土壤 q_{MBC}的负相关关系，且土壤 q_{MBN}与土壤 C：N 显著正相关与中国森林生态系统的结果也一致（Zhou and Wang，2015），表明土壤-微生物 C：N：P 生态化学计量在一定程度上可以影响土壤微生物熵，土壤-微生物 C：N：P 以及微生物元素利用之间的平衡对生态系统碳、氮、磷的循环产生一定影响。周正虎等（2015）也发现，土壤-微生物生态化学计量不平衡性对微生物熵变异性的解释率是演替时间的 7 ~ 17 倍，说明土壤-微生物生态化学计量不平衡性对微生物熵的变化特征发挥重要作用，也进一步表明土壤-微生物生态化学计量不平衡性能够体现微生物对土壤养分变异的适应状况及两者协同调控生态系统养分动态平衡的关系。也有研究认为，低的 q_{MBC}是由于较高的土壤 C：N和 C：P 下微生物生长会受到养分（氮或磷）的限制，因此本研究中微生物熵不断降低的趋势可能与本研究区受氮素限制有关。总体而言，本研究中，随着荒漠草原沙漠化程度的加剧，土壤微生物生物量、微生物熵以及土壤-微生物生态化学计量不平衡性的变化特征基本上能够直接或间接地反映荒漠草原不同沙漠化阶段土壤质量状况，为指导草地退化生态系统的恢复提供参考依据。

10.4 荒漠草原沙漠化对土壤-微生物-胞外酶 C：N：P 生态化学计量的影响

土壤 C：N：P 生态化学计量特征影响微生物生长、群落结构、微生物 MBC：MBN：MBP 生态化学计量及微生物代谢活动（周正虎和王传宽，2016b）。由于土壤微生物数量、群落组成以及代谢活动的复杂性，土壤微生物 MBC：MBN：MBP 与土壤 C：N：P 之间的关系仍不明确。中国森林土壤微生物生物量碳氮格局整合分析表明，土壤微生物 MBC：MBN 随着土壤 C：N 的增加呈减小趋势（Zhou and Wang，2015），然而亚热带和喀斯特地区土壤微生物 MBC：MBN 随着土壤 C：N 的增加而显著增加（Hu N et al.，2016；Li et al.，2012）；也有研究认为，土壤微生物 MBC：MBN 变异性很小（Michaels，2003）。亚热带地区土壤微生物 MBC：MBP 随着土壤 C：P 的增加而显著增加，而土壤微生物 MBN：MBP 随着土壤 N：P 的增加呈减小趋势（Li et al.，2012）。因此，土壤微生物 MBC：MBN：MBP 与土壤C：N：P 是否存在协变关系，土壤微生物生态化学计量与土壤生态化学计量关联性和强度还需要进一步验证。

土壤胞外酶的相对活性与资源的有效性相耦合。土壤磷酸酶活性通常与土壤有效磷成反比（Allison et al., 2007）。当土壤中微生物的生长受磷限制时，土壤微生物将增加对磷酸酶的投资，从而降低 BG：AP 和 NAG：AP；受氮限制时，土壤微生物通常不会消耗自身氮素来产生更多的与氮获取相关的胞外酶（Sinsabaugh and Follstad Shah, 2012）；当受到严重氮限制时，土壤微生物很可能在氮限制解除之前处于休眠状态（Sinsabaugh and Follstad Shah, 2012; Blagodatskaya and Kuzyakov, 2013）。目前，关于荒漠草原土壤微生物和胞外酶生态化学计量是否随土壤碳、氮、磷生态化学计量的变异发生协变的研究仍然较少。因此，通过研究土壤-微生物-胞外酶 C：N：P 化学计量的关系，能够明确荒漠草原沙漠化过程中土壤-微生物系统碳、氮、磷养分的循环途径以及土壤-微生物-胞外酶生态化学计量的主控因子。

10.4.1 荒漠草原土壤微生物养分利用效率

不同沙漠化阶段土壤微生物碳利用效率 $CUE_{C:N}$ 差异显著（$P<0.05$，图 10-5）。荒漠草原沙漠化过程中土壤微生物碳利用效率 $CUE_{C:N}$ 表现为递增趋势。与潜在沙漠化相比，轻度沙漠化、重度沙漠化和极度沙漠化 $CUE_{C:N}$ 分别增加了 4.0%、44.0% 和 108.0%。荒漠草地沙漠化对土壤微生物氮利用效率（$NUE_{N:C}$）和土壤微生物磷利用效率（$PUE_{P:C}$）影响显著。随着荒漠草原沙漠化的不断加剧，土壤微生物氮利用效率 $NUE_{N:C}$ 呈先增后减趋势，而土壤微生物磷利用效率 $PUE_{P:C}$ 基本呈降低趋势。

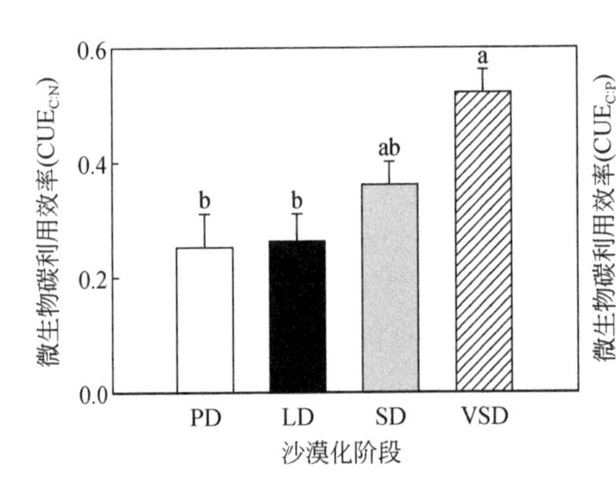

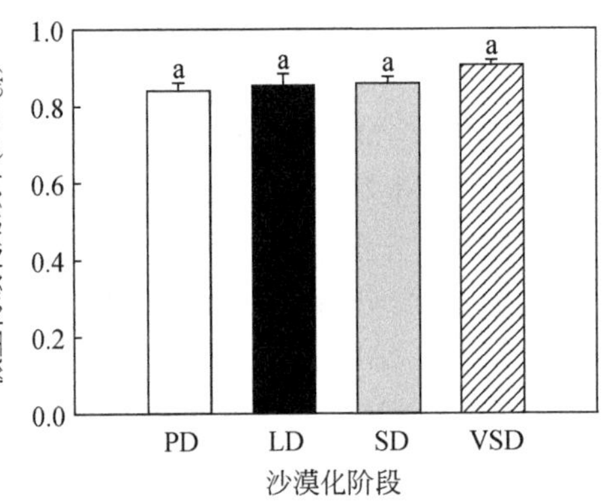

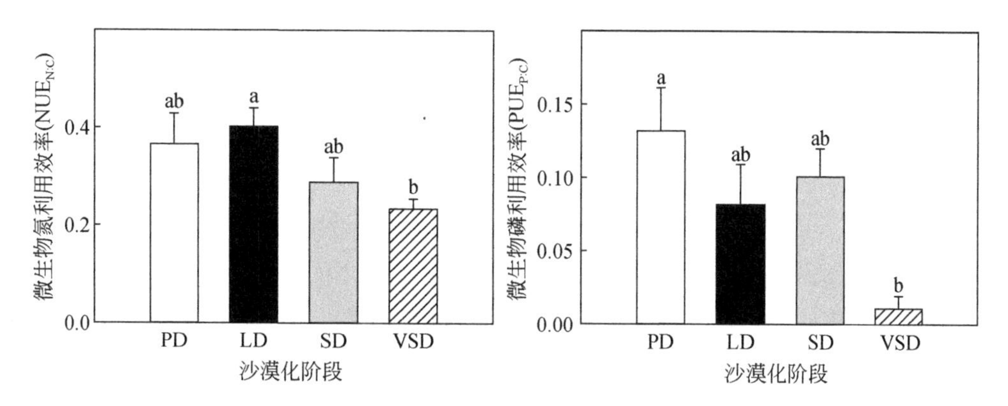

图 10-5　不同沙漠化阶段土壤微生物养分利用效率特征

PD：潜在沙漠化；LD：轻度沙漠化；SD：重度沙漠化；VSD：极度沙漠化。
不同小写字母表示阶段的差异显著性（$P<0.05$）

消费者驱动的养分循环理论表明土壤 C：N：P 和土壤微生物 MBC：MBN：MBP 以及微生物的元素利用效率间的平衡对生态系统碳、氮、磷的循环有直接影响，微生物消费者驱动的养分循环理论指出，微生物会通过保留自身的组成元素来维持代谢需求的限制性元素，并且能够主动排出多余元素（Sterner and Elser, 2002）。荒漠草原沙漠化过程中，随着土壤 C：N 逐渐增加，土壤微生物碳利用效率 $CUE_{C:N}$表现出增加趋势，而氮利用效率 $NUE_{N:C}$和磷利用效率 $PUE_{P:C}$均有逐渐降低趋势，这与 Mooshammer 等（2012）的结论一致，表明荒漠草原土壤微生物生长主要受碳源限制。而土壤碳积累又主要来自土壤有机质的输入（贾国梅等, 2016），随着荒漠草原沙漠化的不断加剧，土壤养分含量降低，使得荒漠草原植被减少，进一步影响枯落物的覆盖度，导致土壤有机质的输入受到阻碍，从而影响到土壤碳的积累。极度沙漠化土壤微生物养分利用效率 $NUE_{N:C}$和 $PUE_{P:C}$达到最低，表明极度沙漠化土壤微生物生长受碳限制较为严重。

10.4.2　土壤-微生物碳、氮、磷含量和胞外酶活性及其生态化学计量的关系

对荒漠草原土壤碳、氮、磷，土壤微生物生物量碳、氮、磷，以及胞外酶活性与土壤-微生物-胞外酶 C：N：P 生态化学计量进行相关分析（表 10-8）。结果表明，土壤 C：N 与土壤碳、氮、磷，土壤微生物生物量碳、氮、磷以及胞外酶活性均呈极显著或显著负相关关系（$P<0.01$）；土壤 C：P 和 N：P 与土壤，微生物生物量碳、氮、磷含量以及胞外酶活性呈正相关关系，其中土壤 N：P 与土壤碳、氮、磷，微生物生物量碳、氮、磷，以及胞外酶（BG 和 AP）均表现为

极显著正相关（$P<0.01$），土壤 C：P 仅与微生物生物量磷无显著相关性。除土壤碳以外，土壤 MBC：MBN 与其他指标呈负相关关系且不显著；土壤 MBC：MBP 和 MBN：MBP 与土壤-微生物系统各项测定指标均呈显著或极显著正相关关系（$P<0.05$）。胞外酶 BG：NAG（C：N）与土壤碳、氮、磷和微生物碳、氮、磷呈极显著正相关关系（$P<0.01$）；胞外酶 BG：AP（C：P）仅与胞外酶 BG 和 NAG 极显著正相关，与土壤碳、氮、磷和微生物碳、氮、磷均无显著相关性；胞外酶 NAG：AP（N：P）与土壤-微生物系统各测定指标之间均呈负相关关系，其中与土壤碳、氮、磷，微生物生物量氮以及胞外酶（AP）均为极显著相关。

表 10-8　土壤-微生物-胞外酶生态化学计量与土壤养分、微生物生物量以及胞外酶活性的相关性

	$Soil_C$	$Soil_N$	$Soil_P$	MBC	MBN	MBP	BG	NAG	AP
$Soil_{C:N}$	-0.839 **	-0.866 **	-0.817 **	-0.904 **	-0.908 **	-0.833 **	-0.813 **	-0.577 *	-0.865 **
$Soil_{C:P}$	0.857 **	0.837 **	0.771 **	0.670 *	0.753 **	0.531	0.729 **	0.651 *	0.798 **
$Soil_{N:P}$	0.965 **	0.979 **	0.885 **	0.895 **	0.938 **	0.819 **	0.849 **	0.679 *	0.931 **
MBC：MBN	0.146	-0.225	-0.196	-0.177	-0.240	-0.443	-0.425	-0.432	-0.324
MBC：MBP	0.812 **	0.837 **	0.714 **	0.860 **	0.832 **	0.615 *	0.784 **	0.704 *	0.825 **
MBN：MBP	0.866 **	0.879 **	0.796 **	0.857 **	0.891 **	0.682 **	0.842 **	0.693 **	0.887 **
BG：NAG	0.934 **	0.930 **	0.948 **	0.899 **	0.952 **	0.818 **	0.965 **	0.800 **	0.978 **
BG：AP	0.359	0.376	0.477	0.562	0.462	0.603	0.725 **	0.860 **	0.554
NAG：AP	-0.865 **	-0.828 **	-0.791 **	-0.674 *	-0.803 **	-0.497	-0.649 *	-0.313	-0.778 **

注：$Soil_C$ 为土壤碳；$Soil_N$ 为土壤氮；$Soil_P$ 为土壤磷；MBC 为微生物生物量碳；MBN 为微生物生物量氮；MBP 为微生物生物量磷；BG 为 β-1，4-葡萄糖苷酶；NAG 为 β-1，4-N-乙酰葡糖氨糖苷酶；AP 为碱性磷酸酶。

* $P<0.1$；** $P<0.05$

通过分析土壤碳、氮、磷，微生物生物量碳、氮、磷，以及胞外酶活性等测量因子与 C：N：P 生态化学计量的相关性，有利于理解荒漠草原沙漠化过程中影响生态化学计量的主控因子及其影响程度。荒漠草原沙漠化过程中，土壤碳、氮与土壤 C：P 和 N：P 的相关性较强，这与王宝荣等（2018）研究结果一致；土壤微生物生物量碳、氮与土壤 C：N 极显著负相关，而王宝荣等（2018）研究认为土壤微生物生物量碳、氮、磷与土壤 C：P 均表现为正相关关系，且与土壤 C：N 的相关性不明显；胞外酶（BG 和 AP）与土壤 C：N：P 的显著或极显著相关性与不同管理措施下黄土高原旱作农田土壤生态化学计量的研究结果不一致（武均，2018），表明荒漠草地控制土壤 C：N、C：P、N：P 的主要影响因子并不一致。本书研究中土壤微生物生物量与土壤 C：N、C：P、N：P 的相关系数普遍较高，反映了荒漠草原土壤 C：N：P 生态化学计量对土壤微生物生物量的依赖性较大，二者关系比较紧密，即可以通过刺激土壤微生物生物量的变化进一步调控土壤 C：N：P 生态化学计量。土壤微生物 MBC：MBN 与土壤各因子均无显著相关性，但土壤 MBC：MBP 和 MBN：MBP 与土壤各影响因子关系密切，相关性均达到显著水平，这与吴建平等（2016）研究结果一致，而与王宝荣等（2018）的研究结果有所差异，表明本研究区土壤微生物 MBC：MBN：MBP 生态化学计量比与土壤碳、氮、磷和胞外酶活性之间有较好的约束性，其中土壤碳和氮与 MBC：MBP、MBN：MBP 的相关系数较高，即土壤碳、氮可能是土壤 MBC：MBP、MBN：MBP 的主要影响因子，表明荒漠草原沙漠化过程中土壤微生物生物量 C：N：P 生态化学计量对土壤碳、氮元素的响应较其他测量因子更加敏感，以及荒漠草原沙漠化可能会通过调控土壤微生物元素比例进一步影响土壤固持养分和提高胞外酶活性的能力。胞外酶（BG：NAG、NAG：AP）与土壤各指标之间的也表现出较好的相关性，表明土壤胞外酶活性既与土壤微生物代谢有关，又与土壤的资源有效性密切相关，土壤胞外酶与土壤-微生物系统 C：N：P 生态化学计量的相互作用也是生态系统物质循环的关键环节之一。

10.4.3 土壤-微生物-胞外酶 C：N：P 生态化学计量的相关性分析

土壤 C：N：P 生态化学计量、土壤微生物 MBC：MBN：MBP 生态化学计量和土壤胞外酶生态化学计量的相关分析表明，土壤 C：N 与土壤 C：P 呈极显著正相关关系，而与土壤 N：P 呈极显著负相关关系（$P<0.01$，图 10-6）。土壤 N：P 与土壤微生物 MBC：MBP、MBN：MBP、BG：NAG 呈显著正相关，而与胞外酶 NAG：AP 呈显著负相关（$P<0.01$）。土壤 MBN：MBP 与土壤 MBC：MBN 和胞外酶 NAG：AP 呈极显著负相关，而与土壤 MBC：MBP 和胞外酶BG：NAG 呈极显著正相关。胞外酶 BG：NAG 与胞外酶 BG：AP 表现为极显著正相关，与胞外酶 NAG：AP 表现为极显著负相关。荒漠草原土壤 C：N、MBC：MBN 分别与土壤 N：P、MBN：MBP 显著负相关，土壤 C：N、BG：NAG 分别与土壤 C：P、BG：AP 显著正相关。随着土壤N：P增加土壤微生物 MBC：MBP、MBN：MBP 呈增加趋势，而胞外酶NAG：AP 呈降低趋势。

对土壤-微生物-胞外酶 C：N：P 生态化学计量的相关性分析可知，不同生态系统土壤 N：P 与土壤 MBN：MBP 的相关性存在明显差异，以往研究显示黄土丘陵地区土壤和微生物 N：P 显著正相关（吴建平等，2016）；稻田、高地和林地等生态系统中土壤 N：P 与土壤 MBN：MBP 呈负相关关系（Li et al.，2012），也

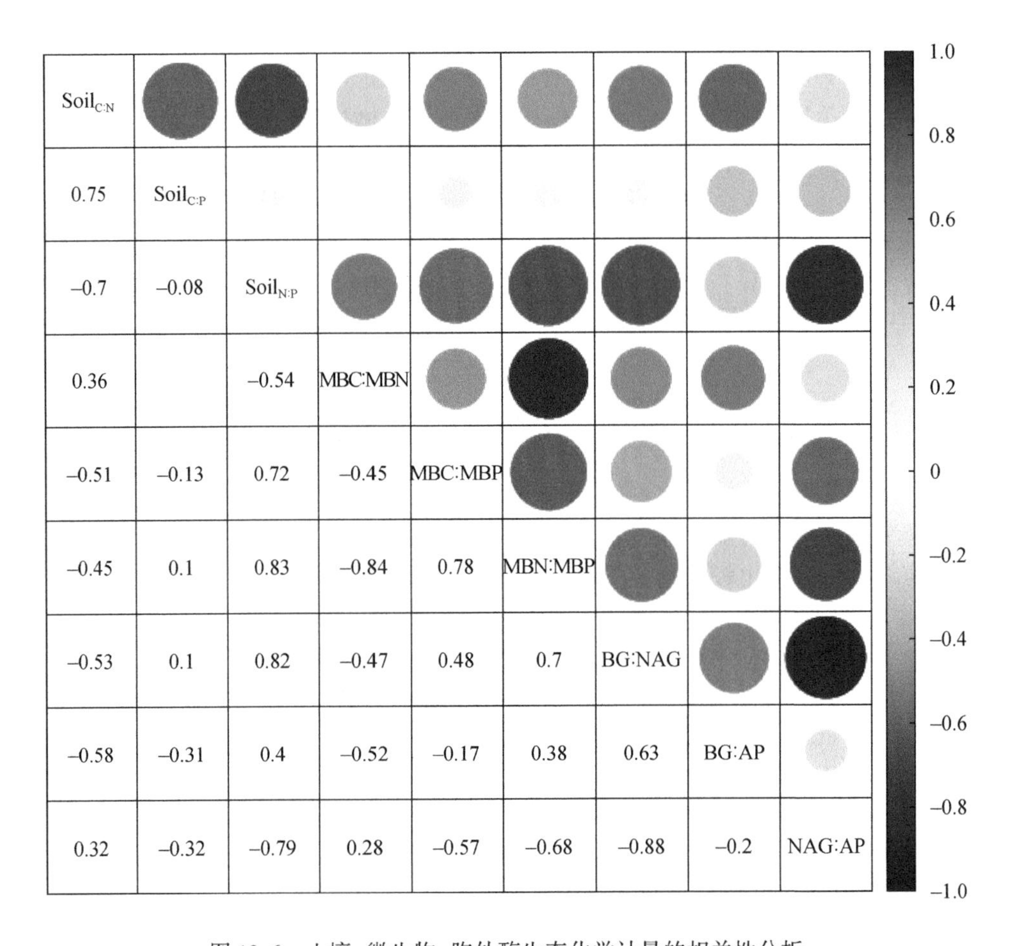

图 10-6　土壤-微生物-胞外酶生态化学计量的相关性分析

$Soil_{C:N}$：土壤碳氮比；$Soil_{C:P}$：土壤碳磷比；$Soil_{N:P}$：土壤氮磷比；MBC：MBN：微生物生物量碳氮比；MBC：MBP：微生物生物量碳磷比；MBN：MBP：微生物生物量氮磷比；BG：NAG：胞外酶碳氮比；BG：AP：胞外酶碳磷比；NAG：AP：胞外酶氮磷比

有研究发现土壤和土壤微生物 N：P 并无相关关系（王宝荣等，2018；Cleveland and Liptzin，2007）。本研究区土壤 N：P 与土壤微生物 MBN：MBP 的正相关关系与黄土丘陵地区结果一致，反映出荒漠草原土壤微生物 MBN：MBP 不符合雷德菲尔德比率，荒漠草原土壤微生物生物量不具有内稳性，表明“土壤-微生物”系统内物质转换主要受碳、氮、磷养分循环的调控。氮、磷元素也被认为是陆地生态系统生物生长的主要限制元素，其比值关系也常用来预测生态系统养分限制状况，且土壤 MBN：MBP 比土壤 N：P 对养分限制更加敏感。有研究报道，全国土壤 N：P的平均值为 5.2，土壤 MBN：MBP 的平均值为 5.6（Xu and Post，2013；

Tian et al., 2010)，本研究区土壤 N：P 和 MBN：MBP 平均值（0.70 和 1.91）低于全国尺度土壤 N：P 和 MBN：MBP。其主要原因可能是本研究区土壤氮素相对贫瘠，使得土壤微生物所能固持的微生物生物量氮含量偏低，同时这也表明本研究区生物生长受氮素限制较为严重。另外，土壤 N：P 与 NAG：AP 有极显著的负相关关系，这与岷江干旱河谷优势灌丛群落土壤生态酶化学计量与土壤生态化学计量的关系基本一致（王冰冰等，2015），土壤 MBN：MBP 与 NAG：AP 有显著负相关关系，土壤胞外酶对土壤微生物养分资源的利用可以反映土壤微生物生物量的元素组成，体现了氮、磷元素在土壤内的养分循环途径。

土壤 C：P 与土壤微生物 MBC：MBP 无显著相关关系，与三峡库区不同植被土壤C：P 与土壤微生物 MBC：MBP 的结果一致（贾国梅等，2016）；土壤 C：N、C：P 与土壤微生物 MBN：MBP 无显著相关性与 Cleveland 和 Liptzin（2007）等研究结果相似，导致这种现象可能是由于土壤微生物 MBC：MBN：MBP 受区域气候、土壤质地等因素的干扰（周正虎和王传宽，2016b）。而 Mooshammer 等（2014）也证实了土壤微生物 MBC：MBN：MBP 的变异本质更多由微生物群落结构变异来解释。综上所述，面对土壤 C：N：P 生态化学计量的变异，土壤微生物和胞外酶会调整自身生物量 C：N：P 生态化学计量进行适应。土壤微生物 MBC：MBN：MBP 及胞外酶 BG：NAG：AP 随土壤养分及其生态化学计量的协变关系能够为理解荒漠草原碳、氮、磷的物质循环机制以及碳、氮、磷在草地生态系统物质循环过程中的耦合关系提供思路。

参考文献

安慧，李国旗．2013. 放牧对荒漠草原植物生物量及土壤养分的影响．植物营养与肥料学报，19：705-712.

安慧，徐坤．2013. 放牧干扰对荒漠草原土壤性状的影响．草业学报，22：35-42.

白美兰，沈建国，裴浩，等．2002. 气候变化对沙漠化影响的评估．气候与环境研究，7：457-464.

白永飞，黄建辉，郑淑霞，等．2014. 草地和荒漠生态系统服务功能的形成与调控机制．植物生态学报，38：93-102.

白永飞，潘庆民，邢旗．2016. 草地生产与生态功能合理配置的理论基础与关键技术．科学通报，61：70-81.

毕江涛，贺达汉，黄泽勇，等．2008. 退化生态系统植被恢复过程中土壤微生物群落活性响应．水土保持学报，22：195-200.

蔡太义，黄会娟，黄耀威，等．2012. 不同量秸秆覆盖还田对土壤活性有机碳及碳库管理指数的影响．自然资源学报，27：964-974.

曹成有，朱丽辉，富瑶，等．2007. 科尔沁沙质草地沙漠化过程中土壤生物活性的变化．生态学杂志，26：622-627.

曹宏杰，倪红伟．2013. 大气 CO_2 升高对土壤碳循环影响的研究进展．生态环境学报，22：1846-1852.

曹丽花，刘合满，赵世伟．2011. 退化高寒草甸土壤有机碳分布特征及与土壤理化性质的关系．草业科学，28：1411-1415.

曹新星，宋之光，李艳，等．2016. 茂名油页岩沉积有机质特征及古气候意义．地学前缘，23：243-252.

陈婵，张仕吉，李雷达，等．2019. 中亚热带植被恢复阶段植物叶片、凋落物、土壤碳氮磷化学计量特征．植物生态学报，43：658-671.

陈浩，罗丹．2009. 中国草原生态治理调查．上海：上海远东出版社．

陈璟，杨宁．2012. 衡阳紫色土丘陵坡地自然恢复过程中微生物量碳动态变化．生态环境学报，21：1670-1673.

陈银萍，李玉强，赵学勇，等．2010. 放牧与围封对沙漠化草地土壤轻组及全土碳氮储量的影响．水土保持学报，24：182-186.

陈玉福，董鸣．2001. 毛乌素沙地景观的植被与土壤特征空间格局及其相关分析．植物生态学报，25：265-269.

陈佐忠，汪诗平．2000. 中国典型草原生态系统．北京：科学出版社．

程滨，赵拥军，张文广，等．2010. 生态化学计量学研究进展．生态学报，30：1628-1637.

程欢，宫渊波，吴强，等．2018. 川西亚高山/高山典型土壤类型有机碳、氮、磷含量及其生态化学计量特征．自然资源学报，33：161-172.

丁国栋．2004. 区域荒漠化评价中植被的指示性及盖度分级标准研究——以毛乌素沙区为例．水土保持学报，18：158-160.

董光荣，陈惠忠，王贵勇．1995. 150 ka 以来中国北方沙漠、沙地演化和气候变化．中国科学(B 辑)，25：1303-1312.

窦森，李凯，关松．2011. 土壤团聚体中有机碳研究进展．土壤学报，48：412-418.

窦森．2010. 土壤有机质．北京：科学出版社．

杜岩功，曹广民，王启兰，等．2007. 放牧对高寒草甸地表特征和土壤物理性状的影响．山地学报，25：338-343.

方精云，杨元合，马文红，等．2010. 中国草地生态系统碳库及其变化．中国科学：生命科学，40：566-576.

费凯，胡玉福，舒向阳，等．2016. 若尔盖高寒草地沙化对土壤活性有机碳组分的影响．水土保持学报，30：327-330.

符佩斌．2015. 红原高寒草地沙化进程中植物群落及土壤理化性状特征研究．成都：四川农业大学．

干友民，李志丹，王钦，等．2005a. 川西北亚高山草甸放牧退化演替研究．草地学报，13：48-52.

干友民，李志丹，泽柏，等．2005b. 川西北亚高山草地不同退化梯度草地土壤养分变化．草业学报，14：38-42.

高洋，王根绪，高永恒．2015. 长江源区高寒草地土壤有机质和氮磷含量的分布特征．草业科学，32：1548-1554.

葛源，贺纪正，郑袁明，等．2006. 稳定性同位素探测技术在微生物生态学研究中的应用．生态学报，26：1574-1582.

顾兆炎，刘强，许冰，等．2003. 气候变化对黄土高原末次盛冰期以来的 C_3/C_4 植物相对丰度的控制．科学通报，48：1458-1464.

郭轶瑞，赵哈林，赵学勇，等．2007. 科尔沁沙质草地物种多样性与生产力的关系．干旱区研究，24：198-203.

国家林业局．2015. 中国荒漠化和沙化状况公报．北京：国家林业局．

国家质量监督检验检疫总局．2004. 天然草地退化、沙化、盐渍化的分级指标．北京：中国标准出版社．

海旭莹，董凌勃，汪晓珍，等．2020. 黄土高原退耕还草地 C、N、P 生态化学计量特征对植物多样性的影响．生态学报，40：8570-8581.

韩邦帅，薛娴，王涛，等．2008. 沙漠化与气候变化互馈机制研究进展．中国沙漠，28：410-416.

韩国栋，焦树英，毕力格图，等．2007. 短花针茅草原不同载畜率对植物多样性和草地生产力的影响．生态学报，27：182-188.

韩俊．2011. 中国草原生态问题调查．上海：上海远东出版社．
韩文娟．2015. 新疆天山北坡典型草地土壤无机碳特征．乌鲁木齐：新疆农业大学．
郝慧荣, 李振方, 熊君, 等．2008. 连作怀牛膝根际土壤微生物区系及酶活性的变化研究．中国生态农业学报, 16：307-311.
郝鹏, 李景文, 丛日春, 等．2012. 苦豆子根系对土壤异质性和竞争者的响应．北京林业大学学报, 34：94-99.
何芳兰, 金红喜, 王锁民, 等．2016. 沙化对玛曲高寒草甸土壤微生物数量及土壤酶活性的影响．生态学报, 36：5876-5883.
何振立．1997. 土壤微生物量及其在养分循环和环境质量评价中的意义．土壤学报, 29：61-69.
贺金生, 韩兴国．2010. 生态化学计量学：探索从个体到生态系统的统一化理论．植物生态学报, 34：2-6.
贺少轩, 韩蕊莲, 梁宗锁．2015. 黄土高原丘陵沟壑区草地恢复对土壤碳氮库的影响．科学通报, 60：1932-1940.
胡婵娟, 郭雷, 刘国华．2014. 黄土丘陵沟壑区不同植被恢复格局下土壤微生物群落结构．生态学报, 34：2986-2995.
胡慧蓉, 马焕成, 罗承德, 等．2010. 森林土壤有机碳分组及其测定方法．土壤通报, 41：1018-1024.
胡向敏, 侯向阳, 丁勇, 等．2014. 不同放牧制度下短花针茅荒漠草原生态系统碳储量动态．中国草地学报, 36：6-11.
胡云锋, 刘纪远, 庄大方, 等．2005. 不同土地利用/土地覆盖下土壤粒径分布的分维特征．土壤学报, 42：336-339.
淮态, 庞奖励, 文青, 等．2008. 不同土地利用方式下土壤粒径分布的分维特征．生态与农村环境学报, 24：41-44.
黄昌勇, 徐建明．2011. 土壤学．北京：中国农业出版社．
黄成敏, 王成善, 艾南山．2003. 土壤次生碳酸盐碳氧稳定同位素古环境意义及应用．地球科学进展, 18：619-625.
黄冠华, 詹卫华．2002. 土壤颗粒的分形特征及其应用．土壤学报, 39：490-497.
黄耀, 刘世梁, 沈其荣, 等．2002. 环境因子对农业土壤有机碳分解的影响．应用生态学报, 13：709-714.
贾国梅, 何立, 程虎, 等．2016. 三峡库区不同植被土壤微生物量碳氮磷生态化学计量特征．水土保持研究, 23：23-27.
姜文英, 韩家楙, 刘东生．2001. 干旱化对成土碳酸盐碳同位素组成的影响．第四纪研究, 21：427-435.
蒋利玲, 曾从盛, 邵钧炯, 等．2017. 闽江河口入侵种互花米草和本地种短叶茳芏的养分动态及植物化学计量内稳性特征．植物生态学报, 41：450-460.
蒋双龙．2015. 川西北高寒沙化草地土壤有机碳、氮素特征．成都：四川农业大学．
蒋永梅, 师尚礼, 田永亮, 等．2017. 高寒草地不同退化程度下土壤微生物及土壤酶活性变化特征．水土保持学报，31：244-249.
金国柱，马玉兰．2000. 宁夏淡灰钙土的开发和利用．干旱区研究，17：59-63.
李博．1997. 中国北方草地退化及其防治对策．中国农业科学，30：1-9.
李昌龙，徐先英，金红喜，等．2014. 玛曲高寒草甸沙化过程中群落结构与植物多样性．生态学报，34：3953-3961.
李海波，韩晓增，尤孟阳．2012. 不同土地利用与施肥管理下黑土团聚体颗粒有机碳分配变化. 水土保持学报，26：184-189.
李海东，沈渭寿，邹长新，等．2012. 雅鲁藏布江山南宽谷风沙化土地土壤养分和粒度特征．生态学报，32：4981-4992.
李海云，张建贵，姚拓，等．2018. 退化高寒草地土壤养分、酶活性及生态化学计量特征．水土保持学报，32：287-295.
李江涛，张斌，彭新华，等．2004. 施肥对红壤性水稻土颗粒有机物形成及团聚体稳定性的影响．土壤学报，41：912-917.
李娟，廖洪凯，龙健，等．2013. 喀斯特山区土地利用对土壤团聚体有机碳和活性有机碳特征的影响．生态学报，33：2147-2156.
李俊华，沈其荣，褚贵新，等．2011. 氨基酸有机肥对棉花根际和非根际土壤酶活性和养分有效性的影响．土壤学报，43：277-284.
李克让，王绍强，曹明奎．2003. 中国植被和土壤碳贮量．中国科学（D 辑：地球科学），33：72-80.
李玲，仇少君，刘京涛，等．2012. 土壤溶解性有机碳在陆地生态系统碳循环中的作用．应用生态学报，23：1407-1414.
李敏，李毅．2011. 土壤颗粒数量分布的局部分形及多重分形特性．西北农林科技大学学报（自然科学版），39：216-222.
李师翁，薛林贵，冯虎元，等．2006. 陇东黄土高原天然草地植被类型及特征．西北植物学报，26：805-810.
李小双，彭明春，党承林．2007. 植物自然更新研究进展．生态学杂志，26：2081-2088.
李学斌，马琳，杨新国，等．2011. 荒漠草原典型植物群落枯落物生态水文功能．生态环境学报，20：834-838.
李玉强，赵哈林，移小勇，等．2006. 沙漠化过程中科尔沁沙地植物-土壤系统碳氮储量动态．环境科学，4：635-640.
李月芬，刘泓杉，王月娇，等．2018. 退化草地的生态化学计量学研究现状及发展动态．吉林农业大学学报，40：253-257.
李忠，孙波，林心雄．2001. 我国东部土壤有机碳的密度及转化的控制因素．地理科学，21：301-307.
李忠佩，王效举．1998. 红壤丘陵区土地利用方式变更后土壤有机碳动态变化的模拟．应用生态学报，9：30-35.
凌智永，李志忠，王少朴，等．2010. 伊犁可克达拉剖面有机碳、碳酸钙分布特征及其环境意义．干旱区资源与环境，24：195-199.

刘兵，吴宁，罗鹏，等．2007．草场管理措施及退化程度对土壤养分含量变化的影响．中国生态农业学报，15：45-48.
刘超，王洋，王楠，等．2012．陆地生态系统植被氮磷化学计量研究进展．植物生态学报，36：1205-1216.
刘丽丹，谢应忠，邱开阳，等．2014．宁夏盐池沙地 3 种植物群落土壤酶活性变化的初步研究．干旱区资源与环境，28：153-156.
刘满强，胡锋，陈小云．2007．土壤有机碳稳定机制研究进展．生态学报，27：2642-2650.
刘梦云，常庆瑞，齐雁冰，等．2010．黄土台塬不同土地利用土壤有机碳与颗粒有机碳．自然资源学报，25：218-226.
刘楠，张英俊．2010．放牧对典型草原土壤有机碳及全氮的影响．草业科学，27：11-14.
刘任涛，杨新国，宋乃平，等．2012．荒漠草原区固沙人工柠条林生长过程中土壤性质演变规律．水土保持学报，26：108-112.
刘荣杰，吴亚丛，张英，等．2012．中国北亚热带天然次生林与杉木人工林土壤活性有机碳库的比较．植物生态学报，36：431-437.
刘淑丽，林丽，郭小伟，等．2014．青海省高寒草地土壤无机碳储量空间分异特征．生态学报，34：5953-5961.
刘树林，王涛，屈建军．2008．浑善达克沙地土地沙漠化过程中土壤粒度与养分变化研究．中国沙漠，28：611-616.
刘万德，苏建荣，李帅锋，等．2010．云南普洱季风常绿阔叶林演替系列植物和土壤 C、N、P 化学计量特征．生态学报，30：6581-6590.
刘卫国，宁有丰，安芷生，等．2002．黄土高原现代土壤和古土壤有机碳同位素对植被的响应．中国科学（D 辑：地球科学），32：830-836.
刘兴元，牟月亭．2012．草地生态系统服务功能及其价值评估研究进展．草业学报，21：286-295.
刘兴诏，周国逸，张德强，等．2010．南亚热带森林不同演替阶段植物与土壤中 N、P 的化学计量特征．植物生态学报，34：64-71.
刘学敏，罗久富，陈德朝，等．2019．若尔盖高原不同退化程度草地植物种群生态位特征．浙江农林大学学报，36：289-297.
刘雨桐，贡璐，刘增媛．2017．塔里木盆地南缘典型绿洲不同土壤类型土壤有机碳含量及矿化特征．干旱区资源与环境，31：162-166.
刘玉英，胡克，杨俊鹏，等．2004．吉林西部全新世晚期土壤碳酸盐中碳稳定同位素记录的古气候信息．土壤通报，35：408-412.
刘作云，杨宁．2014．衡阳紫色土丘陵坡地退化植被和恢复植被土壤微生物生物量的研究．生态环境学报，23：1739-1743.
柳敏，宇万太，姜子绍，等．2006．土壤活性有机碳．生态学杂志，25：1412-1417.
卢虎，姚拓，李建宏，等．2015．高寒地区不同退化草地植被和土壤微生物特性及其相关性研究．草业学报，24：34-43.
卢同平，史正涛，牛洁，等．2016．我国陆生生态化学计量学应用研究进展与展望．土壤学报，

48（1）：29-35.
陆晓辉，丁贵杰，陆德辉．2017. 人工调控措施下马尾松凋落叶化学质量变化及与分解速率的关系．生态学报，37：2325-2333.
吕桂芬，吴永胜，李浩，等．2010. 荒漠草原不同退化阶段土壤微生物、土壤养分及酶活性的研究．中国沙漠，30：104-109.
吕茂奎，谢锦升，周艳翔，等．2014. 红壤侵蚀地马尾松人工林恢复过程中土壤非保护性有机碳的变化．应用生态学报，25：37-44.
吕圣桥，高鹏，耿广坡，等．2011. 黄河三角洲滩地土壤颗粒分形特征及其与土壤有机质的关系．水土保持学报，25：134-138.
吕一河，傅伯杰．2011. 旱地、荒漠和荒漠化：探寻恢复之路——第三届国际荒漠化会议述评. 生态学报，31：293-295.
吕子君，卢欣石，辛晓平．2005. 中国北方草原沙漠化现状与趋势．草地学报，13：24-27.
罗攀，陈浩，肖孔操，等．2017. 地形、树种和土壤属性对喀斯特山区土壤胞外酶活性的影响．环境科学，38：2577-2585.
罗亚勇，张宇，张静辉，等．2012. 不同退化阶段高寒草甸土壤化学计量特征．生态学杂志，31：254-260.
马少杰，李正才，王刚，等．2011. 集约和粗放经营下毛竹林土壤活性有机碳的变化．植物生态学报，35：551-557.
马文红，方精云．2006. 中国北方典型草地物种丰富度与生产力的关系．14（1）：21-28.
马昕昕，许明祥，张金，等．2013. 黄土丘陵区不同土地利用类型下深层土壤轻组有机碳剖面分布特征．植物营养与肥料学报，19：1366-1375.
孟延，李雪松，郝平琦，等．2017. 施用不同种类氮肥对陕西关中地区塿土碳释放的影响．农业环境科学学报，36：1901-1907.
宁有丰，刘卫国，安芷生．2006. 甘肃西峰黄土-古土壤剖面的碳酸盐与有机碳的碳同位素差值（$\Delta\delta^{13}C$）的变化及其古环境意义．科学通报，2：1828-1832.
潘瑶．2017. 我国北方7省（市、区）土壤碳酸钙分布规律研究．沈阳：沈阳农业大学．
裴广廷，马红亮，高人，等．2013. 模拟氮沉降对森林土壤速效磷和速效钾的影响．中国土壤与肥料，4：16-20.
彭佳佳，胡玉福，肖海华，等．2015. 生态修复对川西北沙化草地土壤有机质和氮素的影响．干旱区资源与环境，29：149-153.
彭佩钦，吴金水，黄道友，等．2006. 洞庭湖区不同利用方式对土壤微生物生物量碳氮磷的影响．生态学报，7：2261-2267.
彭新华，张斌，赵其国．2004. 土壤有机碳库与土壤结构稳定性关系的研究进展．土壤学报，41：618-623.
彭羽，卿凤婷，米凯，等．2015. 生物多样性不同层次尺度效应及其耦合关系研究进展．生态学报，35：577-583.
蒲玉琳，叶春，张世熔，等．2017. 若尔盖沙化草地不同生态恢复模式土壤活性有机碳及碳库管理指数变化．生态学报，37：367-377.

朴河春, 刘启明, 余登利, 等. 2001. 用天然^{13}C丰度法评估贵州茂兰喀斯特森林区玉米地土壤中有机碳的来源. 生态学报, 21: 434-439.
朴起亨, 丁国栋, 吴斌, 等. 2008. 呼伦贝尔沙地植被演替规律研究. 水土保持学报, 22: 180-186.
齐玉春, 彭琴, 董云社, 等. 2015. 不同退化程度羊草草原碳收支对模拟氮沉降变化的响应. 环境科学, 36: 625-635.
秦纪洪, 武艳镯, 孙辉, 等. 2012. 低温季节西南亚高山森林土壤轻组分有机碳动态. 土壤通报, 43: 413-420.
邱开阳, 谢应忠, 许冬梅, 等. 2011. 毛乌素沙地南缘沙漠化临界区域土壤水分和植被空间格局. 生态学报, 31: 2697-2707.
邱莉萍, 张兴昌, 程积民. 2011. 不同封育年限草地土壤有机质组分及其碳库管理指数. 植物营养与肥料学报, 17: 1166-1171.
任书杰, 于贵瑞, 陶波, 等. 2007. 中国东部南北样带654种植物叶片氮和磷的化学计量学特征研究. 环境科学, 12: 2665-2673.
任秀娥, 童成立, 孙中林, 等. 2007. 温度对不同含量稻田土壤有机碳矿化的影响. 应用生态学报, 18: 2245-2250.
荣勤雷, 梁国庆, 周卫, 等. 2014. 不同有机肥对黄泥田土壤培肥效果及土壤酶活性的影响. 植物营养与肥料学报, 20: 1168-1177.
萨茹拉, 侯向阳, 李金祥, 等. 2013. 不同放牧退化程度典型草原植被土壤系统的有机碳储量. 草业学报, 22: 18-26.
尚雯, 李玉强, 王少昆, 等. 2011. 科尔沁沙地流动沙丘造林后表层土壤有机碳和轻组有机碳的变化. 应用生态学报, 22: 2069-2074.
邵文山, 李国旗, 陈科元, 等. 2016. 荒漠草原四种常见植物群落土壤养分及土壤微生物特征. 北方园艺, 15: 161-166.
邵月红, 潘剑君, 孙波. 2005. 不同森林植被下土壤有机碳的分解特征及碳库研究. 水土保持学报, 19: 24-28.
沈芳芳, 吴建平, 樊后保, 等. 2018. 杉木人工林凋落物生态化学计量与土壤有效养分对长期模拟氮沉降的响应. 生态学报, 38: 7477-7487.
沈海花, 朱言坤, 赵霞, 等. 2016. 中国草地资源现状分析. 科学通报, 61: 139-154.
舒向阳, 胡玉福, 蒋双龙, 等. 2016. 川西北沙化草地植被群落、土壤有机碳及微生物特征. 草业学报, 25: 45-54.
宋俊峰, 韩国栋, 张功, 等. 2008. 放牧强度对草甸草原土壤微生物数量和微生物生物量的影响. 内蒙古师范大学学报（自然科学汉文版）, 37: 237-240.
宋乃平, 杜灵通, 王磊. 2015. 盐池县2000-2012年植被变化及其驱动力. 生态学报, 35: 7377-7386.
宋一凡, 郭中小, 卢亚静, 等. 2017. 一种基于SWAT模型的干旱牧区生态脆弱性评价方法一以艾布盖河流域为例. 生态学报, 11: 3805-3815.
苏永中, 赵哈林, 张铜会, 等. 2004. 不同退化沙地土壤碳的矿化潜力. 生态学报, 24:

372-378.
苏永中, 赵哈林. 2004. 科尔沁沙地农田沙漠化演变中土壤颗粒分形特征. 生态学报, 24: 71-74.
孙慧兰, 李卫红, 杨余辉, 等. 2012. 伊犁山地不同海拔土壤有机碳的分布. 地理科学, 32: 603-608.
孙维, 赵吉. 2002. 不同草原生境下的土壤微生物生物量研究. 内蒙古农业大学学报 (自然科学版), 1: 29-31.
孙伟军, 方晰, 项文化, 等. 2013. 湘中丘陵区不同演替阶段森林土壤活性有机碳库特征. 生态学报, 33: 7765-7773.
谭丽鹏, 何兴东, 王海涛, 等. 2008. 腾格里沙漠油蒿群落土壤水分与碳酸钙淀积关系分析. 中国沙漠, 28: 701-705.
唐庄生, 安慧, 邓蕾, 等. 2016. 荒漠草原沙漠化植物群落及土壤物理变化. 生态学报, 36: 991-1000.
唐庄生, 安慧, 上官周平. 2015. 荒漠草原沙漠化对土壤养分与植被根冠比的影响. 草地学报, 23: 463-468.
田静, 郭景恒, 陈海清, 等. 2011. 土地利用方式对土壤溶解性有机碳组成的影响. 土壤学报, 48: 338-346.
涂成龙, 刘丛强, 武永锋, 等. 2008. 应用 $\delta^{13}C$ 值探讨林地土壤有机碳的分异. 北京林业大学学报, 30: 1-6.
屠志方, 李梦先, 孙涛. 2016. 第五次全国荒漠化和沙化监测结果及分析. 林业资源管理, 1: 1-5.
万忠梅, 郭岳, 郭跃东. 2011. 土地利用对湿地土壤活性有机碳的影响研究进展. 生态环境学报, 20: 567-570.
汪涛, 杨元合, 马文红. 2008. 中国土壤磷库的大小、分布及其影响因素. 北京大学学报 (自然科学版), 44: 945-952.
王宝荣, 杨佳佳, 安韶山, 等. 2018. 黄土丘陵区植被与地形特征对土壤和土壤微生物生物量生态化学计量特征的影响. 应用生态学报, 29: 247-259.
王冰冰, 曲来叶, 马克明, 等. 2015. 岷江上游干旱河谷优势灌丛群落土壤生态酶化学计量特征. 生态学报, 35: 6078-6088.
王长庭, 王根绪, 刘伟, 等. 2013. 高寒草甸不同类型草地土壤机械组成及肥力比较. 干旱区资源与环境, 27: 160-165.
王德, 傅伯杰, 陈利顶, 等. 2007. 不同土地利用类型下土壤粒径分形分析——以黄土丘陵沟壑区为例. 生态学报, 27: 3081-3089.
王冠琪. 2014. 2003-2013 年宁夏盐池沙化草地生态恢复研究. 北京: 北京林业大学.
王国安, 韩家懋, 周力平, 等. 2005. 中国北方黄土区 C_4 植物稳定碳同位素组成的研究. 中国科学 (D 辑: 地球科学), 35: 1174-1179.
王国梁, 周生路, 赵其国. 2006. 土壤颗粒的体积分形维数及其在土地利用中的应用. 土壤学报, 42: 545-550.

王合云, 郭建英, 李红丽, 等. 2015. 短花针茅荒漠草原不同退化程度的植被特征. 中国草地学报, 37: 74-79.
王宏, 李晓兵, 李霞, 等. 2008. 中国北方草原对气候干旱的响应. 生态学报, 28: 172-182.
王蕙, 王辉, 黄蓉, 等. 2013. 不同封育管理措施对沙质草地土壤轻组及全土碳氮储量的影响. 水土保持学报, 27: 252-257.
王进, 周瑞莲, 赵哈林, 等. 2011. 呼伦贝尔沙地和松嫩沙地草地沙漠化过程中土壤理化特性变化规律的比较研究. 中国沙漠, 31: 309-314.
王晶, 解宏图, 朱平, 等. 2003. 土壤活性有机质（碳）的内涵和现代分析方法概述. 生态学杂志, 22: 109-112.
王晶苑, 王绍强, 李纫兰, 等. 2011. 中国四种森林类型主要优势植物的C: N: P化学计量学特征. 植物生态学报, 35: 587-595.
王黎黎. 2016. 盐池县封育条件下草地生态环境演变态势及草场管理. 北京: 北京林业大学.
王礼先. 2000. 关于我国北方风蚀荒漠化的成因与对策. 林业科学, 36: 4-5.
王莲莲, 张树兰, 杨学云. 2013. 长期不同施肥和土地利用方式对土耕层碳储量的影响. 植物营养与肥料学报, 19: 404-412.
王玲莉, 娄翼来, 石元亮, 等. 2008. 长期施肥对土壤活性有机碳指标的影响. 土壤通报, 39: 752-755
王娜. 2017. 准噶尔盆地南缘荒漠区土壤碳分布及其稳定同位素变化. 乌鲁木齐市: 新疆大学.
王绍强, 于贵瑞. 2008. 生态系统碳氮磷元素的生态化学计量学特征. 生态学报, 28: 3937-3947.
王绍强, 周成虎, 李克让, 等. 2000. 中国土壤有机碳库和空间分布特征分析. 地理学报, 67: 533-544.
王涛, 朱震达. 2003. 我国沙漠化研究的若干问题—1. 沙漠化的概念及其内涵. 中国沙漠, 23: 3-8.
王涛, 朱震达, 赵哈林. 2004. 我国沙漠化研究的若干问题. 中国沙漠, 24: 115-116.
王维奇, 徐玲琳, 曾从盛, 等. 2011. 河口湿地植物活体-枯落物-土壤的碳氮磷生态化学计量特征. 生态学报, 31: 134-139.
王小丹, 刘刚才, 刘淑珍, 等. 2003. 西藏高原干旱半干旱地区土壤分形特征及其应用. 山地学报, 21: 58-63.
王新源, 马仲武, 王小军, 等. 2020. 不同沙化阶段高寒草甸植物群落与表土环境因子的关系. 生态学报, 40: 6850-6862.
王兴. 2018. 荒漠草原局域短花针茅群落构建机制. 银川: 宁夏大学.
王亚强, 曹军骥, 张小曳, 等. 2004. 中国粉尘源区表土碳酸盐含量与碳氧同位素组成. 海洋地质与第四纪地质, 34: 113-117.
王延平, 王华田, 许坛, 等. 2013. 酚酸对杨树人工林土壤养分有效性及酶活性的影响. 应用生态学报, 24: 667-674.
王玉红, 马天娥, 魏艳春, 等. 2017. 黄土高原半干旱草地封育后土壤碳氮矿化特征. 生态学报, 37: 378-386.

王玉辉，周广胜．2004．内蒙古羊草草原植物群落地上初级生产力时间动态对降水变化的响应．生态学报，24：1140-1145.
旺罗，吕厚远，吴乃琴，等．2004．青藏高原高海拔地区 C_4 植物的发现．科学通报，49：1290-1293.
卫智军，韩国栋，赵钢，等．2013．中国荒漠草原生态系统研究．北京：科学出版社．
魏茂宏，林慧龙．2014．江河源区高寒草甸退化序列土壤粒径分布及其分形维数．应用生态学报，25：679-686.
魏文寿．2000．现代沙漠对气候变化的响应与反馈：以古尔班通古特沙漠为例．科学通报，45：636-641.
魏媛，张金池，俞元春，等．2009．退化喀斯特植被恢复过程中土壤微生物活性的季节动态——以贵州花江喀斯特峡谷地区为例．新疆农业大学学报，32：1-7.
文海燕，傅华，赵哈林．2008．退化沙质草地植物群落物种多样性与土壤肥力的关系．草业科学，25：6-9.
吴建国，张小全，王彦辉，等．2002．土地利用变化对土壤物理组分中有机碳分配的影响．林业科学，38：20-29.
吴建国，张小全，徐德应．2004．土地利用变化对土壤有机碳贮量的影响．应用生态学报，15：593-599.
吴建平，韩新辉，许亚东，等．2016．黄土丘陵区不同植被类型下土壤与微生物 C，N，P 化学计量特征研究．草地学报，24：783-792.
吴庆标，王效科，郭然．2005．土壤有机碳稳定性及其影响因素．土壤通报，1：105-109.
吴统贵，陈步峰，肖以华，等．2010．珠江三角洲 3 种典型森林类型乔木叶片生态化学计量学．植物生态学报，34：58-63.
吴薇．2001．毛乌素沙地沙漠化过程及其整治对策．中国生态农业学报，9：15-18.
吴旭东．2016．沙漠化对草地植物群落演替及土壤有机碳稳定性的影响．银川：宁夏大学．
吴永胜，马万里，李浩，等．2010．内蒙古退化荒漠草原土壤有机碳和微生物生物量碳含量的季节变化．应用生态学报，21：312-316.
武均．2018．不同管理措施下陇中黄土高原旱作农田土壤生态化学计量学特征研究．兰州：甘肃农业大学．
武天云，Schoenau J，李凤民，等．2004．土壤有机质概念和分组技术研究进展．应用生态学报，15：717-722.
解宪丽，孙波，周慧珍，等．2004．中国土壤有机碳密度和储量的估算与空间分布分析．土壤学报，41：35-43.
徐明岗，于荣，孙小凤，等．2006a．长期施肥对我国典型土壤活性有机质及碳库管理指数的影响．植物营养与肥料学报，12：459-465.
徐明岗，于荣，王伯仁．2006b．长期不同施肥下红壤活性有机质与碳库管理指数变化．土壤学报，43：723-729.
徐阳春，沈其荣，冉炜．2002．长期免耕与施用有机肥对土壤微生物生物量碳、氮、磷的影响．土壤学报，1：83-90.

徐永明，吕世海．2011．风蚀沙化对草原植被生物多样性的影响——以呼伦贝尔草原为例．干旱区资源与环境，25：133-137.
许冬梅，赵丽莉，谢应忠．2011．盐池县草地沙漠化过程中植物群落的动态变化．西北植物学报，31：2084-2089.
许路艳，王家文，王嘉学，等．2016．喀斯特山原红壤退化过程中的速效养分变异．西南农业学报，29：120-125.
许淼平，任成杰，张伟，等．2018．土壤微生物生物量碳氮磷与土壤酶化学计量对气候变化的响应机制．应用生态学报，29：2445-2454.
许文强，陈曦，罗格平，等．2011．土壤碳循环研究进展及干旱区土壤碳循环研究展望．干旱区地理，34：614-620.
许文强，罗格平，陈曦，等．2016．天山北坡土壤有机碳 $\delta^{13}C$ 组成随海拔梯度的变化．同位素，29：140-145.
旭日干，任继周，南志标，等．2016．保障我国草地生态与食物安全的战略和政策．中国工程科学，18：8-16.
薛蓮，刘国彬，戴全厚，等．2007．侵蚀环境生态恢复过程中人工刺槐林（*Robinia pseudoacacia*）土壤微生物量演变特征．生态学报，27：909-917.
闫瑞瑞，辛晓平，王旭，等．2014．不同放牧梯度下呼伦贝尔草甸草原土壤碳氮变化及固碳效应．生态学报，34：1587-1595.
闫玉春，王旭，杨桂霞，等．2011．退化草地封育后土壤细颗粒增加机理探讨及研究展望．中国沙漠，31：1162-1166.
严正兵，金南瑛，韩廷中，等．2013．氮磷施肥对拟南芥叶片碳氮磷化学计量特征的影响．植物生态学报，37（6）：551-557.
阎恩荣，王希华，郭明，等．2010．浙江天童常绿阔叶林、常绿针叶林与落叶阔叶林的 C：N：P 化学计量特征．植物生态学报，34：48-57.
阎欣，安慧．2017．沙化草地恢复过程中土壤有机碳物理组分和全氮含量的变化．西北植物学报，37：1242-1251.
颜安．2015．新疆土壤有机碳/无机碳空间分布特征及储量估算．北京：中国农业大学．
颜淑云，周志宇，秦彧，等．2010．玛曲高寒草地不同利用方式下土壤氮素含量特征．草业学报，19：153-159.
杨红飞，穆少杰，李建龙．2012．气候变化对草地生态系统土壤有机碳储量的影响．草业科学，29：392-400.
杨慧，张连凯，曹建华，等．2011．桂林毛村岩溶区不同土地利用方式土壤有机碳矿化及土壤碳结构比较．中国岩溶，30：410-416.
杨景成，韩兴国，黄建辉，等．2003．土地利用变化对陆地生态系统碳贮量的影响．应用生态学报，14：1385-1390.
杨黎芳，李贵桐，李保国．2006．土壤发生性碳酸盐碳稳定性同位素模型及其应用．地球科学进展，21：973-981.
杨黎芳，李贵桐，赵小蓉，等．2007．栗钙土不同土地利用方式下有机碳和无机碳剖面分布特征．生态环境学报，16：158-162.
杨黎芳，李贵桐．2011. 土壤无机碳研究进展．土壤通报，42：986-990.
杨丽霞，潘剑君．2004. 土壤活性有机碳库测定方法研究进展．土壤通报，35：502-506.
杨梅焕，曹明明，朱志梅，等．2010. 毛乌素沙地东南缘沙漠化过程中土壤理化性质分析．水土保持通报，3：169-174.
杨宁，邹冬生，杨满元，等．2014. 衡阳紫色土丘陵坡地回复过程中土壤微生物生物量与土壤养分演变．林业科学，50：144-150.
杨文静．2015. 长期不同土壤管理措施塿土无机碳储量及其与有机碳的转化关系．杨凌：西北农林科技大学．
杨晓晖，张克斌，慈龙骏．2005. 半干旱农牧交错区近20年来景观格局时空变化分析——以内蒙古伊金霍洛旗为例．北京林业大学学报，27：81-86.
杨阳，韩国栋，李元恒，等．2012. 内蒙古不同草原类型土壤呼吸对放牧强度及水热因子的响应．草业学报，21：8-14.
杨阳，刘秉儒．2015. 荒漠草原不同植物根际与非根际土壤养分及微生物量分布特征．生态学报，35：7562-7570.
叶春，蒲玉琳，张世熔，等．2016. 湿地退化条件下土壤碳氮磷储量与生态化学计量变化特征．水土保持学报，30：181-187.
银晓瑞，梁存柱，王立新，等．2010. 内蒙古典型草原不同恢复演替阶段植物养分化学计量学．植物生态学报，34：39-47.
于东升，史学正，孙维侠，等．2005. 基于1：100万土壤数据库的中国土壤有机碳密度及储量研究．应用生态学报，16：2279-2283.
于贵瑞，王绍强，陈泮勤，等．2005. 碳同位素技术在土壤碳循环研究中的应用．地球科学进展，20：568-577.
余健，房莉，卞正富，等．2014. 土壤碳库构成研究进展．生态学报，34：4829-4838.
余轩，王兴，吴婷，等．2021. 荒漠草原植物多样性恢复与土壤生境的关系．生态学报，41：8516-8524.
庾强．2009. 内蒙古草原植物化学计量生态学研究．北京：中国科学院植物研究所．
袁喆，罗承德，李贤伟，等．2010. 间伐强度对川西亚高山人工云杉林土壤易氧化碳及碳库管理指数的影响．水土保持学报，24：127-131.
袁知洋，邓邦良，李志，等．2015. 武功山草甸土壤碱解氮含量分布影响因素研究．江苏农业科学，43：318-320.
臧逸飞，郝明德，张丽琼，等．2015. 26年长期施肥对土壤微生物量碳、氮及土壤呼吸的影响．生态学报，35：1445-1451.
曾冬萍，蒋利玲，曾丛盛，等．2013. 生态化学计量学特征以及应用研究进展．生态学报，33（18）：5484-5492.
张成霞，南志标．2010a. 不同放牧强度下陇东天然草地土壤微生物三大类群的动态特征．草业科学，27：131-136.
张成霞，南志标．2010b. 土壤微生物生物量的研究进展．草业科学，27：50-57.

张春来, 邹学勇, 董光荣. 2003. 土地沙漠化过程的土壤风蚀率指标——以青海共和盆地为例. 水土保持学报, 17: 90-93.
张国, 曹志平, 胡婵娟. 2011. 土壤有机碳分组方法及其在农田生态系统研究中的应用. 应用生态学报, 22: 1921-1930.
张慧文. 2010. 天山现代植物和表土有机稳定碳同位素组成的海拔响应特征. 兰州: 兰州大学.
张继义, 王娟, 赵哈林. 2009. 沙地植被恢复过程土壤颗粒组成变化及其空间变异特征. 水土保持学报, 23: 153-157.
张继义, 赵哈林. 2009. 退化沙质草地恢复过程土壤颗粒组成变化对土壤-植被系统稳定性的影响. 生态环境学报, 18: 1395-1401.
张军科, 江长胜, 郝庆菊, 等. 2012. 耕作方式对紫色水稻土轻组有机碳的影响. 生态学报, 32: 4379-4387.
张克斌. 2002. 荒漠化评价与监测研究——以盐池县荒漠化评价监测为例. 北京: 北京林业大学.
张利青, 彭晚霞, 宋同清, 等. 2012. 云贵高原喀斯特坡耕地土壤微生物量C、N、P空间分布. 生态学报, 32: 2056-2065.
张林, 孙向阳, 曹吉鑫, 等. 2010. 荒漠草原碳酸盐岩土壤有机碳向无机碳酸盐的转移. 干旱区地理, 33: 732-739.
张林, 孙向阳, 高程达, 等. 2011. 荒漠草原土壤次生碳酸盐形成和周转过程中固存 CO_2 的研究. 土壤学报, 48: 578-586.
张林. 2010. 荒漠草原土壤有机碳向土壤无机碳酸盐转移的定性与定量研究. 北京: 北京林业大学.
张曼曼, 季猛, 李伟, 等. 2013. 土地利用方式对土壤团聚体稳定性及其结合有机碳的影响. 应用与环境生物学报, 19: 598-604.
张伟华, 张昊, 乌力更, 等. 2005. 全新世以来内蒙古黑垆土的历史演变. 干旱区资源与环境, 19: 115-119.
张晓. 2013. 陇西黄土高原和新疆伊犁盆地黄土有机碳同位素的变化及其古环境意义. 兰州: 兰州大学.
张宇. 2012. 宁夏草地生态系统服务价值评估. 杨凌: 西北农林科技大学.
张煜, 张琳, 吴文良, 等. 2016. 内蒙农牧交错带地区土地利用方式和施肥对土壤碳库的影响. 土壤学报, 53: 930-941.
张志丹, 杨学明, 李春丽, 等. 2011. 土壤有机碳固定研究进展. 中国农学通报, 27: 8-12.
赵菲, 谢应忠, 马红彬, 等. 2011. 封育对典型草原植物群落物种多样性及土壤有机质的影响. 草业科学, 28: 887-891.
赵哈林, 李玉强, 周瑞莲, 等. 2007a. 沙漠化对科尔沁沙质草地生态系统碳氮储量的影响. 应用生态学报, 18: 2412-2417.
赵哈林, 赵学勇, 张铜会, 等. 2007b. 沙漠化的生物过程及退化植被的恢复机理. 北京: 科学出版社.
赵哈林, 赵学勇, 张铜会, 等. 2011a. 我国西北干旱区的荒漠化过程及其空间分异规律. 中国沙漠, 31: 1-8.

赵哈林，周瑞莲，王进，等．2011b. 呼伦贝尔沙质草地植被的沙漠化演变规律及其机制．干旱区研究，28：565-571.
赵哈林，周瑞莲，赵学勇，等．2012. 呼伦贝尔沙质草地土壤理化特性的沙漠化演变规律及机制．草业学报，21：1-7.
赵丽莉，李侠，许冬梅．2013. 盐池县草地沙漠化过程中土壤微生物的变化．西北农业学报，22：187-192.
赵世伟，苏静，吴金水，等．2006. 子午岭植被恢复过程中土壤团聚体有机碳含量的变化．水土保持学报，20：114-117.
赵彤，闫浩，蒋跃利，等．2013. 黄土丘陵区植被类型对土壤微生物量碳氮磷的影响．生态学报，33：5615-5622.
郑兴波，张岩，顾广虹．2005. 碳同位素技术在森林生态系统碳循环研究中的应用．生态学杂志，28：84-88.
中华人民共和国农业部畜牧兽医司．1996. 中国草地资源．北京：中国科学技术出版社．
仲波，孙庚，陈冬明，等．2017. 不同恢复措施对若尔盖沙化退化草地恢复过程中土壤微生物生物量碳氮及土壤酶的影响．生态环境学报，26：392-399.
周正虎，王传宽，张全智．2015. 土地利用变化对东北温带幼龄林土壤碳氮磷含量及其化学计量特征的影响．生态学报，35：6694-6702.
周正虎，王传宽．2016a. 生态系统演替过程中土壤与微生物碳氮磷化学计量关系的变化．植物生态学报，40：1257-1266.
周正虎，王传宽．2016b. 微生物对分解底物碳氮磷化学计量的响应和调节机制．植物生态学报，40：620-630.
朱国栋．2016. 内蒙古荒漠草原植物、土壤、放牧牛羊粪便及毛发的稳定性碳同位素特征．呼和浩特：内蒙古农业大学．
朱礼学，邓泽锦．2001. 土壤 pH 值及 $CaCO_3$ 在多目标地球化学调查中的研究意义．物探化探计算技术，21：140-143.
朱猛，刘蔚，秦燕燕，等．2016. 祁连山森林草原带坡面尺度土壤有机碳分布．中国沙漠，36：741-748.
朱书法，刘丛强，陶发祥．2005. $\delta^{13}C$ 方法在土壤有机质研究中的应用．土壤学报，42：495-503.
朱震达．1994. 中国荒漠化问题研究的现状与展望．地理学报，49：650-659.
宗宁，石培礼，孙建．2020. 高寒草地沙化过程植被与土壤特征变化的生态阈值估算．干旱区研究，37：1580-1589.
左小安，赵学勇，赵哈林，等．2006. 科尔沁沙地草地退化过程中的物种组成及功能多样性变化特征．水土保持学报，20：181-185.
左小安，赵学勇，赵哈林，等．2007. 科尔沁沙质草地群落物种多样性、生产力与土壤特性的关系．环境科学，28：945-951.
Ågren G I. 2004. The C：N：P stoichiometry of autotrophs-theory and observations. Ecology Letters，7：185-191.

Ågren G I. 2008. Stoichiometry and nutrition of plant growth in natural communities. Annual Review of Ecology Evolution and Systematics, 39: 153-170.

Aanderud Z T, Richards J H, Svejcar T, et al. 2010. A shift in seasonal rainfall reduces soil organic carbon storage in a cold desert. Ecosystems, 13: 673-682.

Allington G R H, Valone T J. 2010. Reversal of desertification: The role of physical and chemical soil properties. Journal of Arid Environments, 74: 973-977.

Allison V J, Condronl M, Peltzer D A, et al. 2007. Changes in enzyme activities and soil microbial community composition along carbon and nutrient gradients at the Franz Josef chronosequence, New Zealand. Soil Biology and Biochemistry, 39: 1770-1781.

Amundson R G, 刘俊峰, 古仁镜. 1992. 内华达州莫哈韦沙漠东部土壤的稳定碳同位素化学与气候和植被的关系. 地质地球化学, 55: 53-59.

An H, Li Q L, Yan X, et al. 2019. Desertification control on soil inorganic and organic carbon accumulation in the topsoil of desert grassland in Ningxia, northwest China. Ecological Engineering, 127: 348-355.

Andersen T, Elser J J, Hessen D O. 2004. Stoichiometry and population dynamics. Ecology Letters, 7: 884-900.

Anderson K J. 2007. Temporal patterns in rates of community change during succession. The American Naturalist, 169: 780-793.

Anderson M J, Crist T O, Chase J M, et al. 2011. Navigating the multiple meanings of β diversity: a roadmap for the practicing ecologist. Ecology letters, 14: 19-28.

Anderson T H, Domsch K H. 1990. Application of eco-physiological quotients (qCO_2 and qD) on microbial biomasses from soils of different cropping histories. Soil Biology and Biochemistry, 22: 251-255.

Ardhini R M, Aaron A S M, Sina M A. 2009. Soil community changes during secondary succession to naturalized grasslands. Applied Soil Ecology, 41: 137-147.

Austin A T. 2011. Has water limited our imagination for aridland biogeochemistry? Trends in ecology and evolution, 26: 229-235.

Badiane N N Y, Chotte J L, Pate E, et al. 2001. Use of soil enzyme activities to monitor soil quality in natural and improved fallows in semi-arid tropical regions. Applied Soil Ecology, 18: 229-238.

Baer S G, Kitchen D J, Blair J M, et al. 2002. Changes in ecosystem structure and function along a chronosequence of restored grasslands. Ecological Applications, 12: 1688-1701.

Bai Y F, Wu J G, Clark C M, et al. 2010. Tradeoffs and thresholds in the effects of nitrogen addition on biodiversity and ecosystem functioning: evidence from inner Mongolia Grasslands. Globa Change Biology, 16: 358-372.

Baselga A , Orme D, Villeger S . 2013. Betapart: Partitioning beta diversity into turnover and nestedness components. Puerto Rico Health Sciences Journal, 32 (1): 14-17.

Baselga A. 2007. Disentangling distance decay of similarity from richness gradients: Response to Soininen et al. 2007. Ecography, 30: 838-841.

Baselga A. 2010. Partitioning the turnover and nestedness components of beta diversity. Global Ecology and Biogeography, 19: 134-143.

Batjes N H. 1996. Total carbon and nitrogen in the soils of the world. European Journal of Soil Science, 47: 151-163.

Bell C W, Fricks B E, Rocca J D, et al. 2013. High-throughput fluorometric measurement of potential soil extracellular enzyme activities. Journal of Visualized Experiments Jove, 81: e50961.

Bell C, Carrillo Y, Boot C M, et al. 2014. Rhizosphere stoichiometry: are C: N: P ratios of plants, soils, and enzymes conserved at the plant species-level? New Phytologist, 201: 505-517.

Bello F D, Lavorel S, Lavergne S, et al. 2013. Hierarchical effects of environmental filters on the functional structure of plant communities: a case study in the French Alps. Ecography, 36: 393-402.

Bestelmeyer B T, Okin G S, Duniway M C, et al. 2015. Desertification, land use, and the transformation of global drylands. Frontiers in Ecology and the Environment, 13: 28-36.

Bestelmeyer B T. 2005. Does desertification diminish biodiversity? Enhancement of ant diversity by shrub invasion in south-western USA. Diversity and Distributions, 11: 45-55.

Blagodatskaya E, Kuzyakov Y. 2013. Active microorganisms in soil: Critical review of estimation criteria and approaches. Soil Biology and Biochemistry, 67: 192-211.

Blair G J, Lefroy R D B, Lisle L. 1995. Soil carbon fractions based on their degree of oxidation and the development of a carbon management index for agricultural systems. Australian Journal of Agricultural Research, 46: 1459-1466.

Borcard D, Legendre P, Avois-Jacquet C, et al. 2004. Dissecting the spatial structure of ecological data at multiple scales. Ecology letters, 85: 1826-1832.

Brant A N, Chen H Y H. 2015. Patterns and mechanisms of nutrient resorption in plants. Critical Reviews in Plant Sciences, 34: 471-486.

Brendonck L, Jocqué M, Tuytens K, et al. 2015. Hydrological stability drives both local and regional diversity patterns in rock pool metacommunities. Oikos, 124: 741-749.

Briggs J M, Knapp A K. 1995. Interannual variability in primary production in tallgrass prairie: climate, soil moisture, topographic position, and fire as determinants of aboveground biomass. American Journal of Botany, 82: 1024-1030.

Brookes P C, Landman A, Pruden G, et al. 1985. Chloroform fumigation and the release of soil nitrogen: a rapid direct extraction method to measure microbial biomass nitrogen in soil. Soil Biology and Biochemistry, 17: 837-842.

Bui E N, Henderson B L. 2013. C: N: P stoichiometry in Australian soils with respect to vegetation and environmental factors. Plant and Soil, 373: 553-568.

Burns R G, Dick R P. 2002. Enzymes in the environment: activity, ecology, and applications. Boca Raton: CRC Press.

Cao S, Zhang J, Chen L, et al. 2016. Ecosystem water imbalances created during ecological restoration by afforestation in China, and lessons for other developing countries. Journal of

Environmental Management, 183: 843-849.

Cerling T E, Harris J M, Macfadden B J, et al. 1997. Global vegetation change through the Miocene/Pliocene boundary. Nature, 389: 153-158.

Cerling T E, Wang Y, Quade J. 1993. Expansion of C4 ecosystems as an indicator of global ecological change in the late Miocene. Nature, 361: 344-345.

Chang I, Prasidhi A K, Im J, et al. 2015. Soil treatment using microbial biopolymers for anti-desertification purposes. Geoderma, 253-254: 39-47.

Chapin F S, Matason P A, Vitousek P M. 2011. Principles of Terrestrial Ecosystem Ecology. Berlin: Springer-Verlag.

Chase J M. 2010. Stochastic community assembly causes higher biodiversity in more productive environments. Science, 328: 1388-1391.

Chen C, Park T, Wang X H, et al. 2019. China and India lead in greening of the world through land-use management. Nature Sustainability, 2: 122-129.

Chen D, Pan Q M, Bai Y F, et al. 2016. Effects of plant functional group loss on soil biota and net ecosystem exchange: a plant removal experiment in the Mongolian grassland. Journal of Ecology, 104: 734-743.

Chen X W, Li B L. 2003. Change in soil carbon and nutrient storage after human disturbance of a primary Korean pine forest in Northeast China. Forest Ecology and Management, 186: 197-206.

Christensen B T. 2001. Physical fractionation of soil and structural and functional complexity in organic matter turnover. European Journal of Soil Science, 52: 345-353.

Cleveland C C, Liptzin D. 2007. C: N: P stoichiometry in soil: Is there a "Redfield ratio" for the microbial biomass? Biogeochemistry, 85: 235-252.

Conant R T, Faustian K. 2002. Potential soil sequestration in overgrazed grassland ecosystems. Global Biogeochemical Cycles, 16: 1143-1151.

Condit R, Pitman N, Leigh E G, et al. 2002. Beta-diversity in tropical forest trees. Science, 295: 666-669.

Connell J H, Slatyer R O. 1977. Mechanisms of succession in natural communities and their role in community stability and organization. American naturalist, 111 (982): 1119-1144.

Cottenie K. 2005. Integrating environmental and spatial processes in ecological community dynamics. Ecology letters, 8: 1175-1182.

Crist T O, Veech J A, Gering J C, et al. 2003. Partitioning species diversity across landscapes and regions: a hierarchical analysis of α, β, and γ diversity. The American Naturalist, 162: 734-743.

De Cáceres M, Legendre P, Valencia R, et al. 2012. The variation of tree beta diversity across a global network of forest plots. Global Ecology and Biogeography, 21: 1191-1202.

De Deyn G B, Cornelissen J H C, Bardgett R D. 2008. Plant functional traits and soil carbon sequestration in contrasting biomes. Ecology letters, 11: 516-531.

Deng L, Shangguan Z P, Sweeney S. 2013. Changes in soil carbon and nitrogen following land abandonment of farmland on the Loess Plateau, China. Plos One, 8: e71923.

Deng L, Shangguan Z P, Wu G L, et al. 2017. Effects of grazing exclusion on carbon sequestration in China's grassland. Earth-Science Reviews, 173: 84-95.

Deng L, Wang K B, Li J P, et al. 2014a. Carbon storage dynamics in Alfalfa (Medicago sativa) fields in the hilly-gully region of the Loess Plateau, China. CLEAN - Soil, Air, Water, 42: 1253-1262.

Deng L, Zhang Z N, Shangguan Z P. 2014b. Long-term fencing effects on plant diversity and soil properties in China. Soil and Tillage Reserach, 137: 7-15.

Dijkstra F A, Pendall E, Morgan J A, et al. 2012. Climate change alters stoichiometry of phosphorus and nitrogen in a semiarid grassland. New Phytologist, 196: 807-815.

Dini-Andreote F, Stegen J C, van Elsas J D, et al. 2015. Disentangling mechanisms that mediate the balance between stochastic and deterministic processes in microbial succession. Proceedings of the National Academy of Sciences, 112: E1326-E1332.

Dobson A P, Bradshaw A D, Baker A J M. 1997. Hopes for the future: Restoration ecology and conservation biology. Science, 277: 515-522.

Dornelas M, Connolly S R, Hughes T P. 2006. Coral reef diversity refutes the neutral theory of biodiversity. Nature, 440: 80-82.

Drury W H, Nisbet I C. 1973. Succession. Journal of the Arnold Arboretum, 54: 331-368.

Duan Z H, Xiao H L, Dong Z B, et al. 2001. Estimate of total CO_2 output from desertified sandy land in China. Atmospheric Environment, 35: 5915-5921.

Eaton J M, Mcgoff N M, Byme K A, et al. 2008. Land cover change and soil organic carbon stocks in the Republic of Ireland 1851-2000. Climatic Change, 91: 317-334.

Ebrahimi M, Khosravi H, Rigi M. 2016. Short-term grazing exclusion from heavy livestock rangelands affects vegetation cover and soil properties in natural ecosystems of southeastern Iran. Ecological Engineering, 95: 10-18.

Elser J J, Acharya K, Kyle M, et al. 2003. Growth rate-stoichiometry couplings in diverse biota. Ecology letters, 6: 936-943.

Elser J J, Bracken M E, Cleland E E, et al. 2007. Global analysis of nitrogen and phosphorus limitation of primary producers in freshwater, marine and terrestrial ecosystems. Ecology letters, 10: 1135-1142.

Elser J J, Fagan W F, Denno R F, et al. 2000. Nutritional constraints in terrestrial and freshwater food webs. Nature, 408: 578-580.

Elser J J, Fagan W F, Kerkhoff A J, et al. 2010. Biological stoichiometry of plant production: metabolism, scaling and ecological response to global change. New Phytologist, 186: 593-608.

Enriquez A S, Chimner R A, Cremona M V. 2014. Long-term grazing negatively affects nitrogen dynamics in Northern Patagonian wet meadows. Journal of Arid Environments, 109: 1-5.

Eshel G. 2005. The role of soil inorganic carbon in carbon sequestration. California: University of California Davis.

Ewers R M, Didham R K, Pearse W D, et al. 2013. Using landscape history to predict biodiversity patterns in fragmented landscapes. Ecology letters, 16: 1221-1233.

Fan H B, Wu J P, Liu W F, et al. 2015. Linkages of plant and soil C: N: P stoichiometry and their relationships to forest growth in subtropical plantations. Plant and Soil, 392: 127-138.

Fan J, Harris W, Zhong H. 2016. Stoichiometry of leaf nitrogen and phosphorus of grasslands of the Inner Mongolian and Qinghai- Tibet Plateau in relation to climatic variables and vegetation organization levels. Ecological Research, 31: 821-829.

Fang J Y, Guo Z D, Piao S L, et al. 2007. Terrestrial vegetation carbon sinks in China, 1981-2000. Science in China (Series D: Earth Sciences), 50: 1341-1350.

Fang J Y, Piao S L, Tang Z Y, et al. 2001. Interannual variability in net primary production and precipitation. Science, 293: 1723.

Fang J Y, Piao S L, Zhou L, et al. 2005. Precipitation patterns alter growth of temperate vegetation. Geophysical Research Letters, 32: L21411.

Fanin N, Fromin N, Buatois B, et al. 2013. An experimental test of the hypothesis of non-homeostatic consumer stoichiometry in a plant litter-microbe system. Ecology letters, 16: 764-772.

Feng Q, Endo K N, Cheng G D. 2002. Soil carbon in desertified land in relation to site characteristics. Geoderma, 106: 21-43.

Fierer N, Strickland M S, Liptzin D, et al. 2009. Global patterns in belowground communities. Ecology letters, 12: 1238-1249.

Fife D N, Nambiar E K S, Saur E. 2008. Retranslocation of foliar nutrients in evergreen tree species planted in a Mediterranean environment. Tree Physiology, 28: 187-196.

Foster D, Swanson F, Aber J, et al. 2003. The importance of landuse legacies to ecology and conservation. BioScience, 53: 77-88.

Franzluebbers A J, Stuedemann J A. 2003. Bermudagrass management in the Southern Piedmont USA. Ⅲ. Particulate and biologically active soil carbon. Soil Science Society of America Journal, 67: 132-138.

Fu X L, Shao M A, Wei X R, et al. 2010. Soil organic carbon and total nitrogen as affected by vegetation types in Northern Loess Plateau of China. Geoderma, 155: 31-35.

Fullen M A, Booth C A, Brandsma R T. 2006. Long- term effects of grass ley set- aside on erosion rates and soil organic matter on sandy soils in east Shropshire, UK. Soil and Tillage Research, 89: 122-128.

Gad A, Abdel S. 2000. Study on desertification of irrigated arable lands in Egypt. Egyptian Journal of Soil Science, 40: 373-384.

Gale W J, Cambardella C A. 2000. Carbon dynamics of surface residue- and root- derived organic matter under simulated no-till. Soil Science Society of America Journal, 64: 190-195.

Gao Y, Tian J, Pang Y, et al. 2017. Soil inorganic carbon sequestration following afforestation is probably induced by pedogenic carbonate formation in northwest China. Frontiers in Plant Science, 8: 1282.

Garten Jr C T, Post Iii W M, Hanson P J, et al. 1999. Forest soil carbon inventories and dynamics along an elevation gradient in the southern Appalachian Mountains. Biogeochemistry, 45: 115-145.

Gastón K, Blackburn T. 2000. Pattern andprocess in macroecology. Blackwell Science, 31: 151-164.

Gelman A, Hill J. 2007. Data analysis using regression and multilevel/hierarchical models. New York: Cambridge University Press.

Gianuca A T, Declerck S A, Lemmens P, et al. 2016. Effects of dispersal and environmental heterogeneity on the replacement and nestedness components of β-diversity. Ecology, 98: 525.

Gilbert B, Lechowicz M J. 2004. Neutrality, niches, and dispersal in a temperate forest understory. Proceedings of the national Academy of Sciences of the United States of America, 101: 7651-7656.

Gossner M M, Lewinsohn T M, Kahl T, et al. 2016. Land-use intensification causes multitrophic homogenization of grassland communities. Nature, 540: 266-269.

Gotelli N J. 2000. Null model analysis of species co-occurrence patterns. Ecology letters, 81: 2606-2621.

Grime J P. 2001. Plant Strategies, Vegetation Processes, and Ecosystem Properties. UK: John Wiley and Sons, Chichester.

Gu Z Y. 2003. Climate as the dominant control on C_3 and C_4 plant abundance in the Loess Plateau: Organic carbon isotope evidence from the last glacial-interglacial loess-soil sequences. Chinese Science Bulletin, 48: 1271.

Guo J H, Liu X J, Zhang Y, et al. 2010. Significant acidification in major Chinese croplands. Science, 327: 1008-1010.

Guo L B, Gifford R M. 2002. Soil carbon storage and land use change: a meta analysis. Global Change Biology, 8: 345-360.

Guo Q J, Zhu G X, Chen T B, et al. 2017a. Spatial variation and environmental assessment of soil organic carbon isotopes for tracing sources in a typical contaminated site. Journal of Geochemical Exploration, 175: 11-17.

Guo Y P, Yang X, Schöb C, et al. 2017b. Legume shrubs are more nitrogen-homeostatic than non-legume shrubs. Frontiers in Plant Science, 8: 1662.

Gámez-Virués S, Perović D J, Gossner M M, et al. 2015. Landscape simplification filters species traits and drives biotic homogenization. Nature communications, 6: 8568.

Güsewell S. 2004. N: P ratios in terrestrial plants: variation and functional significance. New Phytologist, 164: 243-266.

Han G D, Hao X Y, Zhao M L, et al. 2008. Effect of grazing intensity on carbon and nitrogen in soil and vegetation in a meadow steppe in Inner Mongolia. Agriculture, Ecosystems and Environment, 125: 21-32.

Han W X, Fang J Y, Guo D L, et al. 2005. Leaf nitrogen and phosphorus stoichiometry across 753 terrestrial plant species in China. New Phytologist, 168: 377-385.

Han W X, Fang J Y, Reich P B, et al. 2011. Biogeography and variability of eleven mineral elements in plant leaves across gradients of climate, soil and plant functional type in China. Ecology letters, 14: 788-796.

Han W X, Tang L Y, Chen Y H, et al. 2013. Relationship between the relative limitation and resportion efficiency of nitrogen vs phosphorus in woody plants. Plos One, 8: e83366.

Harpole W S, Potts D L, Suding K N. 2007. Ecosystem responses to water and nitrogen amendment in a California grassland. Global Change Biology, 13: 2341-2348.

Harrison S, Ross S J, Lawton J H. 1992. Beta diversity on geographic gradients in Britain. Journal of Animal Ecology: 151-158.

He J S, Fang J Y, Wang Z H, et al. 2006. Stoichiometry and large-scale patterns of leaf carbon and nitrogen in the grassland biomes of China. Oecologia, 149: 115-122.

He J S, Wang L, Flynn D F B, et al. 2008. Leaf nitrogen: phosphorus stoichiometry across Chinese grassland biomes. Oecologia, 155: 301-310.

He M, Dijkstra F A. 2014. Drought effect on plant nitrogen and phosphorus: a meta-analysis. New Phytologist, 204: 924-931.

Hessen D O, Ågren G I, Anderson T R, et al. 2004. Carbon sequestration in ecosystems: the role of stoichiometry. Ecology, 85: 1179-1192.

Hill M J, Heino J, Thornhill I, et al. 2017. Effects of dispersal mode on the environmental and spatial correlates of nestedness and species turnover in pond communities. Oikos, 126: 1575-1585.

Hontoria C, Saa A, Rodríguez-Murillo J C. 1999. Relationships between soil organic carbon and site characteristics in Peninsular Spain. Soil Science Society of America Journal, 63: 614.

Hortal J, Diniz-Filho J a F, Bini L M, et al. 2011. Ice age climate, evolutionary constraints and diversity patterns of European dung beetles. Ecology letters, 14: 741-748.

Hu N, Li H, Tang Z, et al. 2016. Community size, activity and C: N stoichiometry of soil microorganisms following reforestation in a Karst region. European Journal of Soil Biology, 73: 77-83.

Hu Z M, Li S G, Guo Q, et al. 2016. A synthesis of the effect of grazing exclusion on carbon dynamics in grasslands in China. Global Change Biology, 22: 1385-1393.

Huang J P, Yu H P, Guan X D, et al. 2016. Accelerated dryland expansion under climate change. Nature Climate Change, 6: 166-171.

Huenneke L F, Anderson J P, Remmenga M, et al. 2002. Desertification alters patterns of aboveground net primary production in Chihuahuan ecosystems. Global Change Biology, 8: 247-264.

Hungate B A, Johnson D W, Dijkstra P, et al. 2006. Nitrogen cycling during seven years of atmospheric CO_2 enrichment in a scrub oak woodland. Ecology, 87: 26-40.

Huston M A, Smith T. 1987. Plant succession: life history and competition. American naturalist, 130 (2):168-198.

Ibanez J J, Perez-Gomez R, Oyonarte C, et al. 2015. Are there arid land soilscapes in Southwestern Europe. Land Degradation and Development, 26: 853-862.

Janzen H H, Campbell C A, Brandt S A, et al. 1992. Light-fraction organic matter in soils from long-term crop rotations. Soil Science Society of America Journal, 56: 1799-1806.

Jia G M, Cao J, Wang C Y, et al. 2005. Microbial biomass and nutrients in soil at the different stages of secondary forest succession in Ziwulin, northwest China. Forest Ecology and Management, 217: 117-125.

Jobbagy E G, Jackson R B. 2000. The vertical distribution of soil organic carbon and its relation to climate and vegetation. Ecologieal Applieations, 35: 423-436.

Johnston C A, Groffman P, Breshears D D, et al. 2004. Carbon Cycling in Soil. Frontiers in Ecology and the Environment, 2: 522.

Jonas P, Patrick F, Akira G, et al. 2010. To be or not to be what you eat: Regulation of stoichiometric homeostasis among autotrophs and heterotrophs. Oikos, 119: 741-751.

Kalbitz K, Solinger S. 2000. Controls on the dynamics of dissolved organic matter in soils: A review. Soil Science, 165: 277-304.

Kardol P, Martijn Bezemer T, Van Der Putten W H. 2006. Temporal variation in plant-soil feedback controls succession. Ecology Letters, 9: 1080-1088.

Karimi R, Folt C L. 2006. Beyond macronutrients: element variability and multi element stoichiometry in freshwater invertebrates. Ecology Letters, 9: 1273-1283.

Karp D S, Rominger A J, Zook J, et al. 2012. Intensive agriculture erodes β-diversity at large scales. Ecology Letters, 15: 963-970.

Keiblinger K M, Hall E K, Wanek W, et al. 2010. The effect of resource quantity and resource stoichiometry on microbial carbon-use-efficiency. FEMS Microbiology Ecology, 73: 430-440.

Knapp A K, Fay P A, Blair J M, et al. 2002. Rainfall variability, carbon cycling, and plant species diversity in a mesic grassland. Science, 298: 2202-2205.

Koerselman W, Meuleman A F M. 1996. The vegetation N: P ratio: a new tool to detect the nature of nutrient limitation. Journal of Applied Ecology, 33: 1441-1450.

Kraft N J, Comita L S, Chase J M, et al. 2011. Disentangling the drivers of β diversity along latitudinal and elevational gradients. Science, 333: 1755-1758.

Kravchenko A N, Hao X. 2008. Management practice effects on spatial variability characteristicsof surface mineralizable C. Geoderma, 144: 387-394.

Lal R. 2001. Potential of desertification control to sequester carbon and mitigate the greenhouse effect. Climate Change, 51: 35-72.

Lal R. 2002. Soil carbon dynamics in cropland and rangeland. Environmental Pollution, 116: 353-362.

Lal R. 2003a. Global potential of soil carbon sequestration to mitigate the greenhouse effect. Critical Reviews in Plant Sciences, 22: 151-184.

Lal R. 2003b. Soil erosion and the global carbon budget. Environment International, 29: 437-450.

Lal R. 2004. Soil carbon sequestration impacts on global climate change and food security. Science, 304: 1623-1627.

Lambers H, Chapin Iii F S, Pons T L. 2008. Mineral nutrition, Plant physiological ecology. Berlin: Springer.

Lan Z C, Bai Y F. 2012. Testing mechanisms of N-enrichment-induced species loss in a semiarid Inner Mongolia grassland: critical thresholds and implications for long-term ecosystem responses. Philosophical Transactions of the Royal Society B: Biological Sciences, 367: 3125-3134.

Landi A, Mermut A R, Anderson D W. 2003. Origin and rate of pedogenic carbonate accumulation in Saskatchewan soils, Canada. Geoderma, 117: 143-156.

Larney F J, Bullock M S, Janzen H H, et al. 1998. Wind erosion effects on nutrient redistribution and soil productivity. Journal of Soil and Water Conservation, 53: 133-140.

Lechmere-Oertel R G, Cowling R M, Kerley G I H. 2005. Landscape dysfunction and reduced spatial heterogeneity in soil resources and fertility in semi-arid succulent thicket, South Africa. Austral Ecology, 30: 615-624.

Lefroy R D B, Blair G, Stong W M. 1993. Changes in soil organic matter with cropping as measured by organic carbon fractions and ^{13}C natural isotope abundance. Plant and Soil, 155-156: 399-402

Legendre P, Mi X, Ren H, et al. 2009. Partitioning beta diversity in a subtropical broad-leaved forest of China. Ecology Letters, 90: 663-674.

Leprieur F, Tedesco P A, Hugueny B, et al. 2011. Partitioning global patterns of freshwater fish beta diversity reveals contrasting signatures of past climate changes. Ecology Letters, 14: 325-334.

Lepš J. 1987. Vegetation dynamics in early old field succession: a quantitative approach. Vegetatio, 72: 95-102.

Li C, Shi X, Lei J, et al. 2013. The scale effect on the soil spatial heterogeneity of Haloxylon ammodendron (C. A. Mey.) in a sandy desert. Environmental Earth Sciences, 71: 4199-4207.

Li J, Okin G S, Alvarez L, et al. 2008. Effects of wind erosion on the spatial heterogeneity of soil nutrients in two desert grassland communities. Biogeochemistry, 88: 73-88.

Li L J, Zeng D H, Yu Z Y, et al. 2011. Foliar N/P ratio and nutrient limitation to vegetation growth on Keerqin sandy grassland of North-east China. Grass and Forage Science, 66: 237-242.

Li S P, Cadotte M W, Meiners S J, et al. 2016a. Convergence and divergence in a long-term old-field succession: the importance of spatial scale and species abundance. Ecology Letters, 19: 1101-1109.

Li X R, Jia X H, Dong G R. 2006. Influence of desertification on vegetation pattern variations in the cold semi-arid grasslands of Qinghai-Tibet Plateau, North-west China. Journal of Arid Environments, 64: 505-522.

Li X Y, Liu L Y, Wang J H. 2004. Wind tunnel simulation of aeolian sandy soil erodibility under human disturbance. Geomorphology, 59: 3-11.

Li Y F, Li Q Y, Guo D Y, et al. 2016b. Ecological stoichiometry homeostasis of Leymus chinensis in degraded grassland in western Jilin Province, NE China. Ecological Engineering, 90: 387-391.

Li Y Y, Shao M A. 2006. Change of soil physical properties under long-term natural vegetation restoration in the Loess Plateau of China. Journal of Arid Environments, 64: 77-96.

Li Y, Wu J S, Liu S L, et al. 2012. Is the C: N: P stoichiometry in soil and soil microbial biomass related to the landscape and land use in southern subtropical China? Global Biogeochemical Cycles,

26: 4002.

Li Z P, Han F X, Su Y, et al. 2007. Assessment of soil organic and carbonate carbon storage in China. Geoderma, 138: 119-126.

Liao J D, Boutton T W, Jastrow J D. 2006. Organic matter turnover in soil physical fractions following woody plant invasion of grassland: Evidence from natural ^{13}C and ^{15}N. Soil Biology and Biochemistry, 38: 3197-3210.

Lin Y, Han G, Zhao M, et al. 2010. Spatial vegetation patterns as early signs of desertification: a case study of a desert steppe in Inner Mongolia, China. Landscape Ecology, 25: 1519-1527.

Liu B, Zhao W, Liu Z, et al. 2015. Changes in species diversity, aboveground biomass, and vegetation cover along an afforestation successional gradient in a semiarid desert steppe of China. Ecological Engineering, 81: 301-311.

Liu R T, Zhu F, An H, et al. 2014. Effect of naturally vs manually managed restoration on ground-dwelling arthropod communities in a desertified region. Ecological Engineering, 73: 545-552.

Lobe I, Amelung W, Preez C C D. 2001. Losses of carbon and nitrogen with prolonged arable cropping from sandy soils of the South African Highveld. European Journal of Soil Science, 52: 93-101.

Loginow W, Wisniewski W, Gonet S S, et al. 1987. Fraction of organic carbon based on susceptibility to oxidation. Polish Journal of Soil Science, 20: 47-52.

Lopez M V, Gracia R, Arrue J L. 2000. Effects of reduced tillage on soil surface properties affecting wind erosion in semiarid fallow lands of Central Aragon. European Journal of Agronomy, 12: 191-199.

Lowery B, Swan J, Schumacher T, et al. 1995. Physical properties of selected soils by erosion class. Journal of Soil and Water Conservation, 50: 306-311.

Lu X, Yan Y, Sun J, et al. 2015. Short-term grazing exclusion has no impact on soil properties and nutrients of degraded alpine grassland in Tibet, China. Solid Earth, 6: 1195-1205.

Lugato E, Berti A. 2008. Potential carbon sequestration in a cultivated soil under different climate change scenarios: A modeling approach for evaluating promising management practices in north-east Italy. Agriculture, Ecosystems and Environment, 128: 97-103.

Luo S S, Zhu L, Liu J K, et al. 2015. Sensitivity of soil organic carbon stocks and fractions to soil surface mulching in semiarid farmland. European Journal of Soil Biology, 67: 35-42.

Luo Y Q, Field C B, Jackson R B. 2006. Does nitrogen constrain carbon cycling, or does carbon input stimulate nitrogen cycling? Ecology, 87: 3-4.

Lü L Y, Wang R Z, Liu H Y, et al. 2016. Effect of soil coarseness on soil base cations and available micronutrients in a semi-arid sandy grassland. Solid Earth, 7: 549-556.

Lü X T, Kong D L, Pan Q M, et al. 2011. Nitrogen and water availability interact to affect leaf stoichiometry in a semi-arid grassland. Oecologia, 9: 1-10.

Maestre F T, Quero J L, Gotelli N J, et al. 2012. Plant species richness and ecosystem multifunctionality in global drylands. Science, 335: 214-218.

Makino W, Cotner J B, Sterner R W, et al. 2003. Are bacteria more like plants or animals? growth rate and resource dependence of bacterial C: N: P stoichiometry. Functional Ecology, 17: 121-130.

Malmstrom C M, Butterfield H S, Barber C, et al. 2009. Using remote sensing to evaluate the influence of grassland restoration activities on rcosystem forage provisioning services. Restoration Ecology, 17: 526-538.

Manzoni S, Taylor P, Richter A, et al. 2012. Environmental and stoichiometric controls on microbial carbon-use efficiency in soils. New Phytologist, 196: 79-91.

Manzoni S, Trofymow J A, Jackson R B, et al. 2010. Stoichiometric controls on carbon, nitrogen, and phosphorus dynamics in decomposing litter. Ecological Monographs, 80: 89-106.

Marticorena B, Bergametti G, Gillette D, et al. 1997. Factors controlling threshold friction velocity in semiarid and arid area of the United States. Journal of Geophysical Research Atmospheres, 102: 23277-23287.

Mccarl B A, Metting F B, Rice C. 2007. Soil carbon sequestration. Climatic Change, 80: 1-3.

Mcgroddy M E, Daufresne T, Hedin L O. 2004. Scaling of C: N: P stoichiometry in forests worldwide: implications of terrestrial Redfield-type ratios. Ecology, 85: 2390-2401.

Meiners S J, Cadotte M W, Fridley J D, et al. 2015. Is successional research nearing its climax? New approaches for understanding dynamic communities. Functional Ecology, 29: 154-164.

Mi N, Wang S Q, Liu J Y, et al. 2010. Soil inorganic carbon storage pattern in China. Global Change Biology, 14: 2380-2387.

Michaels A F. 2003. The ratios of life. Science, 300: 906-907.

Milla R, Castro-Díez P, Maestro-Martínez M, et al. 2005. Does the gradualness of leaf shedding govern nutrient resorption from senescing leaves in Mediterranean woody plants? Plant and Soil, 278: 303-313.

Monger H, Martinez-Rios J. 2002. Inorganic carbon sequestration in grazing lands. In 'The potential of grazing lands to sequester carbon and mitigate the greenhouse gas effect. Boca Raton: Lewis Publishers.

Moorcroft P R, Hurtt G C, Pacala S W. 2001. A method for scaling vegetation dynamics: the ecosystem demography model (ED) . Ecological Monographs, 71: 557-586.

Moorhead D L, Sinsabaugh R L, Hill B H, et al. 2016. Vector analysis of ecoenzyme activities reveal constraints on coupled C, N and P dynamics. Soil Biology and Biochemistry, 93: 1-7.

Mooshammer M, Wanek W, Schnecker J, et al. 2012. Stoichiometric controls of nitrogen and phosphorus cycling in decomposing beech leaf litter. Ecology, 93: 770-782.

Mooshammer M, Wanek W, Zechmeister-Boltenstern S, et al. 2014. Stoichiometric imbalances between terrestrial decomposer communities and their resources: mechanisms and implications of microbial adaptations to their resources. Frontiers in Microbiology, 5: 22.

Motta A C V, Reeves D W, Touchton J T. 2007. Tillage intensity effects on chemical indicators of soil quality in two coastal plain soils. Communications in Soil Science and Plant Analysis, 33: 913-932.

Myers J A, Chase J M, Jiménez I, et al. 2013. Beta-diversity in temperate and tropical forests reflects dissimilar mechanisms of community assembly. Ecology Letters, 16 (2): 151-157.

Neff J, Asner G P. 2001. Dissolved organic carbon in terrestrial ecosystems: synthesis and a model. Ecosystems, 4: 29-48.

Niklas K J, Cobb E D. 2006. Biomass partitioning and leaf N, P-stoichiometry: Comparisons between tree and herbaceous currentyear shoots. Plant, Cell Environ, 29: 2030-2042.

Olander L P, Vitousek P M. 2000. Regulation of soil phosphatase and chitinase activityby N and P availability. Biogeochemistry, 49: 175-190.

Olden J D, Poff N L, Douglas M R, et al. 2004. Ecological and evolutionary consequences of biotic homogenization. Trends in ecology and evolution, 19: 18-24.

Oliveira D M D S, Paustian K, Cotrufo M F, et al. 2017. Assessing labile organic carbon in soils undergoing land use change in Brazil: A comparison of approaches. Ecological Indicators, 72: 411-419.

Pan F X, Li Y Y, Chapman S J, et al. 2016. Microbial utilization of rice straw and its derived biochar in a paddy soil. Science of the Total Environment, 559: 15-23.

Passy S I, Blanchet F G. 2007. Algal communities in human-impacted stream ecosystems suffer beta-diversity decline. Diversity and Distributions, 13: 670-679.

Pei S F, Fu H, Wan C G. 2008. Changes in soil properties and vegetation following exclosure and grazing in degraded Alxa desert steppe of Inner Mongolia, China. Agriculture, Ecosystems and Environment, 124: 33-39.

Peng X Q, Wang W. 2016. Stoichiometry of soil extracellular enzyme activity along a climatic transect in temperate grasslands of northern China. Soil Biology and Biochemistry, 98: 74-84.

Phoenix G K, Emmett B A, Britton A J, et al. 2012. Impacts of atmospheric nitrogen deposition: responses of multiple plant and soil parameters across contrasting ecosystems in long-term field experiments. Global Change Biology, 18: 1197-1215.

Piao S L, Yin G D, Tan J G, et al. 2015. Detection and attribution of vegetation greening trend in China over the last 30 years. Global Change Biology, 21: 1601-1609.

Post W M, Izaurralde R C, Mann L K, et al. 2001. Monitoring and verifying changes of organic carbon in soil. Climatic Change, 51: 73-99.

Qian H, Ricklefs R E, White P S. 2005. Beta diversity of angiosperms in temperate floras of eastern Asia and eastern North America. Ecology Letters, 8: 15-22.

Qiu S J, Ju X T, Ingwersen J, et al. 2010. Changes in soil carbon and nitrogen pools after shifting from conventional cereal to greenhouse vegetable production. Soil and Tillage Research, 107: 80-87.

Ravindran A, Yang S. 2015. Effect of vegetation type on microbial biomass carbon and nitrogen in subalpine mountain forest soils. Journal of Microbiology, Immunology and Infection, 48: 362-369.

Reich P B, Knops J, Tilman D, et al. 2001. Plant diversity enhances ecosystem responses to elevated CO_2 and nitrogen deposition. Nature, 410: 809-810.

Reich P B, Oleksyn J. 2004. Global patterns of plant leaf N and P in relation to temperature and latitude. Proceedings of the national Academy of Sciences of the United States of America, 101: 11001-11006.

Ren C J, Zhang W, Zhong Z K, et al. 2018. Differential responses of soil microbial biomass, diversity, and compositions to altitudinal gradients depend on plant and soil characteristics. Science of the Total Environment, 610: 750-758.

Renforth P, Manning D a C, Lopez-Capel E. 2009. Carbonate precipitation in artificial soils as a sink for atmospheric carbon dioxide. Applied Geochemistry, 24: 1757-1764.

Richardson S J, Peltzer D A, Allen R B, et al. 2005. Resorption proficiency along a chronosequence: responses among communities and within species. Ecology, 86: 20-25.

Russell A E, Laird D A, Parkin T B, et al. 2005. Impact of nitrogenfertilization and cropping system on carbon sequestration in Midwestern Mollisols. Soil Science Society of America Journal, 69: 413-422.

Rytter R M. 2012. Stone and gravel contents of arable soils influence estimates of C and N stocks. Catena, 95: 153-159.

Sala O E, Lauenroth W K, Burke I. 1996. Carbon budgets of temperate grasslands and the effects of global change //Breymeyer A I, Hall D O, Melillo J M. Global Change: Effects on Coniferous Forests and Grasslands. Chichester : John Wiley and Sons Ltd.

Sanchez G. 2012. Plsdepot: Partial Least Squares (PLS) data analysis methods. R package version 0. 1 17.

Schade J D, Espeleta J F, Klausmeier C A, et al. 2005. A conceptual framework for ecosystem stoichiometry: Balancing resource supply and demand. Oikos, 109: 40-51.

Schimel J P, Weintraub M N. 2003. The implication of exoenzyme activity on microbial carbon and nitrogen limitation in soil: A theoretical model. Soil Biology and Biochemistry, 35: 549-563.

Schnürer J, Rosswall T. 1987. Mineralization of nitrogen from ^{15}N labelled fungi, soil microbial biomass and roots and its uptake by barley plants. Plant and Soil, 102: 71-78.

Segre H, Ron R, De Malach N, et al. 2014. Competitive exclusion, beta diversity, and deterministic vs. stochastic drivers of community assembly. Ecology Letters, 17: 1400-1408.

Sharma P, Rai S C, Sharma R, et al. 2004. Effect of land- use changes on soil microbial C, N and P in a Himalayan watershed. Pedobiologia, 48: 83-92.

Sharma V, Hussain S, Sharma K R, et al. 2014. Labile carbon pools and soil organic carbon stocks in the foothill Himalayas under different land use systems. Geoderma, 232-234: 81-87.

Shepherd T G, Saggar S, Newman R H, et al. 2001. Tillage induced changes to soil structure and organic carbon fractions in New Zealand soils. Australian Journal of Soil Research, 39: 465-489.

Shurin J B. 2001. Interactive effects of predation and dispersal on zooplankton communities. Ecology, 82: 3404-3416.

Sims J T, Edwards A C, Schoumans O F, et al. 2000. Integrating soil phosphorus testing into environmentally based agricultural management practices. Journal of Environmental Quality, 29: 60-71.

Singh J S, Raghubanshi A S, Singh R S, et al. 1989. Microbial biomass acts as a source of plant nutrients in dry tropical forest and savanna. Nature, 338: 499-500.

Sinsabaugh R L, Belnap J, Rudgers J, et al. 2015. Soil microbial responses to nitrogen addition in arid ecosystems. Frontiers in Microbiology, 6: 819.

Sinsabaugh R L, Follstad Shah J J. 2012. Ecoenzymatic stoichiometry and ecological theory. Annual Review of Ecology Evolution and Systematics, 43: 313-343.

Sinsabaugh R L, Hill B H, Follstad Shah J J. 2010. Ecoenzymatic stoichiometry of microbial organic nutrient acquisition in soil and sediment. Nature, 462: 795-798.

Sinsabaugh R L, Lauber C L, Weintraub M N, et al. 2008. Stoichiometry of soil enzyme activity at global scale. Ecology Letters, 11: 1252-1264.

Sinsabaugh R L, Turner B L, Talbot J M, et al. 2016. Stoichiometry of microbial carbon use efficiency in soils. Ecological Monographs, 86: 172-189.

Six J, Conant R T, Paul E A, et al. 2002. Stabilization mechanisms of soil organic matter: implications for C-saturation of soils. Plant and Soil, 241: 155-176.

Six J, Elliott E, Paustian K, et al. 1998. Aggregation and soil organic matter accumulation in cultivated and native grassland soils. Soil Science Society of America Journal, 62: 1367-1377.

Six J, Paustian K, Elliott E T, et al. 2000. Soil Structure and organic matter I. distribution of aggregate-size classes and aggregate-associated carbon. Soil Science Society of America Journal, 64: 681-689.

Smart S M, Thompson K, Marrs R H, et al. 2006. Biotic homogenization and changes in species diversity across human- modified ecosystems. Proceedings of the Royal Society of London B: Biological Sciences, 273: 2659-2665.

Spasojevic M J, Copeland S, Suding K N. 2014. Using functional diversity patterns to explore metacommunity dynamics: A framework for understanding local and regional influences on community structure. Ecography, 37: 939-949.

Srivastava S C, Singh J S. 1991. Microbial C, N and P in dry tropical forest soils: Effects of alternate land-uses and nutrient flux. Soil Biology and Biochemistry, 23: 117-124.

Staddon P L. 2004. Carbon isotopes in functional soil ecology. Trends in Ecology and Evolution, 19: 148-154.

Sterner R W, Andersen T, Elser J J, et al. 2008. Scale-dependent carbon: nitrogen: phosphorus seston stoichiometry in marine and freshwaters. Limnology and Oceanography, 53: 1169-1180.

Sterner R W, Elser J J. 2002. Ecological stoichiometry: biology of elements from molecules to the biosphere. Princeton: Princeton University Press.

Stevenson B A, Sarmah A K, Smernik R, et al. 2016. Soil carbon characterization and nutrient ratios across land uses on two contrasting soils: Their relationships to microbial biomass and function. Soil Biology and Biochemistry, 97: 50-62.

Straathof A L, Chincarini R, Comans R N J, et al. 2014. Dynamics of soil dissolved organic carbon pools reveal both hydrophobic and hydrophilic compounds sustain microbial respiration. Soil Biology

and Biochemistry, 79: 109-116.
Su Y Z, Li Y L, Zhao H L. 2006. Soil properties and their spatial pattern in a degraded sandy grassland under post- grazing restoration, Inner Mongolia, Northern China. Biogeochemistry, 79: 297-314.
Tan Z, Lal R, Owens L, et al. 2007. Distribution of light and heavy fractions of soil organic carbon as related to land use and tillage practice. Soil and Tillage Research, 92: 53-59.
Tang Z S, An H, Deng L, et al. 2016. Effect of desertification on productivity in a desert steppe. Scientific Reports, 6: 27839.
Tang Z S, An H, Shangguan Z P. 2015. The impact of desertification on carbon and nitrogen storage in the desert steppe ecosystem. Ecological Engineering, 84: 92-99.
Tang Z S, Deng L, An H. , et al. 2017. Bayesian method predicts belowground biomass of natural grasslands. Ecoscience, 24: 127-136.
Throop H L, Holland E A, Parton W J, et al. 2004. Effects of nitrogen deposition and insect herbivory on patterns of ecosystem- level carbon and nitrogen dynamics: Results from the CENTURY model. Global Change Biology, 10: 1092-1105.
Tian H Q, Chen G S, Zhang C, et al. 2010. Pattern and variation of C: N: P ratios in China's soils: A synthesis of observational data. Biogeochemistry, 98: 139-151.
Tischer A, Potthast K, Hamer U. 2014. Land use and soil depth affect resource and microbial stoichiometry in a tropical mountain rainforest region of southern Ecuador. Oecologia, 175: 375-393.
Townsend A R, Cleveland C C, Asner G P, et al. 2007. Controls over foliar N: P ratios in tropical rain forests. Ecology, 88: 107-118.
Tully K L, Wood T E, Schwantes A M, et al. 2013. Soil nutrient availability and reproductive effort drive patterns in nutrient resorption in Pentaclethra acroloba. Ecology, 94: 930-940.
Tuomisto H, Ruokolainen K, Yli- Halla M. 2003. Dispersal, environment, and floristic variation of western Amazonian forests. Science, 299: 241-244.
Tyler S W, Wheatcraft S W. 1992. Fractal scaling of soil particle-size distributions: Analysis and limitations. Soil Science Society of America Journal, 56: 362-369.
Ulrich W, Gotelli N J. 2007. Null model analysis of species nestedness patterns. Ecology Letters, 88: 1824-1831.
Ulrich W, Soliveres S, Maestre F T, et al. 2014. Climate and soil attributes determine plant species turnover in global drylands. Journal of Biogeography, 41: 2307-2319.
Vellend M, Verheyen K, Flinn K M, et al. 2007. Homogenization of forest plant communities and weakening of species- environment relationships via agricultural land use. Journal of Ecology, 95: 565-573.
Verón S R, Paruelo J M. 2010. Desertification alters the response of vegetation to changes in precipitation. Journal of Applied Ecology, 47: 1233-1241.
Viana D S, Figuerola J, Schwenk K, et al. 2016. Assembly mechanisms determining high species

turnover in aquatic communities over regional and continental scales. Ecography, 39: 281-288.

Vitousek P M, Howarth R W. 1991. Nitrogen limitation on land and in the sea: How can it occur? Biogeochemistry, 13: 87-115.

Wang B, Liu G B, Xue S, et al. 2011. Changes in soil physico- chemical and microbiological properties during natural succession on abandoned farmland in the Loess Plateau. Environmental Earth Sciences, 62: 915-925.

Wang M, Murphy M T, Moore T R. 2014. Nutrient resorption of two evergreen shrubs in response to long-term fertilization in a bog. Oecologia, 174: 365-377.

Wang T. 2009. The progress of research on aeolian desertification. Bulletin of Chinese Academy of Sciences, 24: 290-296.

Wang X J, Wang J J, Xu M G, et al. 2015. Carbon accumulation in arid croplands of northwest China: Pedogenic carbonate exceeding organic carbon. Scientific Reports, 5: 11439.

Wardle D A, Walker L R, Bardgett R D. 2004. Ecosystem properties and forest decline in contrasting long-term chronosequences. Science, 305: 509-513.

Waring B G, Weintraub S R, Sinsabaugh R L. 2014. Ecoenzymatic stoichiometry of microbial nutrient acquisition in tropical soils. Biogeochemistry, 117: 101-113.

Wei X, Li X G, Wei N. 2016. Fractal features of soil particle size distribution in layered sediments behind two check dams: Implications for the Loess Plateau, China. Geomorphology, 266: 133-145.

Wezel A, Rajot J L, Herbring C. 2000. Influence of shrubs on soil characteristics and their function in Sahelian agro-ecosystems in semiarid Niger. Journal of Arid Environments, 44: 383-398.

Whittaker R H. 1960. Vegetation of the Siskiyou Mountains, Oregon and California. Ecological Monographs, 30: 279-338.

Wright I J, Reich P B, Westoby M, et al. 2004. The worldwide leaf economics spectrum. Nature, 428: 821-827.

Wu G L, Liu Z H, Zhang L, et al. 2010. Long-term fencing improved soil properties and soil organic carbon storage in an alpine swamp meadow of western China. Plant and Soil, 332: 331-337.

Wu H B, Guo Z T, Gao Q, et al. 2009. Distribution of soil inorganic carbon storage and its changes due to agricultural land use activity in China. Agriculture, Ecosystems and Environment, 129: 413-421.

Wu T Y, Schoenau J J, Li F M, et al. 2006. Influence of tillage and rotation systems on distributionof organic carbon associated with particle-Size fractions in chernozemic soils of Saskatchewan, Canada. Biology and Fertility of Soils, 42: 338-344.

Xie J X, Li Y, Zhai C X, et al. 2009. CO_2 absorption by alkaline soils and its implication to the global carbon cycle. Environmental Geology, 56: 953-961.

Xu X F, Post W M. 2013. A global analysis of soil microbial biomass carbon, nitrogen and phosphorus in terrestrial ecosystems. Global Ecology and Biogeography, 22: 737-749.

Xu X F, Schimel J P, Thornton P E, et al. 2014. Substrate and environmental controls on microbial assimilation of soil organic carbon: a framework for Earth system models. Ecology Letters, 17:

547-555.

Xu Z, Ren H, Cai J, et al. 2015. Antithetical effects of nitrogen and water availability on community similarity of semiarid grasslands: evidence from a nine- year manipulation experiment. Plant and Soil, 397: 357-369.

Yan H, Wang S Q, Wang C Y, et al. 2005. Losses of soil organic carbon under wind erosion in China. Global Change Biology, 11: 828-840.

Yan J H, Li K, Peng X J, et al. 2015. The mechanism for exclusion of Pinus massoniana during the succession in subtropical forest ecosystems: light competition or stoichiometric homoeostasis. Scientific Reports, 5: 10994.

Yang Y H, Fang J Y, Guo D L, et al. 2010. Vertical patterns of soil carbon, nitrogen and carbon: nitrogen stoichiometry in Tibetan grasslands. Biogeosciences Discussions, 7: 1-24.

Yang Y H, Fang J Y, Ji C J, et al. 2014. Stoichiometric shifts in surface soils over broad geographical scales: evidence from China's grasslands. Global Ecology and Biogeography, 23: 947-955.

Yang Y H, Fang J Y, Ma W H, et al. 2008. Relationship between variability in aboveground net primary production and precipitation in global grasslands. Geophysical Research Letters, 35: L23710.

Yang Y H, Luo Y Q. 2011. Carbon: nitrogen stoichiometry in forest ecosystems during stand development. Global Ecology and Biogeography, 20: 354-361.

Yao X H, Min H, Lü Z H, et al. 2006. Influence of acetamiprid on soil enzymatic activities and respiration. European Journal of Soil Biology, 42: 120-126.

You Y M, Wang J, Huang X M, et al. 2014. Relating microbial community structure to functioning in forest soil organic carbon transformation and turnover. Ecology and Evolution, 4: 633-647.

Youkhana A, Idol T. 2011. Addition of Leucaena-KX_2 mulch in a shaded coffee agroforestry system increases both stable and labile soil C fractions. Soil Biology and Biochemistry, 43: 961-966.

Yu Q, Chen Q S, Elser J J, et al. 2010. Linking stoichiometric homoeostasis with ecosystem structure, functioning and stability. Ecology Letters, 13: 1390-1399.

Yu Q, Elser J J, He N P, et al. 2011. Stoichiometric homeostasis of vascular plants in the Inner Mongolia grassland. Oecologia, 166: 1-10.

Yu Q, Wilcox K, Pierre K L, et al. 2015. Stoichiometric homeostasis predicts plant species dominance temporal stability, and responses to global change. Ecology, 96: 2328-2335.

Zechmeister- Boltenstern S, Keiblinger K M, Mooshammer M, et al. 2015. The application of ecological stoichiometry to plant- microbial- soil organic matter transformations. Ecological Monographs, 85: 133-155.

Zhang C, Mcbean E A. 2016. Estimation of desertification risk from soil erosion: a case study for Gansu Province, China. Stoch Environ Res Risk Assess, 30: 2215-2229.

Zhang L X, Bai Y F, Han X G. 2004. Differential responses of N: P stoichiometry of Leymus chinensis and Carex korshinskyi to N additions in a steppe ecosystem in Nei Mongol. Acta Botanica Sinica, 46: 259-270.

Zhang L, Unteregelsbacher S, Hafner S, et al. 2017. Fate of organic and inorganic nitrogen in crusted and non - crusted Kobresia grasslands. Land Degradation and Development, 28: 166-174.

Zhang Y, Duan B, Xian J, et al. 2011. Links between plant diversity, carbon stocks and environmental factors along a successional gradient in a subalpine coniferous forest in Southwest China Forest Ecology and Management, 262: 361-369.

Zhang Z, Huisingh D. 2018. Combating desertification in China: Monitoring, control, management and revegetation. Journal of Cleaner Production, 182: 765-775.

Zhao C L, Shao M A, Jia X X, et al. 2016. Particle size distribution of soils (0-500cm) in the Loess Plateau, China. Geoderma Regional, 7: 251-258.

Zhao H L, He Y H, Zhou R L, et al. 2009. Effects of desertification on soil organic C and N content in sandy farmland and grassland of Inner Mongolia. Catena, 77: 187-191.

Zhao H L, Li J, Liu R T, et al. 2014. Effects of desertification on temporal and spatial distribution of soil macro-arthropods in Horqin sandy grassland, Inner Mongolia. Geoderma, 223-225: 62-67.

Zhao H L, Yi X Y, Zhou R L, et al. 2006. Wind erosion and sand accumulation effects on soil properties in Horqin sandy farmland, Inner Mongolia. Catena, 65: 71-79.

Zhao H L, Zhao X Y, Zhang T H, et al. 2005a. Desertification processes of sandy rangeland due to over-grazing in semi-arid area, Inner Mongolia, China. Journal of Arid Environments, 99: 309-319.

Zhao H L, Zhao X Y, Zhou R L, et al. 2005b. Desertification processes due to heavy grazing in sandy range land, Inner Mongolia. Journal of Arid Environments, 62: 309-319.

Zheng J F, Cheng K, Pan G X, et al. 2011. Perspectives on studies on soil carbon stocks and the carbon sequestration potential of China. Chinese Science Bulletin, 56: 3748-3758.

Zheng S X, Shangguan Z P. 2007. Spatial patterns of leaf nutrient traits of the plants in the Loess Plateau of China. Trees, 21: 357-370.

Zhou R L, Li Y Q, Zhao H L, et al. 2008. Desertification effects on C and N content of sandy soils under grassland in Horqin, northern China. Geoderma, 145: 370-375.

Zhou Z H, Wang C K. 2015. Soil resources and climate jointly drive variations in microbial biomass carbon and nitrogen in China's forest ecosystems. Biogeosciences, 12: 6751-6760.

Zinn Y L, Lal R, Resck D V S. 2005. Texture and organic carbon relations described by a profile pedotransfer function for Brazilian Cerrado soils. Geoderma, 127: 168-173.

Zuo X A, Zhang J, Lv P, et al. 2016. Plant functional diversity mediates the effects of vegetation and soil properties on community-level plant nitrogen use in the restoration of semiarid sandy grassland. Ecological Indicators, 64: 272-280.

Zuo X A, Zhao H L, Zhao X Y, et al. 2008a. Spatial pattern and heterogeneity of soil properties in sand dunes under grazing and restoration in Horqin Sandy Land, Northern China. Soil and Tillage Research, 99: 202-212.

Zuo X A, Zhao H L, Zhao X Y, et al. 2009. Vegetation pattern variation, soil degradation and their relationship along a grassland desertification gradient in horqin sandy land, northern China.

Environmental Geology, 58: 1227-1237.

Zuo X A, Zhao X Y, Zhao H L, et al. 2008b. Spatial heterogeneity of soil properties and vegetation-soil relationships following vegetation restoration of mobile dunes in Horqin Sandy Land, Northern China. Plant and Soil, 318: 153-167.

Zuo X A, Zhao X Y, Zhao H L, et al. 2010. Spatial pattern and heterogeneity of soil organic carbon and nitrogen in sand dunes related to vegetation change and geomorphic position in Horqin Sandy Land, Northern China. Environmental Monitoring and Assessment, 164: 29-42.